指数関数・対数関数

1 指数の拡張

$a \neq 0$，n が，正の整数のとき

$$a^0=1,\quad a^{-n}=\frac{1}{a^n}$$

$a>0$，m，n が，正の整数のとき

$$a^{\frac{1}{n}}=\sqrt[n]{a},\quad a^{\frac{m}{n}}=(\sqrt[n]{a})^m=\sqrt[n]{a^m}$$

$$a^{-\frac{m}{n}}=\frac{1}{a^{\frac{m}{n}}}=\frac{1}{\sqrt[n]{a^m}}$$

2 指数法則

$a>0$，$b>0$，p，q が，整数や分数のとき

[1] $a^p\times a^q=a^{p+q}$，$a^p\div a^q=a^{p-q}$

[2] $(a^p)^q=a^{pq}$　　[3] $(ab)^p=a^pb^p$

3 対数

$a>0$，$a\neq 1$，$M>0$ のとき

$$M=a^p \iff \log_a M=p$$

4 対数の性質

[1] $\log_a 1=0$，$\log_a a=1$

[2] $\log_a MN=\log_a M+\log_a N$

[3] $\log_a \dfrac{M}{N}=\log_a M-\log_a N$

[4] $\log_a M^r=r\log_a M$

[5] $\log_a b=\dfrac{\log_c b}{\log_c a}$

5 指数関数と対数関数のグラフ

	指数関数 $y=a^x$	対数関数 $y=\log_a x$
グラフ	$0<a<1$，$a>1$	$a>1$，$0<a<1$
定義域	すべての数	正の数
値域	正の数	すべての数
$a>1$ のとき	つねに増加	つねに増加
$0<a<1$ のとき	つねに減少	つねに減少

微分

1 平均変化率

$y=f(x)$ において，x の値が a から b まで変化するときの $f(x)$ の平均変化率

$$\frac{f(b)-f(a)}{b-a}=\frac{(y\text{ の変化量})}{(x\text{ の変化量})}$$

2 微分係数

$y=f(x)$ の $x=a$ における微分係数 $f'(a)$

$$f'(a)=\lim_{h\to 0}\frac{f(a+h)-f(a)}{h}$$

3 微分の公式

[1] $(x^n)'=nx^{n-1}$

[2] $(c)'=0$　　(c は定数)

[3] $\{kf(x)\}'=kf'(x)$　　(k は定数)

[4] $\{f(x)+g(x)\}'=f'(x)+g'(x)$

[5] $\{f(x)-g(x)\}'=f'(x)-g'(x)$

4 接線の方程式

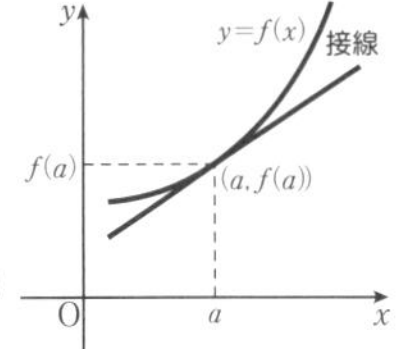

曲線 $y=f(x)$ 上の点 $(a,\ f(a))$ における接線の方程式

$$y-f(a)=f'(a)(x-a)$$

5 関数の増加・減少

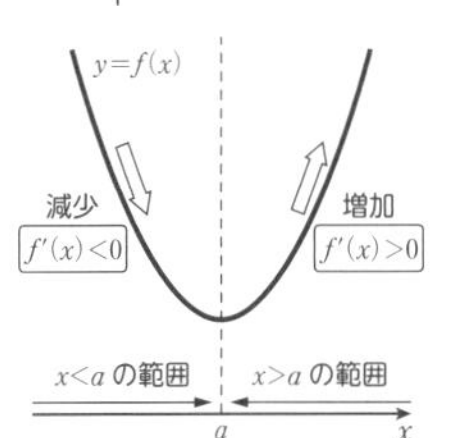

$f'(x)>0$ となる x の範囲で y は増加

$f'(x)<0$ となる x の範囲で y は減少

6 極大・極小

増減表で，

$f'(x)$ が＋から－へ変わるところで極大

$f'(x)$ が－から＋へ変わるところで極小

積分

1 不定積分

$$\int x^n\,dx=\frac{1}{n+1}x^{n+1}+C$$

$$\int k\,dx=kx+C,\qquad \int dx=x+C$$

(n は正の整数，k は定数，C は積分定数)

2 不定積分の公式

[1] $\displaystyle\int kf(x)\,dx=k\int f(x)\,dx$

[2] $\displaystyle\int\{f(x)+g(x)\}\,dx=\int f(x)\,dx+\int g(x)\,dx$

[3] $\displaystyle\int\{f(x)-g(x)\}\,dx=\int f(x)\,dx-\int g(x)\,dx$

この公式は，定積分でも同様である。

3 定積分

$\displaystyle\int f(x)\,dx=F(x)+C$ のとき

$$\int_a^b f(x)\,dx=\Big[F(x)\Big]_a^b=F(b)-F(a)$$

4 面積

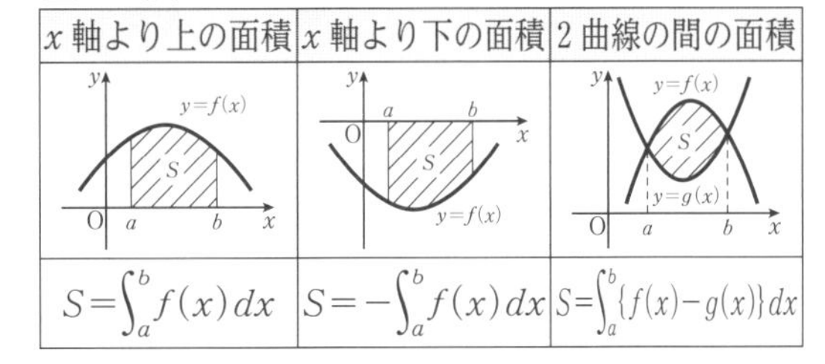

x 軸より上の面積	x 軸より下の面積	2 曲線の間の面積
$S=\displaystyle\int_a^b f(x)\,dx$	$S=-\displaystyle\int_a^b f(x)\,dx$	$S=\displaystyle\int_a^b\{f(x)-g(x)\}\,dx$

ステージノート数学Ⅱ

本書は，教科書「新編数学Ⅱ」に完全準拠した問題集です。教科書といっしょに使うことによって，学習効果が高められるよう編修してあります。

本書の使い方

まとめと要項

項目ごとに，重要事項や要点をまとめました。

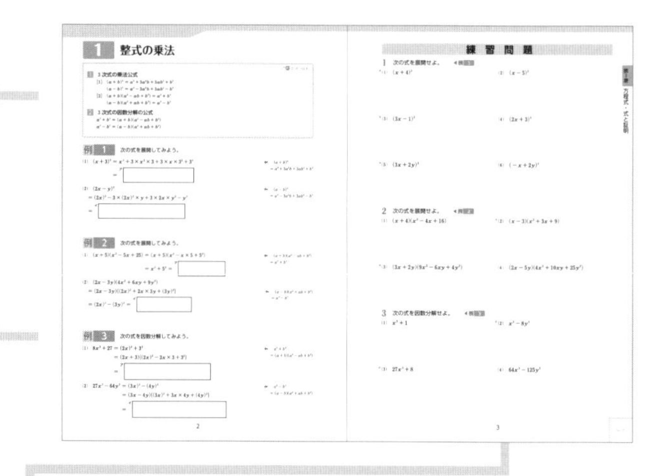

例

各項目の代表的な問題です。解き方をよく読み，空欄を自分で埋めてみましょう。また，教科書の応用例題レベルの問題には，TRYマークを付しています。レベルに応じて取り組んでください。

練習問題

教科書で扱われている例題と同レベルの問題です。解き方がわからないときは例ナビで示した例を参考にしてみましょう。※印の問題を解くことで，一通り基本的な問題の学習が可能です。

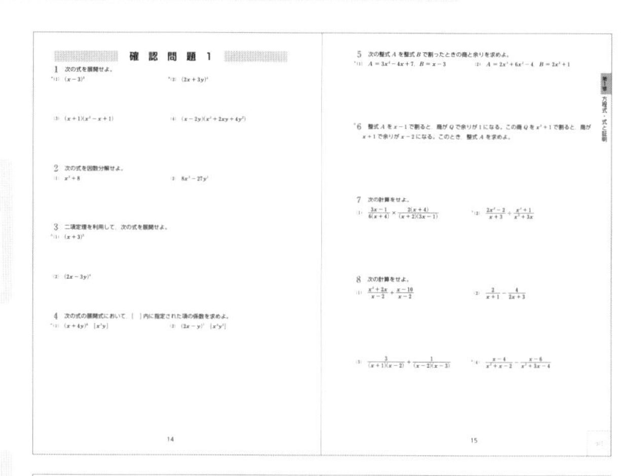

確認問題

練習問題の反復問題です。練習問題の内容を理解できたか確認しましょう。

TRYPLUS

各章の最後にある難易度の高い問題です。教科書の応用例題レベルの中でも，特に応用力を必要とする問題を扱いました。例題で解法を確認してから，取り組んでみてください。

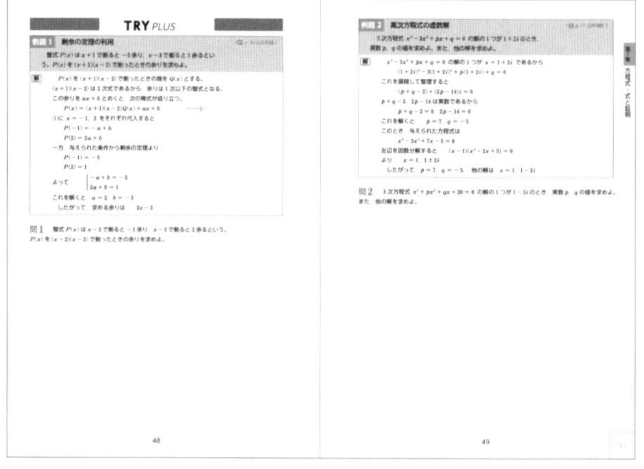

目次

問題数

例(TRY) …… 173(12)
練習問題 …… 185(12)
確認問題 …… 98
TRY PLUS …… 10

1 整式の乗法

⇨教 p.4〜p.6

1 3次式の乗法公式

[1] $(a+b)^3=a^3+3a^2b+3ab^2+b^3$

$(a-b)^3=a^3-3a^2b+3ab^2-b^3$

[2] $(a+b)(a^2-ab+b^2)=a^3+b^3$

$(a-b)(a^2+ab+b^2)=a^3-b^3$

2 3次式の因数分解の公式

$a^3+b^3=(a+b)(a^2-ab+b^2)$

$a^3-b^3=(a-b)(a^2+ab+b^2)$

例 1　次の式を展開してみよう。

(1) $(x+3)^3=x^3+3\times x^2\times 3+3\times x\times 3^2+3^3$

$=$ ア［　　　　］

← $(a+b)^3$
$=a^3+3a^2b+3ab^2+b^3$

(2) $(2x-y)^3$

$=(2x)^3-3\times(2x)^2\times y+3\times 2x\times y^2-y^3$

$=$ イ［　　　　］

← $(a-b)^3$
$=a^3-3a^2b+3ab^2-b^3$

例 2　次の式を展開してみよう。

(1) $(x+5)(x^2-5x+25)=(x+5)(x^2-x\times 5+5^2)$

$=x^3+5^3=$ ア［　　　　］

← $(a+b)(a^2-ab+b^2)$
$=a^3+b^3$

(2) $(2x-3y)(4x^2+6xy+9y^2)$

$=(2x-3y)\{(2x)^2+2x\times 3y+(3y)^2\}$

$=(2x)^3-(3y)^3=$ イ［　　　　］

← $(a-b)(a^2+ab+b^2)$
$=a^3-b^3$

例 3　次の式を因数分解してみよう。

(1) $8x^3+27=(2x)^3+3^3$

$=(2x+3)\{(2x)^2-2x\times 3+3^2\}$

$=$ ア［　　　　］

← a^3+b^3
$=(a+b)(a^2-ab+b^2)$

(2) $27x^3-64y^3=(3x)^3-(4y)^3$

$=(3x-4y)\{(3x)^2+3x\times 4y+(4y)^2\}$

$=$ イ［　　　　］

← a^3-b^3
$=(a-b)(a^2+ab+b^2)$

練習問題

1 次の式を展開せよ。 

*(1) $(x+4)^3$

(2) $(x-5)^3$

*(3) $(3x-1)^3$

(4) $(2x+3)^3$

*(5) $(3x+2y)^3$

(6) $(-x+2y)^3$

2 次の式を展開せよ。 ◀例 2

(1) $(x+4)(x^2-4x+16)$

*(2) $(x-3)(x^2+3x+9)$

*(3) $(3x+2y)(9x^2-6xy+4y^2)$

(4) $(2x-5y)(4x^2+10xy+25y^2)$

3 次の式を因数分解せよ。 ◀例 3

(1) x^3+1

*(2) x^3-8y^3

*(3) $27x^3+8$

(4) $64x^3-125y^3$

2 二項定理

⇨教 p.7〜p.10

1 パスカルの三角形

$(a+b)^n$ の展開式の係数を，右の図のように三角形状に並べたものを パスカルの三角形 という。

パスカルの三角形の各段において，

(1) 両端の数は 1

(2) 数は左右対称

(3) 両端以外の数は，左上と右上の 2 数の和

である。

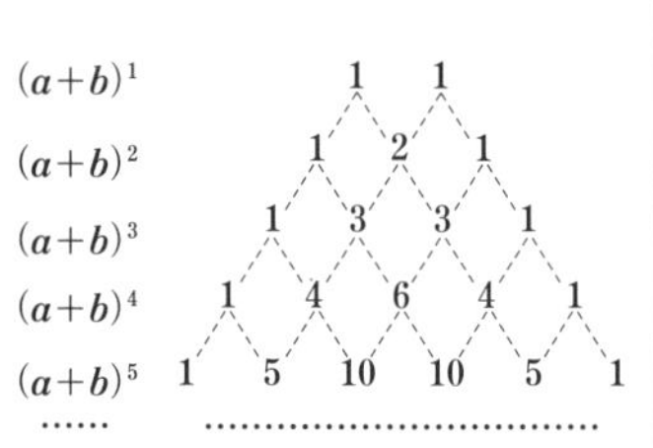

2 二項定理

$(a+b)^n={}_n\mathrm{C}_0a^n+{}_n\mathrm{C}_1a^{n-1}b+\cdots+{}_n\mathrm{C}_ra^{n-r}b^r+\cdots+{}_n\mathrm{C}_{n-1}ab^{n-1}+{}_n\mathrm{C}_nb^n$

${}_n\mathrm{C}_ra^{n-r}b^r$ を 一般項 という。

注 ${}_n\mathrm{C}_r=\dfrac{n(n-1)(n-2)\cdots(n-r+1)}{r(r-1)(r-2)\cdot\cdots\cdot3\cdot2\cdot1}=\dfrac{n!}{r!(n-r)!}$　　ただし，${}_n\mathrm{C}_0={}_n\mathrm{C}_n=1$，$n!=n(n-1)\cdots3\cdot2\cdot1$，$0!=1$

例 4

パスカルの三角形を利用して，次の式を展開してみよう。

$(a+b)^4=$ ア［　　　　］

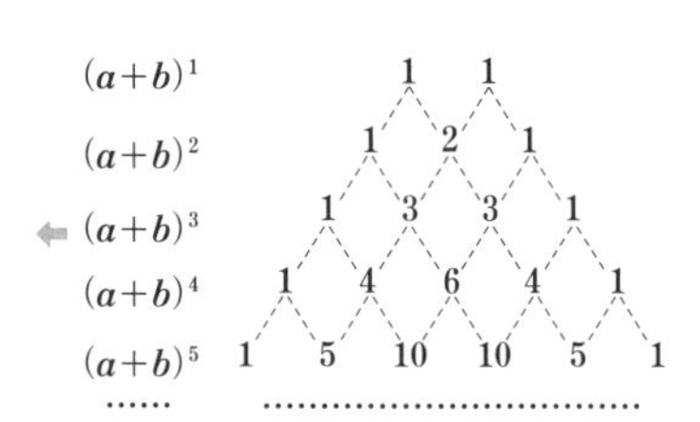

例 5

二項定理を利用して，次の式を展開してみよう。

$(x-2)^4=\{x+(-2)\}^4$

$={}_4\mathrm{C}_0x^4+{}_4\mathrm{C}_1x^3\cdot(-2)+{}_4\mathrm{C}_2x^2\cdot(-2)^2+{}_4\mathrm{C}_3x\cdot(-2)^3+{}_4\mathrm{C}_4\cdot(-2)^4$

$=1\cdot x^4+4\cdot x^3\cdot(-2)+6\cdot x^2\cdot4+4\cdot x\cdot(-8)+1\cdot16$

$=$ ア［　　　　］

⇐ 二項定理において $a=x,\ b=-2,\ n=4$

例 6

次の式の展開式において，［　］内に指定された項の係数を求めてみよう。

$(2x+y)^5$　$[x^2y^3]$

$(2x+y)^5$ の展開式の一般項は　${}_5\mathrm{C}_r(2x)^{5-r}y^r={}_5\mathrm{C}_r\times2^{5-r}\times x^{5-r}y^r$

⇐ $(a+b)^n$ の展開式の一般項は ${}_n\mathrm{C}_ra^{n-r}b^r$

ここで，$x^{5-r}y^r$ の項が x^2y^3 となるのは，$r=3$ のときである。

よって，求める係数は

${}_5\mathrm{C}_3\times2^{5-3}=\dfrac{5\times4\times3}{3\times2\times1}\times4=$ ア［　　　　］

練習問題

4 パスカルの三角形を利用して，次の式を展開せよ。 ◀ 例 4

*(1) $(a+b)^6$　　(2) $(x+y)^7$

5 二項定理を利用して，次の式を展開せよ。 ◀ 例 5

*(1) $(x+1)^6$　　(2) $(x-2)^5$

(3) $(2x+y)^5$　　*(4) $(3x-2y)^4$

6 次の式の展開式において，[ ] 内に指定された項の係数を求めよ。 ◀ 例 6

*(1) $(3x+y)^6$ $[x^2y^4]$　　(2) $(2x+3y)^5$ $[x^3y^2]$

(3) $(4x-y)^5$ $[x^2y^3]$　　*(4) $(x-2y)^7$ $[x^5y^2]$

3 整式の除法(1)

⇨教 p.12～p.13

1 整式の除法の商と余り

整式 A を整式 B で割るときは，次のことに注意する。

① 割られる式の最高次の項が消えるように，次数の高い項から計算していく。

② 余りの次数が B の次数より低くなるまで計算を続ける。

例 7 次の整式 A を整式 B で割ったときの商と余りを求めてみよう。

$$A=2x^2-3x+1,\ \ B=2x+3$$

右の計算より

商は ア［　　］

余りは イ［　　］

$$\begin{array}{r} x\ -3 \\ 2x+3\,\overline{)\,2x^2-3x+1} \\ \underline{2x^2+3x} \\ -6x+1 \\ \underline{-6x-9} \\ 10 \end{array}$$

例 8 次の整式 A を整式 B で割ったときの商と余りを求めてみよう。

$$A=3x^3+2x-4,\ \ B=x^2-2x-1$$

右の計算より

商は ア［　　］

余りは イ［　　］

$$\begin{array}{r} 3x\ +6 \\ x^2-2x-1\,\overline{)\,3x^3+2x-4} \\ \underline{3x^3-6x^2-3x} \\ 6x^2+5x-4 \\ \underline{6x^2-12x-6} \\ 17x+2 \end{array}$$

練 習 問 題

7 次の整式 A を整式 B で割ったときの商と余りを求めよ。 ◀例 7

*(1) $A=2x^2+5x-6,\ B=x+3$

(2) $A=3x^2+4x-6,\ B=3x+1$

8 次の整式 A を整式 B で割ったときの商と余りを求めよ。 ◀例 7

*(1) $A = x^3 - 3x^2 + 4x + 1$, $B = x - 2$

(2) $A = 4x^3 - 5x^2 - 2x + 3$, $B = 4x + 3$

9 次の整式 A を整式 B で割ったときの商と余りを求めよ。 ◀例 8

(1) $A = 3x^3 - 2x^2 + x - 1$, $B = x^2 - 2x - 2$

(2) $A = 2x^3 - 8x + 7$, $B = 2x^2 + 4x - 3$

*(3) $A = 2x^3 + 3x^2 + 6$, $B = x^2 + 2$

4 整式の除法(2)

⇨教 p.13〜p.14

1 整式の除法の関係式

整式 A を整式 B で割ったときの商を Q，余りを R とすると

$A=BQ+R$　　ただし，(R の次数) < (B の次数)

が成り立つ。

例 9　整式 A を $x-3$ で割ると，商が x^2+3x+9，余りが 11 である。このとき，整式 A を求めてみよう。

整式の除法の関係式より

$$A=(x-3)(x^2+3x+9)+11$$
$$=(x^3-27)+11$$
$$=^{ア}\boxed{}$$

⇐ $A=$(割る式)×(商)+(余り)

例 10　整式 $3x^3+10x^2+3x-1$ をある整式 B で割ると，商が $3x-2$，余りが $5x+3$ であるという。このとき，整式 B を求めてみよう。

整式の除法の関係式より

$$3x^3+10x^2+3x-1=B\times(3x-2)+(5x+3)$$

よって

$$(3x^3+10x^2+3x-1)-(5x+3)=B\times(3x-2)$$

より

$$3x^3+10x^2-2x-4=B(3x-2)$$

したがって，$3x^3+10x^2-2x-4$ を $3x-2$ で割って

$$B=^{ア}\boxed{}$$

$$\begin{array}{r}
x^2+4x+2 \\
3x-2\,\big)\,\overline{3x^3+10x^2-2x-4} \\
\underline{3x^3-2x^2} \\
12x^2-2x \\
\underline{12x^2-8x} \\
6x-4 \\
\underline{6x-4} \\
0
\end{array}$$

練習問題

10 次のような整式 A を求めよ。 ◀例 9

(1) 整式 A を $x+2$ で割ると，商が x^2-2x+4，余りが 3 である。

*(2) 整式 A を x^2-x+2 で割ると，商が $2x+1$，余りが -3 である。

11 次のような整式 B を求めよ。 ◀例 10

(1) 整式 x^3-x^2-3x+1 をある整式 B で割ると，商が $x-2$，余りが $-3x+5$ である。

*(2) 整式 $6x^3-5x^2-3x+7$ をある整式 B で割ると，商が $2x^2-3x+1$，余りが 5 である。

5 分数式(1)

⇨教 p.15〜p.16

1 分数式

整式 A と 1 次以上の整式 B によって $\dfrac{A}{B}$ の形で表される式を 分数式 といい，

B を 分母，A を 分子 という。

分数式の性質　$\dfrac{A}{B}=\dfrac{A\times C}{B\times C}$，　$\dfrac{A}{B}=\dfrac{A\div C}{B\div C}$　（C は 0 でない整式）

分数式の分母と分子を共通の因数で割ることを 約分 するという。

それ以上約分できない分数式を 既約分数式 という。

2 分数式の乗法・除法

$\dfrac{A}{B}\times\dfrac{C}{D}=\dfrac{AC}{BD}$，　$\dfrac{A}{B}\div\dfrac{C}{D}=\dfrac{A}{B}\times\dfrac{D}{C}=\dfrac{AD}{BC}$

例 11　次の式を約分して，既約分数式に直してみよう。

(1) $\dfrac{4x^4y}{6x^2y^4}=\dfrac{2x^2y\times 2x^2}{2x^2y\times 3y^3}=$ ア［　　］　← $2x^2y$ で約分

(2) $\dfrac{2x^2-x-3}{x^3+1}=\dfrac{(x+1)(2x-3)}{(x+1)(x^2-x+1)}=$ イ［　　］　← $x+1$ で約分

例 12　次の計算をしてみよう。

(1) $\dfrac{x}{x-1}\times\dfrac{x^2-1}{x^2+4x}=\dfrac{x}{x-1}\times\dfrac{(x+1)(x-1)}{x(x+4)}=$ ア［　　］　← x，$x-1$ で約分

(2) $\dfrac{x-6}{x+2}\div\dfrac{x^2-7x+6}{x^2-x-6}=\dfrac{x-6}{x+2}\times\dfrac{x^2-x-6}{x^2-7x+6}$　← $\dfrac{A}{B}\div\dfrac{C}{D}=\dfrac{A}{B}\times\dfrac{D}{C}$

$=\dfrac{x-6}{x+2}\times\dfrac{(x+2)(x-3)}{(x-1)(x-6)}=$ イ［　　］　← $x-6$，$x+2$ で約分

練 習 問 題

12　次の式を約分して，既約分数式に直せ。　◀例 11 (1)

(1) $\dfrac{6x^3y}{8x^2y^3}$　　*(2) $\dfrac{21x^2y^5}{15x^4y^3}$

13 次の式を約分して，既約分数式に直せ。 ◀例 11 (2)

(1) $\dfrac{3x+6}{x^2+4x+4}$

*(2) $\dfrac{x^2-4}{x^2-3x+2}$

(3) $\dfrac{x^2-2x-3}{2x^2+x-1}$

*(4) $\dfrac{x^2-9}{3x^2+11x+6}$

14 次の計算をせよ。 ◀例 12

(1) $\dfrac{5x-3}{4(x+2)}\times\dfrac{x+2}{(x+1)(5x-3)}$

*(2) $\dfrac{x+4}{x^2-4}\times\dfrac{x+2}{x^2+4x}$

(3) $\dfrac{x^2-9}{x+2}\div\dfrac{2x-6}{x^2+2x}$

*(4) $\dfrac{x^2-2x+1}{3x^2+5x+2}\div\dfrac{x^3-1}{3x^2-4x-4}$

6 分数式(2)

⇨教 p.16〜p.17

1 分数式の加法・減法

$$\frac{A}{C}+\frac{B}{C}=\frac{A+B}{C},\qquad \frac{A}{C}-\frac{B}{C}=\frac{A-B}{C}$$

例 13 次の計算をしてみよう。

$$\frac{x^2-x}{x+2}-\frac{6}{x+2}=\frac{x^2-x-6}{x+2}=\frac{(x+2)(x-3)}{x+2}=^{ア}\boxed{}$$

← $\frac{A}{C}-\frac{B}{C}=\frac{A-B}{C}$

例 14 次の計算をしてみよう。

$$\frac{x}{x+1}-\frac{1}{x-1}=\frac{x(x-1)}{(x+1)(x-1)}-\frac{x+1}{(x+1)(x-1)}$$

$$=\frac{x^2-x-(x+1)}{(x+1)(x-1)}=^{ア}\boxed{}$$

← 分母を同じ $(x+1)(x-1)$ にする

例 15 次の計算をしてみよう。

$$\frac{x-1}{x^2+3x}+\frac{8}{x^2-9}=\frac{x-1}{x(x+3)}+\frac{8}{(x+3)(x-3)}$$

$$=\frac{(x-1)(x-3)}{x(x+3)(x-3)}+\frac{8x}{x(x+3)(x-3)}$$

$$=\frac{(x-1)(x-3)+8x}{x(x+3)(x-3)}=\frac{x^2+4x+3}{x(x+3)(x-3)}$$

$$=\frac{(x+1)(x+3)}{x(x+3)(x-3)}=^{ア}\boxed{}$$

← 分母を同じ $x(x+3)(x-3)$ にする

練 習 問 題

*15 次の計算をせよ。 ◀例 13

(1) $\frac{x+2}{x+3}+\frac{x+4}{x+3}$

(2) $\frac{x^2}{x^2-x-6}+\frac{2x}{x^2-x-6}$

16 次の計算をせよ。 ◀例 14

(1) $\dfrac{3}{x+3}+\dfrac{5}{x-5}$

*(2) $\dfrac{x-1}{x-2}-\dfrac{x}{x+1}$

17 次の計算をせよ。 ◀例 15

(1) $\dfrac{2}{x(x-1)}-\dfrac{1}{(x-1)(x-2)}$

*(2) $\dfrac{1}{x^2+3x+2}+\dfrac{x+5}{x^2-2x-3}$

(3) $\dfrac{x-1}{x^2-2x-3}+\dfrac{x+5}{x^2-6x-7}$

*(4) $\dfrac{x+8}{x^2+x-2}-\dfrac{x+5}{x^2-1}$

確認問題 1

1 次の式を展開せよ。

*(1) $(x-3)^3$

*(2) $(2x+3y)^3$

(3) $(x+1)(x^2-x+1)$

(4) $(x-2y)(x^2+2xy+4y^2)$

2 次の式を因数分解せよ。

(1) x^3+8

(2) $8x^3-27y^3$

3 二項定理を利用して，次の式を展開せよ。

*(1) $(x+3)^5$

(2) $(2x-3y)^4$

4 次の式の展開式において，[　] 内に指定された項の係数を求めよ。

*(1) $(x+4y)^6$　$[x^5y]$

(2) $(2x-y)^7$　$[x^4y^3]$

5 次の整式 A を整式 B で割ったときの商と余りを求めよ。

*(1) $A=3x^2-4x+7$, $B=x-3$

(2) $A=2x^3+6x^2-4$, $B=2x^2+1$

***6** 整式 A を $x-1$ で割ると，商が Q で余りが 1 になる。この商 Q を x^2+1 で割ると，商が $x+1$ で余りが $x-2$ になる。このとき，整式 A を求めよ。

7 次の計算をせよ。

(1) $\dfrac{3x-1}{6(x+4)}\times\dfrac{2(x+4)}{(x+2)(3x-1)}$

*(2) $\dfrac{2x^2-2}{x+3}\div\dfrac{x^3+1}{x^2+3x}$

8 次の計算をせよ。

(1) $\dfrac{x^2+2x}{x-2}+\dfrac{x-10}{x-2}$

(2) $\dfrac{2}{x+1}-\dfrac{4}{2x+3}$

(3) $\dfrac{3}{(x+1)(x-2)}+\dfrac{1}{(x-2)(x-3)}$

*(4) $\dfrac{x-4}{x^2+x-2}-\dfrac{x-6}{x^2+3x-4}$

7 複素数(1)

⇨教 p.20〜p.22

1 複素数

2乗して -1 となる数を i で表す。すなわち $i^2=-1$

a，b を実数として，$a+bi$ の形で表される数を 複素数 といい，aを 実部，bを 虚部 という。

$a=0$，$b \neq 0$ のときの複素数 bi を 純虚数 という。

2 複素数の相等

$$a+bi=c+di \iff a=c \text{ かつ } b=d$$

とくに $a+bi=0 \iff a=0$ かつ $b=0$

3 複素数の四則計算（加法・減法）

[1] $(a+bi)+(c+di)=(a+c)+(b+d)i$

[2] $(a+bi)-(c+di)=(a-c)+(b-d)i$

例 16 $3-4i$ と $2i$ の実部と虚部を答えてみよう。

$3-4i$ の実部は ア[　　]，虚部は イ[　　]　　← $3-4i=3+(-4)i$

$2i$ の実部は ウ[　　]，虚部は エ[　　]　　← $2i=0+2i$

例 17 次の等式を満たす実数 x，y の値を求めてみよう。

$$(x+y)+(3x-y)i=-1+5i$$

$x+y$，$3x-y$ は実数であるから　$x+y=-1$ かつ $3x-y=5$　　← $a+bi=c+di \iff a=c$ かつ $b=d$

これを解いて　$x=$ ア[　　]，$y=$ イ[　　]

例 18 次の計算をしてみよう。

(1) $(3+2i)+(1-4i)=(3+1)+(2-4)i=$ ア[　　]　　← $(a+bi)+(c+di)=(a+c)+(b+d)i$

(2) $(3+2i)-(1-4i)=(3-1)+\{2-(-4)\}i=$ イ[　　]　　← $(a+bi)-(c+di)=(a-c)+(b-d)i$

練 習 問 題

18 次の複素数の実部と虚部を答えよ。また，(1)から(4)の中で純虚数はどれか。　◀例16

(1) $3+7i$　　*(2) $-2-i$　　*(3) $-6i$　　*(4) $1+\sqrt{2}$

19 次の等式を満たす実数 x, y の値を求めよ。 ◀例 17

(1) $2x+(3y+1)i=-8+4i$

*(2) $3(x-2)+(y+4)i=6-yi$

(3) $(x+2y)-(2x-y)i=4+7i$

*(4) $(x-2y)+(y+4)i=0$

20 次の計算をせよ。 ◀例 18

(1) $(2+5i)+(3+2i)$

*(2) $(4-3i)+(-3+2i)$

(3) $(3+8i)-(4+9i)$

*(4) $(5i-4)-(-4i)$

8 複素数 (2)

⇨教 p.22〜p.24

1 共役な複素数

$a+bi$ と共役な複素数は　$a-bi$

2 複素数の四則計算（乗法・除法）

乗法は，i を文字のように考えて計算し，i^2 が現れれば i^2 を -1 と置きかえる。
除法は，分母と共役な複素数を分母，分子に掛けるなどして，分母を実数に直して計算する。

例 19 次の計算をしてみよう。

$$(1+2i)(3-4i)=3-4i+6i-8i^2$$
$$=3-4i+6i-8\times(-1)$$
$$=3+2i+8=\text{ア}\boxed{}$$

⇐ i を文字と考え計算する
⇐ i^2 を -1 と置きかえる

例 20 複素数 $2+5i$ と共役な複素数は ア［　　　］である。

例 21 $\dfrac{10+5i}{1+2i}$ を計算し，$a+bi$ の形に表してみよう。

$$\frac{10+5i}{1+2i}=\frac{(10+5i)(1-2i)}{(1+2i)(1-2i)}$$
$$=\frac{10-20i+5i-10i^2}{1-4i^2}=\frac{20-15i}{5}=\text{ア}\boxed{}$$

⇐ 分母と共役な複素数 $1-2i$ を分母・分子に掛ける

練 習 問 題

21 次の計算をせよ。 ◀例 19

*(1) $(2+3i)(1+4i)$

(2) $(3+5i)(2-i)$

*(3) $(1+3i)^2$

*(4) $(4+3i)(4-3i)$

22 次の複素数と共役な複素数を答えよ。 ◀例 20

*(1) $3+i$　(2) $-2i$　*(3) -6　(4) $\dfrac{-1+\sqrt{5}\,i}{2}$

23 次の計算をし，$a+bi$ の形にせよ。 ◀例 21

(1) $\dfrac{1+2i}{3+2i}$　*(2) $\dfrac{3+2i}{1-2i}$

*(3) $\dfrac{1-i}{1+i}$　(4) $\dfrac{4}{3+i}$

(5) $\dfrac{2i}{1-i}$　*(6) $\dfrac{2-i}{i}$

9 複素数(3)

⇨教 p.24〜p.25

1 負の数の平方根

$\sqrt{-a}$ の意味　$a>0$ のとき，$\sqrt{-a}=\sqrt{a}\,i$　　とくに，$\sqrt{-1}=i$

$a>0$ のとき，負の数 $-a$ の平方根 は $\pm\sqrt{-a}$　すなわち　$\pm\sqrt{a}\,i$

2 $x^2=k$ の解

2次方程式 $x^2=k$ の解は　$x=\pm\sqrt{k}$

例 22　次の数を虚数単位 i を用いて表してみよう。

(1) $\sqrt{-3}=$ ア[　　]

(2) -36 の平方根は　$\pm\sqrt{-36}=\pm\sqrt{36}\,i=$ イ[　　]

← $a>0$ のとき $\sqrt{-a}=\sqrt{a}\,i$

← 負の数 $-a$ の平方根は $\pm\sqrt{a}\,i$

例 23　次の計算をしてみよう。

(1) $\sqrt{-2}\times\sqrt{-5}=\sqrt{2}\,i\times\sqrt{5}\,i=\sqrt{10}\,i^2=$ ア[　　]

(2) $\dfrac{\sqrt{8}}{\sqrt{-2}}=\dfrac{2\sqrt{2}}{\sqrt{2}\,i}=\dfrac{2}{i}=\dfrac{2\times i}{i\times i}$

$=\dfrac{2i}{i^2}=$ イ[　　]

← $\sqrt{-2}\times\sqrt{-5}=\sqrt{(-2)\times(-5)}$ としてはいけない

← $\dfrac{\sqrt{8}}{\sqrt{-2}}=\sqrt{\dfrac{8}{-2}}$ としてはいけない

例 24　2次方程式 $x^2=-3$ を解いてみよう。

$x=\pm\sqrt{-3}=$ ア[　　]

← $x^2=k$ の解は $x=\pm\sqrt{k}$

練　習　問　題

24　次の数を虚数単位 i を用いて表せ。　◀例22

*(1) $\sqrt{-7}$　　(2) $\sqrt{-25}$　　*(3) -64 の平方根

25 次の計算をせよ。 ◀例 23

*(1) $\sqrt{-2}\times\sqrt{-3}$

(2) $(\sqrt{-3}+1)^2$

*(3) $\dfrac{\sqrt{3}}{\sqrt{-4}}$

(4) $\dfrac{\sqrt{6}}{\sqrt{-3}}$

(5) $(\sqrt{2}-\sqrt{-3})(\sqrt{-2}-\sqrt{3})$

26 次の 2 次方程式を解け。 ◀例 24

(1) $x^2=-2$

*(2) $x^2=-16$

(3) $9x^2=-1$

*(4) $4x^2+9=0$

10 2次方程式 (1)

⇨教 p.26〜p.27

1 2次方程式の解の公式

2次方程式 $ax^2+bx+c=0$ の解は

$$x=\frac{-b\pm\sqrt{b^2-4ac}}{2a}$$

例 25 次の2次方程式を解いてみよう。

(1) $2x^2-4x-1=0$

$$x=\frac{-(-4)\pm\sqrt{(-4)^2-4\times2\times(-1)}}{2\times2}$$

$$=\frac{4\pm\sqrt{24}}{4}$$

$$=\frac{4\pm2\sqrt{6}}{4}$$

$=$ ア[　　]

← 解の公式において
$a=2$, $b=-4$,
$c=-1$

(2) $9x^2+6x+1=0$

$$x=\frac{-6\pm\sqrt{6^2-4\times9\times1}}{2\times9}$$

$$=\frac{-6\pm0}{18}$$

$=$ イ[　　]

← 解の公式において
$a=9$, $b=6$, $c=1$

(3) $3x^2-x+2=0$

$$x=\frac{-(-1)\pm\sqrt{(-1)^2-4\times3\times2}}{2\times3}$$

$$=\frac{1\pm\sqrt{-23}}{6}$$

$=$ ウ[　　]

← 解の公式において
$a=3$, $b=-1$, $c=2$

(4) $x^2-2\sqrt{5}x-4=0$

$$x=\frac{-(-2\sqrt{5})\pm\sqrt{(-2\sqrt{5})^2-4\times1\times(-4)}}{2\times1}$$

$$=\frac{2\sqrt{5}\pm\sqrt{36}}{2}$$

$$=\frac{2\sqrt{5}\pm6}{2}=$$ エ[　　]

← 解の公式において
$a=1$, $b=-2\sqrt{5}$,
$c=-4$

練習問題

27 次の2次方程式を解け。 ◀例25

*(1) $2x^2+5x+1=0$

(2) $x^2-4x+1=0$

*(3) $9x^2+12x+4=0$

*(4) $2x^2-4x+5=0$

(5) $x^2-x+1=0$

(6) $3x^2-2x-1=0$

*(7) $x^2+2\sqrt{3}x-1=0$

*(8) $2x^2+7=0$

11 2次方程式 (2)

⇨教 p.28〜p.29

1 判別式

2次方程式 $ax^2+bx+c=0$ において，$D=b^2-4ac$ を，この2次方程式の 判別式 といい，次のことが成り立つ。

[1] $D>0$ $\Longleftrightarrow$ 異なる2つの実数解をもつ
[2] $D=0$ $\Longleftrightarrow$ 重解 (実数解) をもつ
（[1]，[2]をまとめて）$D \geqq 0$ $\Longleftrightarrow$ 実数解をもつ
[3] $D<0$ $\Longleftrightarrow$ 異なる2つの虚数解をもつ

例 26 2次方程式の判別式を D として，次の2次方程式の解を判別してみよう。

(1) $3x^2+4x+1=0$

$D=4^2-4\times3\times1$
$\quad=4>0$

← $D=b^2-4ac$ に $a=3$，$b=4$，$c=1$ を代入する

よって，異なる2つの ア［　　　］ をもつ。

(2) $4x^2-20x+25=0$

$D=(-20)^2-4\times4\times25=0$

よって，イ［　　　］ をもつ。

(3) $2x^2+x+1=0$

$D=1^2-4\times2\times1$
$\quad=-7<0$

よって，異なる2つの ウ［　　　］ をもつ。

TRY
例 27 2次方程式 $x^2-mx+2m-3=0$ が異なる2つの実数解をもつとき，定数 m の値の範囲を求めてみよう。

この2次方程式の判別式を D とすると

$D=(-m)^2-4(2m-3)=m^2-8m+12$

2次方程式が異なる2つの実数解をもつのは $D>0$ のときである。

ゆえに　$m^2-8m+12>0$
$\quad(m-2)(m-6)>0$

よって，求める定数 m の値の範囲は

$m<$ ア［　　］，イ［　　］ $<m$

← $(x-\alpha)(x-\beta)>0$ の解は，$\alpha<\beta$ のとき $x<\alpha$，$\beta<x$

練　習　問　題

28　次の 2 次方程式の解を判別せよ。　◀例 26

(1)　$2x^2+5x+3=0$

*(2)　$3x^2-4x+2=0$

(3)　$25x^2-10x+1=0$

*(4)　$x^2+x-1=0$

*(5)　$x^2+2\sqrt{5}x+5=0$

(6)　$4x^2+3=0$

TRY
29　2 次方程式 $x^2+(m+2)x+2m+9=0$ が次のような解をもつとき，定数 m の値の範囲を求めよ。　◀例 27

(1)　異なる 2 つの実数解

*(2)　異なる 2 つの虚数解

検印

12 2次方程式(3)

⇨教 p.30〜p.31

1 解と係数の関係

2次方程式 $ax^2+bx+c=0$ の2つの解を α, β とすると

$$\alpha+\beta=-\frac{b}{a},\qquad \alpha\beta=\frac{c}{a}$$

例 28 2次方程式 $3x^2-4x-6=0$ について，2つの解 α, β の和と積を求めてみよう。

← $a=3$, $b=-4$, $c=-6$

和 $\alpha+\beta=-\dfrac{-4}{3}=$ ア□

← $\alpha+\beta=-\dfrac{b}{a}$

積 $\alpha\beta=\dfrac{-6}{3}=$ イ□

← $\alpha\beta=\dfrac{c}{a}$

例 29 2次方程式 $2x^2+6x+3=0$ の2つの解を α, β とするとき，次の式の値を求めてみよう。

(1) $(\alpha-2)(\beta-2)$　　(2) $\alpha^2+\beta^2$

解と係数の関係より　$\alpha+\beta=-\dfrac{6}{2}=$ ア□，$\alpha\beta=$ イ□

(1) $(\alpha-2)(\beta-2)=\alpha\beta-2(\alpha+\beta)+4$

$=\dfrac{3}{2}-2\times(-3)+4=$ ウ□

(2) $\alpha^2+\beta^2=(\alpha+\beta)^2-2\alpha\beta$

$=(-3)^2-2\times\dfrac{3}{2}=$ エ□

← $(\alpha+\beta)^2=\alpha^2+2\alpha\beta+\beta^2$ より $\alpha^2+\beta^2=(\alpha+\beta)^2-2\alpha\beta$

例 30 2次方程式 $x^2-12x+m=0$ について，1つの解が他の解の2倍であるとき，定数 m の値と2つの解を求めてみよう。

2つの解は，α, 2α と表せる。

解と係数の関係から

$\alpha+2\alpha=12$, $\alpha\times2\alpha=m$

よって　$\alpha+2\alpha=12$　より　$\alpha=$ ア□

また　$\alpha\times2\alpha=m$　より　$m=2\alpha^2=2\times4^2=$ イ□

したがって，$m=32$，2つの解は $x=$ ウ□

練習問題

30 次の 2 次方程式について，2 つの解 α，β の和と積を求めよ。 ◀例 28

(1) $2x^2+5x+1=0$

*(2) $3x^2-8x+7=0$

31 2 次方程式 $2x^2-x-4=0$ の 2 つの解を α，β とするとき，次の式の値を求めよ。

◀例 29

*(1) $(\alpha+3)(\beta+3)$

(2) $\alpha^2-\alpha\beta+\beta^2$

*(3) $\alpha^3+\beta^3$

32 2 次方程式 $x^2-4x+m=0$ が次のような 2 つの解をもつとき，定数 m の値とそのときの 2 つの解を求めよ。 ◀例 30

(1) 1 つの解が他の解の 3 倍である

(2) 2 つの解の差が 4 である

13 2次方程式 (4)

⇨教 p.32〜p.33

1 2次式の因数分解

2次方程式 $ax^2+bx+c=0$ の2つの解を α, β とすると

$$ax^2+bx+c=a(x-\alpha)(x-\beta)$$

2 2数 α, β を解とする2次方程式

2数 α, β を解とする2次方程式の1つは

$$x^2-(\alpha+\beta)x+\alpha\beta=0$$

例 31

次の2次式を，複素数の範囲で因数分解してみよう。

(1) x^2-4x+1

2次方程式 $x^2-4x+1=0$ の解は　$x=2\pm\sqrt{3}$

よって　$x^2-4x+1=\{x-(2+\sqrt{3})\}\{x-(2-\sqrt{3})\}$

$=$ ア

← $ax^2+bx+c=0$ の解を α, β とすると $ax^2+bx+c=a(x-\alpha)(x-\beta)$

(2) $2x^2-3x+2$

2次方程式 $2x^2-3x+2=0$ の解は　$x=\dfrac{3\pm\sqrt{7}i}{4}$

よって　$2x^2-3x+2=$ イ

例 32

2数 $2+i$, $2-i$ を解とする2次方程式を1つ求めてみよう。

解の和 $(2+i)+(2-i)=4$,　解の積 $(2+i)(2-i)=5$

より

ア

← α, β を解とする2次方程式 $x^2-(\alpha+\beta)x+\alpha\beta=0$

例 33

2次方程式 $x^2+2x+5=0$ の2つの解を α, β とするとき，

$\alpha+3$, $\beta+3$ を解とする2次方程式を1つ求めてみよう。

解と係数の関係より　$\alpha+\beta=-2$, $\alpha\beta=5$

であるから，$\alpha+3$, $\beta+3$ の和と積をそれぞれ求めると

$$(\alpha+3)+(\beta+3)=(\alpha+\beta)+6$$
$$=-2+6=4$$
$$(\alpha+3)(\beta+3)=\alpha\beta+3(\alpha+\beta)+9$$
$$=5+3\times(-2)+9=8$$

← $\alpha+\beta=-\dfrac{b}{a}$　$\alpha\beta=\dfrac{c}{a}$

よって，求める2次方程式の1つは

ア

練　習　問　題

33　次の2次式を，複素数の範囲で因数分解せよ。　◀ 例 31

*(1)　$2x^2-4x-1$　　(2)　x^2-x+1

(3)　$3x^2-6x+5$　　*(4)　x^2+4

34　次の2数を解とする2次方程式を1つ求めよ。　◀ 例 32

*(1)　$3,\ -4$　　(2)　$2+\sqrt{5},\ 2-\sqrt{5}$　　*(3)　$1+4i,\ 1-4i$

35　2次方程式 $2x^2+x-2=0$ の2つの解を α, β とするとき，次の2数を解とする2次方程式を1つ求めよ。　◀ 例 33

*(1)　$2\alpha+1,\ 2\beta+1$　　(2)　$\dfrac{4}{\alpha},\ \dfrac{4}{\beta}$

確認問題 2

1 次の等式を満たす実数 x, y の値を求めよ。

(1) $(2x-y)-(3x+y)i=2+7i$

*(2) $(x-3y)+(x+y+8)i=0$

2 次の計算をせよ。

(1) $(-3+4i)+(1-5i)$

*(2) $(6-2i)-(-4+i)$

*(3) $(3-2i)(-4+5i)$

(4) $(2-3i)^2$

3 次の計算をし，$a+bi$ の形にせよ。

(1) $\dfrac{7+i}{3-i}$

*(2) $\dfrac{4i}{2+3i}$

4 次の計算をせよ。

(1) $\dfrac{\sqrt{12}}{\sqrt{-3}}$

*(2) $(\sqrt{-5}+\sqrt{2})(\sqrt{5}-\sqrt{-2})$

5 次の 2 次方程式を解け。

(1) $x^2=-25$

(2) $16x^2+9=0$

*6 次の 2 次方程式を解け。

(1) $2x^2-6x-3=0$　　(2) $3x^2+2x+1=0$

7 次の 2 次方程式の解を判別せよ。

(1) $2x^2+3x-1=0$　　*(2) $4x^2-2x+3=0$

8 次の 2 次方程式について，2 つの解 α，β の和と積を求めよ。

(1) $x^2-3x+5=0$　　*(2) $2x^2+8x-3=0$

9 2 次方程式 $3x^2-6x+2=0$ の 2 つの解を α，β とするとき，次の式の値を求めよ。

*(1) $(\alpha-1)(\beta-1)$　　(2) $(\alpha-\beta)^2$

10 次の 2 次式を，複素数の範囲で因数分解せよ。

*(1) x^2+2x-1　　(2) $2x^2-4x+5$

11 2 次方程式 $3x^2-4x-2=0$ の 2 つの解を α，β とするとき，$2-\alpha$，$2-\beta$ を解とする 2 次方程式のうち，係数がすべて整数であるものを 1 つ求めよ。

14 剰余の定理

⇨教 p.34~p.35

1 剰余の定理

整式 $P(x)$ を1次式 $x-\alpha$ で割ったときの余り R は　$R=P(\alpha)$

例34　$P(x)=2x^2-5x+8$ とするとき,

$P(2)=2\times2^2-5\times2+8=$ ア[　　]

⇐ x に2を代入

例35　整式 $P(x)=2x^3-3x^2-x+4$ を $x-3$ で割ったときの余りは

$P(3)=2\times3^3-3\times3^2-3+4=$ ア[　　]

⇐ $P(x)$ を $x-\alpha$ で割った余りは $P(\alpha)$

$x+1$ で割ったときの余りは

$P(-1)=2\times(-1)^3-3\times(-1)^2-(-1)+4=$ イ[　　]

⇐ $x+1=x-(-1)$

例36　整式 $P(x)=x^3-2x^2+7x+k$ を $x-1$ で割ったとき,余りが4となるような定数 k の値を求めてみよう。

$P(x)$ を $x-1$ で割ったときの余りが4であるから,剰余の定理より

$P(1)=4$

ここで　$P(1)=1^3-2\times1^2+7\times1+k=k+6$

よって,$k+6=4$ より　$k=$ ア[　　]

練習問題

36　$P(x)=3x^2-4x-4$ とするとき,次の値を求めよ。　◀例34

*(1)　$P(1)$

(2)　$P(0)$

*(3)　$P(-2)$

*(4)　$P(\sqrt{3})$

37 整式 $P(x)=2x^3+x^2-4x-3$ を，次の1次式で割ったときの余りを求めよ。

◀例35

(1) $x-1$

*(2) $x-2$

*(3) $x+1$

(4) $x+3$

38 次の整式を［ ］内の1次式で割ったときの余りを求めよ。 ◀例35

(1) x^3-3x+4 $[x-2]$

(2) $2x^3+3x^2-5x-6$ $[x+3]$

39 次の条件を満たすような定数 k の値を求めよ。 ◀例36

*(1) x^3-3x^2-4x+k を $x-2$ で割ったとき，余りが -5 となる

(2) x^3+kx^2-2x+3 が $x+1$ で割り切れる

15 因数定理

⇨教 p.37〜p.38

1 因数定理

整式 $P(x)$ が $x-\alpha$ を因数にもつ $\iff$ $P(\alpha)=0$

例 37 整式 $P(x)=x^3-x^2+5x-14$ において

$P(2)=2^3-2^2+5\times2-14=0$

よって，整式 $P(x)$ は ア［　　　］を因数にもつ。

← $P(\alpha)=0$
$\iff$ $P(x)$ が $x-\alpha$ を因数にもつ

例 38 整式 $P(x)=x^3-3x^2+mx+6$ が $x-2$ を因数にもつとき，定数 m の値を求めてみよう。

$P(2)=2^3-3\times2^2+m\times2+6=0$

となればよいから　$m=$ ア［　　　］

例 39 因数定理を用いて，x^3+2x^2-5x-6 を因数分解してみよう。

$P(x)=x^3+2x^2-5x-6$ とおくと

$P(-1)=(-1)^3+2\times(-1)^2-5\times(-1)-6=0$

よって，$P(x)$ は $x+1$ を因数にもつ。

$P(x)$ を $x+1$ で割ると，右の計算より商が x^2+x-6 であるから

$x^3+2x^2-5x-6=(x+1)(x^2+x-6)$

$=$ ア［　　　　　　］

← -6 の約数 ±1，±2，±3，±6 からさがす

$$\begin{array}{r} x^2+x-6 \\ x+1\,\overline{)\,x^3+2x^2-5x-6} \\ \underline{x^3+x^2} \\ x^2-5x \\ \underline{x^2+x} \\ -6x-6 \\ \underline{-6x-6} \\ 0 \end{array}$$

練 習 問 題

*40　$x+1$，$x-2$，$x+3$ のうち，次の整式が因数にもつものをすべてあげよ。 ◀例37

(1)　$P(x)=x^3-2x^2-5x+10$　　(2)　$P(x)=2x^3+5x^2-6x-9$

*41　整式 $P(x)=x^3-3x^2+mx+6$ が次のような因数をもつとき，定数 m の値をそれぞれ求めよ。 ◀例38

(1)　$x+1$　　(2)　$x-3$

42　因数定理を用いて，次の式を因数分解せよ。 ◀例39

(1)　x^3-4x^2+x+6　　*(2)　$x^3+4x^2-3x-18$

(3)　$x^3-6x^2+12x-8$　　*(4)　$2x^3-3x^2-11x+6$

16 高次方程式

⇨教 p.40〜p.42

1 高次方程式

高次方程式 $P(x)=0$ は，次のような方法で $P(x)$ を因数分解して解ける場合がある。

(1) 置きかえなどを工夫し，因数分解の公式を利用する。

(2) 因数定理を利用する。

例 40　3 次方程式 $x^3=-64$ を解いてみよう。

$x^3+64=0$ として左辺を因数分解すると

$(x+4)(x^2-4x+16)=0$

ゆえに　$x+4=0$　または　$x^2-4x+16=0$

よって　$x=$ ア［　　　］

← a^3+b^3
$=(a+b)(a^2-ab+b^2)$

例 41　4 次方程式 $x^4+7x^2-18=0$ を解いてみよう。

左辺を因数分解すると

$(x^2-2)(x^2+9)=0$

ゆえに　$x^2-2=0$　または　$x^2+9=0$

よって　$x=$ ア［　　　］

← $x^2=A$ とおくと
x^4+7x^2-18
$=A^2+7A-18$
$=(A-2)(A+9)$

例 42　3 次方程式 $x^3-4x+15=0$ を解いてみよう。

$P(x)=x^3-4x+15$ とおくと

$P(-3)=(-3)^3-4\times(-3)+15=0$

よって，$P(x)$ は $x+3$ を因数にもち

$P(x)=(x+3)(x^2-3x+5)$

と因数分解できる。

ゆえに，$P(x)=0$ より　$(x+3)(x^2-3x+5)=0$

よって　$x+3=0$　または　$x^2-3x+5=0$

したがって　$x=$ ア［　　　］

$$
\begin{array}{r}
x^2-3x\ +5 \\
x+3\,\overline{)\,x^3 \qquad -4x+15} \\
\underline{x^3+3x^2 \qquad\qquad} \\
-3x^2-4x \quad \\
\underline{-3x^2-9x \quad} \\
5x+15 \\
\underline{5x+15} \\
0
\end{array}
$$

練習問題

43 次の 3 次方程式を解け。 ◀例 40

*(1) $x^3 = 27$

(2) $x^3 = -125$

44 次の 4 次方程式を解け。 ◀例 41

(1) $x^4 + 3x^2 - 4 = 0$

*(2) $x^4 - x^2 - 30 = 0$

*(3) $x^4 - 16 = 0$

*(4) $81x^4 - 1 = 0$

45 次の 3 次方程式を解け。 ◀例 42

*(1) $x^3 + 4x^2 - 8 = 0$

(2) $x^3 - 2x^2 + x + 4 = 0$

確認問題 3

1 整式 $P(x)=2x^3-x^2-2x+1$ を，次の 1 次式で割ったときの余りを求めよ。

(1) $x-3$　　*(2) $x+2$

2 次の整式を [ ] 内の 1 次式で割ったときの余りを求めよ。

(1) $x^3-6x-10$ $[x-4]$　　(2) $3x^3-4x^2+2x-7$ $[x+1]$

3 x^3+x^2+kx-6 を $x+3$ で割ったとき，余りが -9 となるような定数 k の値を求めよ。

*__4__ $x-1$, $x+2$, $x-3$ のうち，次の整式が因数にもつものをすべてあげよ。

(1) $P(x)=x^3-4x^2+x+6$　　(2) $P(x)=2x^3+7x^2+x-10$

5 因数定理を用いて，次の式を因数分解せよ。

(1) $x^3+2x^2-11x-12$　　*(2) $4x^3+8x^2-x-2$

6 次の 3 次方程式を解け。

*(1) $x^3=-8$

(2) $27x^3=1$

7 次の 4 次方程式を解け。

(1) $x^4-5x^2-14=0$

*(2) $x^4+4x^2+3=0$

*(3) $x^4-81=0$

*(4) $16x^4-1=0$

8 次の 3 次方程式を解け。

*(1) $x^3-4x^2-x+10=0$

(2) $x^3+x^2+x+6=0$

17 等式の証明 (1)

⇨教 p.44〜p.46

1 恒等式

[1] $ax^2+bx+c=a'x^2+b'x+c'$ が x についての恒等式

$\iff$ $a=a'$, $b=b'$, $c=c'$

[2] $ax^2+bx+c=0$ が x についての恒等式

$\iff$ $a=b=c=0$

2 等式の証明

等式 $A=B$ の証明は，次のいずれかの方法で証明すればよい。

[1] A を変形して B を導く。または，B を変形して A を導く。

[2] A，B をそれぞれ変形して，同じ式を導く。

[3] A，B の差をとって $A-B=0$ を導く。

例 43 等式 $4x^2-5x+3=a(x-1)^2+b(x-1)+c$ が x についての恒等式であるとき，定数 a，b，c の値を求めてみよう。

与えられた等式について，右辺を展開して整理すると

$$4x^2-5x+3=ax^2+(-2a+b)x+(a-b+c)$$

両辺の同じ次数の項の係数を比べて

$$4=a,\quad -5=-2a+b,\quad 3=a-b+c$$

これを解くと

$a=$ ア[　　]，$b=$ イ[　　]，$c=$ ウ[　　]

例 44 等式 $(a^2-b^2)(x^2-y^2)=(ax-by)^2-(ay-bx)^2$ を証明してみよう。

証明　左辺と右辺を，それぞれ展開して整理すると

(左辺) $=$ ア[　　　　]

(右辺) $=a^2x^2-2abxy+b^2y^2-(a^2y^2-2abxy+b^2x^2)$

$=a^2x^2-a^2y^2-b^2x^2+b^2y^2$

よって　$(a^2-b^2)(x^2-y^2)=(ax-by)^2-(ay-bx)^2$　終

練　習　問　題

*46　等式 $x^2+4x+6=a(x+1)^2+b(x+1)+c$ が x についての恒等式であるとき，定数 a，b，c の値を求めよ。　◀例 43

47　次の等式を証明せよ。　◀例 44

(1)　$(a+2b)^2-(a-2b)^2=8ab$

*(2)　$(ax+b)^2+(a-bx)^2=(a^2+b^2)(x^2+1)$

*(3)　$(a^2+1)(b^2+1)=(ab-1)^2+(a+b)^2$

18 等式の証明 (2)

⇨教 p.47

1 条件つき等式の証明

(1) 条件式を利用して文字を減らし，等式を証明する。

(2) 条件式が $\dfrac{x}{a}=\dfrac{y}{b}$ の形のときは，$\dfrac{x}{a}=\dfrac{y}{b}=k$ とおいて等式を証明する。

例 45 $a+b=3$ のとき，等式 $a^2+3b=b^2+3a$ を証明してみよう。

証明 $a+b=3$ であるから，$b=3-a$

このとき

$(左辺)=a^2+3(3-a)=a^2-3a+9$

$(右辺)=(3-a)^2+3a=9-6a+a^2+3a$

$=$ ア［　　　］

よって　$a^2+3b=b^2+3a$　終

⇐ 左辺と右辺に $b=3-a$ を代入して比べる

TRY

例 46 $\dfrac{x}{a}=\dfrac{y}{b}$ のとき，等式 $\dfrac{x^2+y^2}{a^2+b^2}=\dfrac{xy}{ab}$ を証明してみよう。

証明 $\dfrac{x}{a}=\dfrac{y}{b}=k$ とおくと，$x=ak$，$y=bk$ と表せる。

このとき

$(左辺)=\dfrac{x^2+y^2}{a^2+b^2}=\dfrac{(ak)^2+(bk)^2}{a^2+b^2}=\dfrac{k^2(a^2+b^2)}{a^2+b^2}=k^2$

$(右辺)=\dfrac{xy}{ab}=\dfrac{ak\times bk}{ab}=\dfrac{abk^2}{ab}=$ ア［　　　］

よって　$\dfrac{x^2+y^2}{a^2+b^2}=\dfrac{xy}{ab}$　終

⇐ 左辺と右辺に $x=ak$，$y=bk$ を代入して比べる

練習問題

48 $a+b=1$ のとき，次の等式を証明せよ。 ◀例 45

(1) $a^2+b^2=1-2ab$　　*(2) $a^2+2b=b^2+1$

TRY
49 $\dfrac{x}{a}=\dfrac{y}{b}$ のとき，次の等式を証明せよ。 ◀例 46

(1) $\dfrac{x+y}{a+b}=\dfrac{bx+ay}{2ab}$

*(2) $\dfrac{ab}{a^2-b^2}=\dfrac{xy}{x^2-y^2}$

19 不等式の証明 (1)

⇨教 p.48〜p.50

1 実数の性質

[1]　$a^2 \geqq 0$　（等号が成り立つのは $a=0$ のとき）

[2]　$a^2+b^2 \geqq 0$　（等号が成り立つのは $a=b=0$ のとき）

2 不等式の証明

不等式 $A>B$ の証明は，$A-B>0$ を示せばよい。

例 47　$a>b$ のとき，不等式 $\dfrac{a+2b}{3}>\dfrac{a+4b}{5}$ を証明してみよう。

証明　$(左辺)-(右辺)=\dfrac{a+2b}{3}-\dfrac{a+4b}{5}$

$=\dfrac{5(a+2b)-3(a+4b)}{15}=\dfrac{2(a-b)}{15}$

ここで，$a>b$ のとき，$a-b>0$ であるから　$\dfrac{2(a-b)}{15}>0$

ゆえに　$\dfrac{a+2b}{3}-\dfrac{a+4b}{5}>$ ア［　　］

よって　$\dfrac{a+2b}{3}>\dfrac{a+4b}{5}$　終

← (左辺)−(右辺) > 0 ⟺ (左辺) > (右辺)

例 48　不等式 $(x+2)^2 \geqq 8x$ を証明してみよう。また，等号が成り立つのはどのようなときか。

証明　$(左辺)-(右辺)=(x^2+4x+4)-8x$

$=x^2-4x+4$

$=(x-2)^2 \geqq$ ア［　　］

← $a^2 \geqq 0$

よって　$(x+2)^2 \geqq 8x$

等号が成り立つのは，$x-2=0$ より $x=2$ のときである。　終

← (左辺)−(右辺) ≧ 0 ⟺ (左辺) ≧ (右辺)

TRY

例 49　不等式 $a^2+2b^2 \geqq 2ab$ を証明してみよう。また，等号が成り立つのはどのようなときか。

証明　$(左辺)-(右辺)=a^2+2b^2-2ab=a^2-2ab+2b^2$

$=(a-b)^2-b^2+2b^2$

$=(a-b)^2+b^2 \geqq 0$

よって　$a^2+2b^2 \geqq 2ab$

等号が成り立つのは，$a-b=0$，$b=0$ より

$a=b=$ ア［　　］ のときである。　終

← $A^2 \geqq 0$，$B^2 \geqq 0$ より $A^2+B^2 \geqq 0$

練習問題

50 $a > b$ のとき，次の不等式を証明せよ。 

(1) $3a - b > a + b$

*(2) $\dfrac{a+3b}{4} > \dfrac{a+4b}{5}$

51 次の不等式を証明せよ。また，等号が成り立つのはどのようなときか。 ◀例48

*(1) $x^2 + 9 \geqq 6x$

(2) $9x^2 + 4y^2 \geqq 12xy$

TRY
52 次の不等式を証明せよ。また，等号が成り立つのはどのようなときか。 

(1) $a^2 + 10b^2 \geqq 6ab$

*(2) $x^2 + 4x + y^2 - 6y + 13 \geqq 0$

20 不等式の証明 (2)

⇨教 p.51〜p.53

1 平方の大小関係

$a>0$, $b>0$ のとき

$a^2>b^2 \iff a>b$

$a^2 \geqq b^2 \iff a \geqq b$

この関係は, $a \geqq 0$, $b \geqq 0$ のときにも成り立つ。

2 相加平均と相乗平均の大小関係

$a>0$, $b>0$ のとき　$\dfrac{a+b}{2} \geqq \sqrt{ab}$　(等号が成り立つのは $a=b$ のとき)

例 50

$a \geqq 0$, $b \geqq 0$ のとき, 不等式 $\sqrt{a}+\sqrt{b} \geqq \sqrt{a+b}$ を証明してみよう。また, 等号が成り立つのはどのようなときか。

証明　両辺の平方の差を考えると

$$(\sqrt{a}+\sqrt{b})^2-(\sqrt{a+b})^2=a+2\sqrt{ab}+b-(a+b)$$
$$=2\sqrt{ab} \geqq 0$$

よって　$(\sqrt{a}+\sqrt{b})^2 \geqq (\sqrt{a+b})^2$

ここで, $\sqrt{a}+\sqrt{b} \geqq 0$, $\sqrt{a+b} \geqq 0$ であるから

$\sqrt{a}+\sqrt{b} \geqq \sqrt{a+b}$

← $a \geqq 0$, $b \geqq 0$ のとき $a^2 \geqq b^2 \iff a \geqq b$

等号が成り立つのは $\sqrt{ab}=0$ より　$ab=$ ア [　　]

すなわち　$a=0$ または $b=0$ のときである。 終

例 51

$a>0$ のとき, 不等式 $a+\dfrac{9}{a} \geqq 6$ を証明してみよう。また, 等号が成り立つのはどのようなときか。

証明　$a>0$, $\dfrac{9}{a}>0$ であるから, 相加平均と相乗平均の大小関係より

$$a+\frac{9}{a} \geqq 2\sqrt{a \times \frac{9}{a}}=6$$

← $\dfrac{a+b}{2} \geqq \sqrt{ab}$ より $a+b \geqq 2\sqrt{ab}$

ゆえに　$a+\dfrac{9}{a} \geqq 6$

また, 等号が成り立つのは $a=\dfrac{9}{a}$ すなわち, $a^2=9$ のときである。

ここで, $a>0$ であるから, $a=$ ア [　　] のときである。 終

練 習 問 題

53 $a \geqq 0$, $b \geqq 0$ のとき，次の不等式を証明せよ。また，等号が成り立つのはどのようなときか。 ◀例 50

*(1) $a+1 \geqq 2\sqrt{a}$

(2) $\sqrt{a}+2\sqrt{b} \geqq \sqrt{a+4b}$

54 $a > 0$, $b > 0$ のとき，次の不等式を証明せよ。また，等号が成り立つのはどのようなときか。 ◀例 51

*(1) $2a+\dfrac{1}{a} \geqq 2\sqrt{2}$

(2) $\dfrac{b}{2a}+\dfrac{a}{2b}-1 \geqq 0$

TRY PLUS

例題 1　剰余の定理の利用

⇨教 p.36 応用例題 2

整式 $P(x)$ は $x+1$ で割ると -5 余り，$x-2$ で割ると 1 余るという。$P(x)$ を $(x+1)(x-2)$ で割ったときの余りを求めよ。

解　$P(x)$ を $(x+1)(x-2)$ で割ったときの商を $Q(x)$ とする。

$(x+1)(x-2)$ は 2 次式であるから，余りは 1 次以下の整式となる。

この余りを $ax+b$ とおくと，次の等式が成り立つ。

$$P(x)=(x+1)(x-2)Q(x)+ax+b \quad \cdots\cdots①$$

①に $x=-1,\ 2$ をそれぞれ代入すると

$$P(-1)=-a+b$$

$$P(2)=2a+b$$

一方，与えられた条件から剰余の定理より

$$P(-1)=-5$$

$$P(2)=1$$

よって　$\begin{cases}-a+b=-5\\ 2a+b=1\end{cases}$

これを解くと　$a=2,\ b=-3$

したがって，求める余りは　$2x-3$

問 1　整式 $P(x)$ は $x-2$ で割ると -1 余り，$x-3$ で割ると 2 余るという。$P(x)$ を $(x-2)(x-3)$ で割ったときの余りを求めよ。

例題 2　高次方程式の虚数解

⇨教 p.42 応用例題 3

3次方程式 $x^3-3x^2+px+q=0$ の解の1つが $1+2i$ のとき，実数 p，q の値を求めよ。また，他の解を求めよ。

解　$x^3-3x^2+px+q=0$ の解の1つが $x=1+2i$ であるから

$$(1+2i)^3-3(1+2i)^2+p(1+2i)+q=0$$

これを展開して整理すると

$$(p+q-2)+(2p-14)i=0$$

$p+q-2$，$2p-14$ は実数であるから

$$p+q-2=0,\ 2p-14=0$$

これを解くと　$p=7$，$q=-5$

このとき，与えられた方程式は

$$x^3-3x^2+7x-5=0$$

左辺を因数分解すると　$(x-1)(x^2-2x+5)=0$

より　$x=1$，$1\pm 2i$

したがって　$p=7$，$q=-5$，　他の解は　$x=1$，$1-2i$

問 2　3次方程式 $x^3+px^2+qx+20=0$ の解の1つが $1-3i$ のとき，実数 p，q の値を求めよ。また，他の解を求めよ。

21 直線上の点

⇨教 p.60〜p.62

1 数直線上の点

2点 $A(a)$，$B(b)$ 間の距離 AB は　$AB=|b-a|$

2 内分と外分

2点 $A(a)$，$B(b)$ に対して，線分 AB を

$m:n$ に内分する点の座標は $\dfrac{na+mb}{m+n}$，　$m:n$ に外分する点の座標は $\dfrac{-na+mb}{m-n}$

とくに，線分 AB の中点の座標は $\dfrac{a+b}{2}$

例 52　2点 A(1)，B(−5) 間の距離は

$$AB=|(-5)-1|=|-6|=\text{ア}\square$$

← $A(a)$，$B(b)$ のとき $AB=|b-a|$

例 53　2点 A(−5)，B(9) に対して，線分 AB を 3：4 に内分する点 P の座標 x は

$$x=\frac{4\times(-5)+3\times9}{3+4}=\text{ア}\square$$

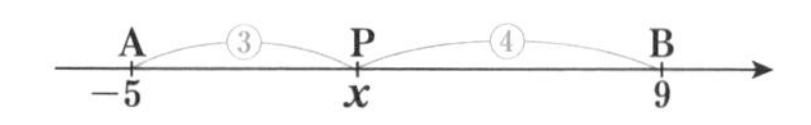

例 54　2点 A(−1)，B(4) に対して，線分 AB を

3：2 に外分する点 P の座標 p は

$$p=\frac{-2\times(-1)+3\times4}{3-2}=\text{ア}\square$$

2：3 に外分する点 Q の座標 q は

$$q=\frac{-3\times(-1)+2\times4}{2-3}=\text{イ}\square$$

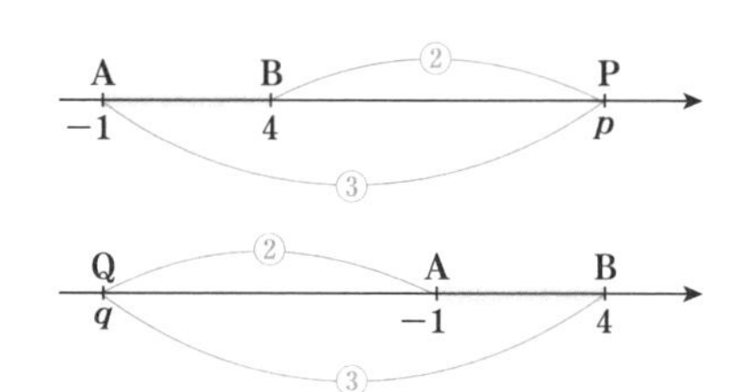

練 習 問 題

*55　次の2点間の距離を求めよ。　◀例 52

(1)　A(3)，B(−2)　　(2)　C(−4)，D(−1)　　(3)　原点 O，E(4)

56 2点 A(-6), B(4) に対して，次の点の座標を求めよ。 ◀例 53

*(1) 線分 AB を $3:2$ に内分する点 C

*(2) 線分 AB を $2:3$ に内分する点 D

(3) 線分 AB を $7:3$ に内分する点 E

(4) 線分 AB の中点 F

57 2点 A(-2), B(6) に対して，次の点の座標を求めよ。 ◀例 54

*(1) 線分 AB を $5:1$ に外分する点 C

*(2) 線分 AB を $1:5$ に外分する点 D

(3) 線分 AB を $5:3$ に外分する点 E

(4) 線分 AB を $3:5$ に外分する点 F

22 平面上の点 (1)

⇨教 p.63〜p.65

1 象限

座標平面は x 軸，y 軸によって，右の図のように 4 つの象限に分けられる。ただし，座標軸上の点は，どの象限にも属さない。

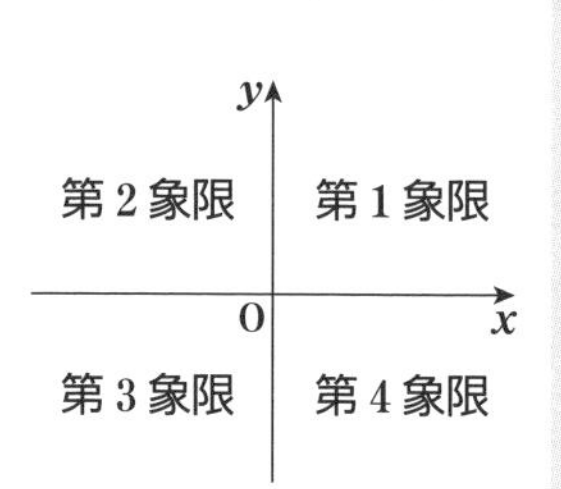

2 2 点間の距離

2 点 $\mathrm{A}(x_1,\ y_1)$，$\mathrm{B}(x_2,\ y_2)$ 間の距離は

$$\mathrm{AB}=\sqrt{(x_2-x_1)^2+(y_2-y_1)^2}$$

とくに，原点 O と点 $\mathrm{A}(x_1,\ y_1)$ の距離は

$$\mathrm{OA}=\sqrt{x_1{}^2+y_1{}^2}$$

例 55 点 $\mathrm{A}(-2,\ -3)$ は第 3 象限の点である。

また，点 A と y 軸に関して対称な点 B の座標は ア［　　　］で，

第 イ［　　　］象限の点である。

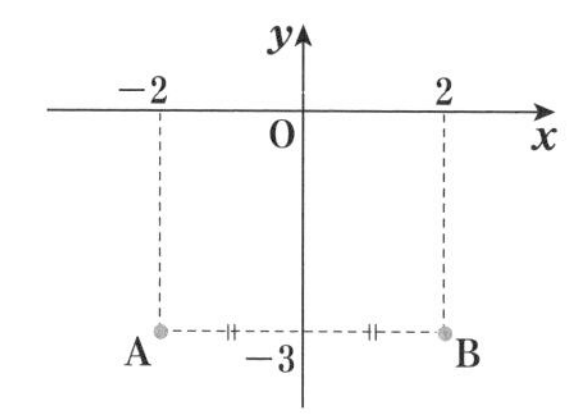

例 56 2 点 $\mathrm{A}(2,\ -3)$，$\mathrm{B}(5,\ 1)$ 間の距離は

$$\mathrm{AB}=\sqrt{(5-2)^2+\{1-(-3)\}^2}$$

$$=\sqrt{9+16}=\sqrt{25}=\text{ア［　　　］}$$

原点 O と点 $\mathrm{A}(2,\ -3)$ 間の距離は

$$\mathrm{OA}=\sqrt{2^2+(-3)^2}=\sqrt{4+9}=\text{イ［　　　］}$$

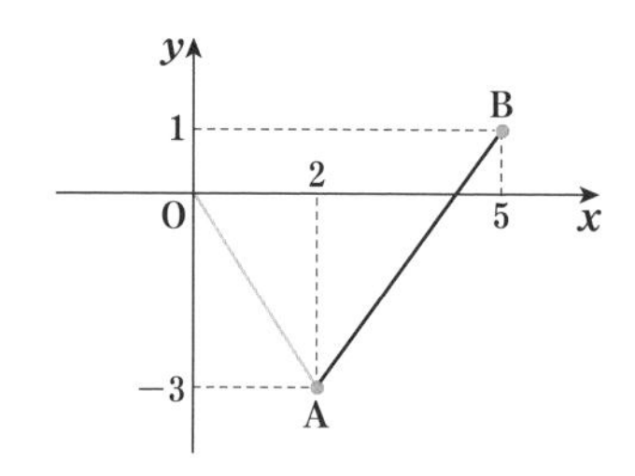

例 57 2 点 $\mathrm{A}(1,\ -5)$，$\mathrm{B}(x,\ 7)$ 間の距離が 13 であるとき，x の値を求めてみよう。

$\mathrm{AB}=13$ より　$\sqrt{(x-1)^2+\{7-(-5)\}^2}=13$

ゆえに　$(x-1)^2+\{7-(-5)\}^2=13^2$

よって　$(x-1)^2=25$

より　$x-1=\pm 5$

したがって　$x=$ ア［　　　］

⇐ $\mathrm{A}(x_1,\ y_1)$，$\mathrm{B}(x_2,\ y_2)$ の距離
$\mathrm{AB}=\sqrt{(x_2-x_1)^2+(y_2-y_1)^2}$

練 習 問 題

*58　点 A(3,　−4) はどの象限の点か。また，点 A と x 軸，y 軸，原点に関して対称な点をそれぞれ B，C，D とするとき，これらの点の座標を求めよ。　◀例 55

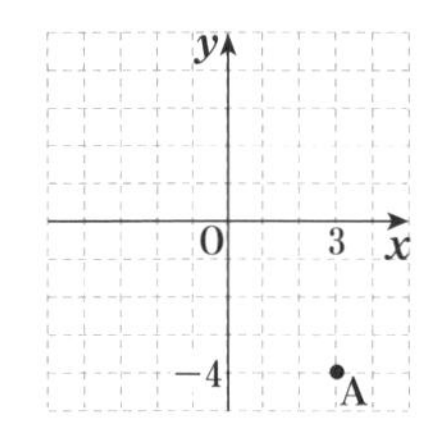

59　次の 2 点間の距離を求めよ。　◀例 56

*(1)　A(1,　2)，B(5,　5)

(2)　原点 O，C(3,　−4)

(3)　D(3,　8)，E(−2,　−4)

*(4)　F(6,　−3)，G(7,　−3)

60　次のような 2 点について，x，y の値を求めよ。　◀例 57

*(1)　2 点 A(0,　−2)，B(x,　1) 間の距離が 5

(2)　2 点 A(1,　3)，B(−2,　y) 間の距離が $\sqrt{13}$

第2章　図形と方程式

23 平面上の点 (2)

⇨教 p.66~p.67

1 内分点・外分点の座標

2 点 $A(x_1,\ y_1)$, $B(x_2,\ y_2)$ を結ぶ線分 AB を

・$m:n$ に内分する点の座標は $\left(\dfrac{nx_1+mx_2}{m+n},\ \dfrac{ny_1+my_2}{m+n}\right)$

とくに，線分 AB の中点の座標は $\left(\dfrac{x_1+x_2}{2},\ \dfrac{y_1+y_2}{2}\right)$

・$m:n$ に外分する点の座標は $\left(\dfrac{-nx_1+mx_2}{m-n},\ \dfrac{-ny_1+my_2}{m-n}\right)$

2 重心の座標

3 点 $A(x_1,\ y_1)$, $B(x_2,\ y_2)$, $C(x_3,\ y_3)$ を頂点とする △ABC の重心 G の座標は

$\left(\dfrac{x_1+x_2+x_3}{3},\ \dfrac{y_1+y_2+y_3}{3}\right)$

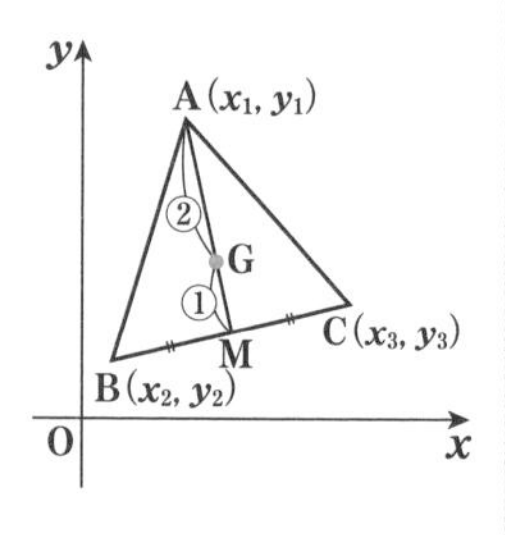

例 58

2 点 $A(-6,\ -1)$, $B(2,\ 3)$ を結ぶ線分 AB を

3：1 に内分する点の座標は

$\left(\dfrac{1\times(-6)+3\times2}{3+1},\ \dfrac{1\times(-1)+3\times3}{3+1}\right)$ より ^{ア}□

← $A(x_1,\ y_1)$, $B(x_2,\ y_2)$ のとき線分 AB を $m:n$ に内分 $\left(\dfrac{nx_1+mx_2}{m+n},\ \dfrac{ny_1+my_2}{m+n}\right)$

3：1 に外分する点の座標は

$\left(\dfrac{-1\times(-6)+3\times2}{3-1},\ \dfrac{-1\times(-1)+3\times3}{3-1}\right)$ より ^{イ}□

← $A(x_1,\ y_1)$, $B(x_2,\ y_2)$ のとき線分 AB を $m:n$ に外分 $\left(\dfrac{-nx_1+mx_2}{m-n},\ \dfrac{-ny_1+my_2}{m-n}\right)$

例 59

3 点 $A(-2,\ -1)$, $B(3,\ -2)$, $C(2,\ 6)$ を頂点とする

△ABC の重心 G の座標は

$\left(\dfrac{-2+3+2}{3},\ \dfrac{-1+(-2)+6}{3}\right)$ より ^{ア}□

← $A(x_1,\ y_1)$, $B(x_2,\ y_2)$, $C(x_3,\ y_3)$ のとき，△ABC の重心 $\left(\dfrac{x_1+x_2+x_3}{3},\ \dfrac{y_1+y_2+y_3}{3}\right)$

練 習 問 題

61　2点 $A(-1,\ 4)$，$B(5,\ -2)$ に対して，次の点の座標を求めよ。　◀例 58

(1)　線分 AB を $2:1$ に内分する点 C

*(2)　線分 AB を $1:5$ に内分する点 D

*(3)　線分 AB の中点 E

(4)　線分 AB を $2:5$ に外分する点 F

62　次の3点を頂点とする △ABC の重心 G の座標を求めよ。　◀例 59

(1)　$A(0,\ 1)$，$B(3,\ 4)$，$C(6,\ -2)$

*(2)　$A(5,\ -2)$，$B(-2,\ 1)$，$C(3,\ -5)$

24 直線の方程式(1)

⇨教 p.68〜p.71

1 直線の方程式

(1) 点 $(x_1,\ y_1)$ を通り，傾きが m の直線の方程式

$$y-y_1=m(x-x_1)$$

(2) 異なる 2 点 $(x_1,\ y_1)$，$(x_2,\ y_2)$ を通る直線の方程式

$x_1 \neq x_2$ のとき　$y-y_1=\dfrac{y_2-y_1}{x_2-x_1}(x-x_1)$

$x_1 = x_2$ のとき　　$x=x_1$

例 60　1 次方程式 $y=\dfrac{3}{2}x+1$ で表される直線は，

傾きが ^{ア}□，y 切片が ^{イ}□

の直線であり，右の図のようになる。

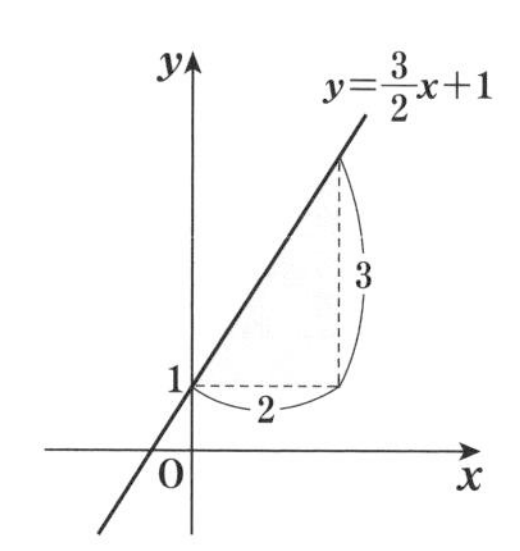

例 61　点 $(1,\ 3)$ を通り，傾きが 2 の直線の方程式は

$$y-3=2(x-1)$$

すなわち

$y=$ ^{ア}□

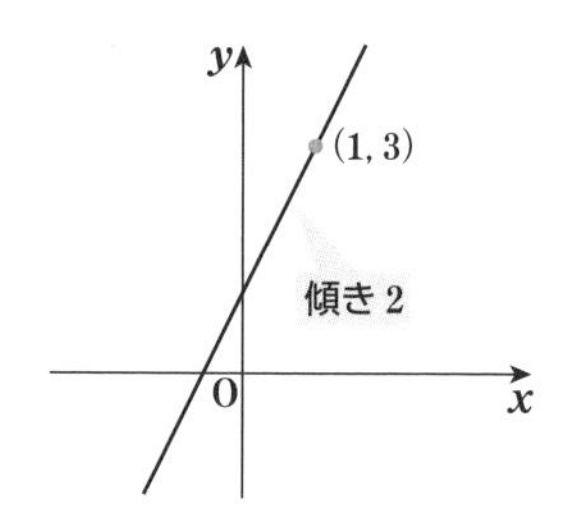

例 62　(1)　2 点 A$(-4,\ 9)$，B$(3,\ -5)$ を通る直線の方程式は

$$y-9=\frac{-5-9}{3-(-4)}\{x-(-4)\}$$

すなわち　$y=$ ^{ア}□

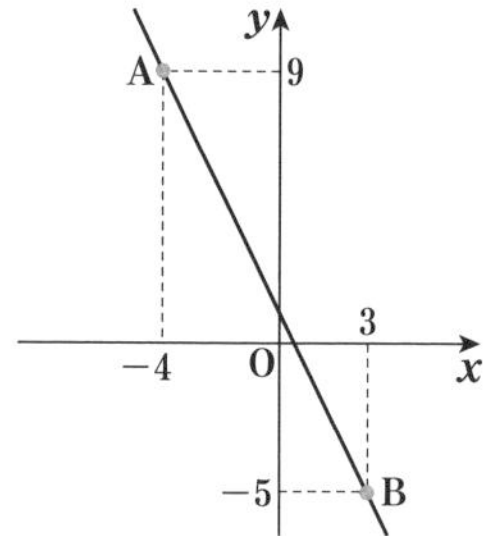

(2)　2 点 C$(-2,\ 3)$，D$(4,\ 3)$ を通る直線の方程式は

$$y-3=\frac{3-3}{4-(-2)}\{x-(-2)\}$$

すなわち　$y=$ ^{イ}□

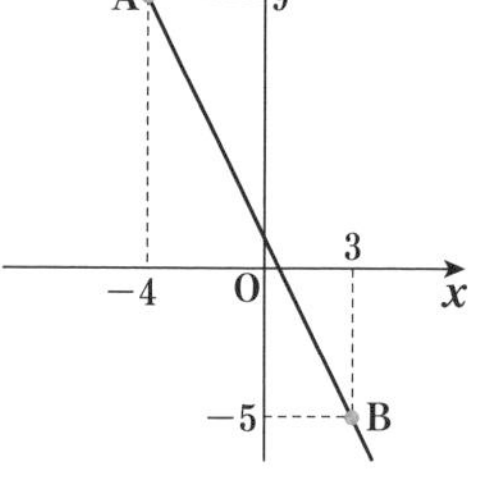

(3)　2 点 E$(-3,\ -2)$，F$(-3,\ 1)$ を通る直線の方程式は

$x=$ ^{ウ}□

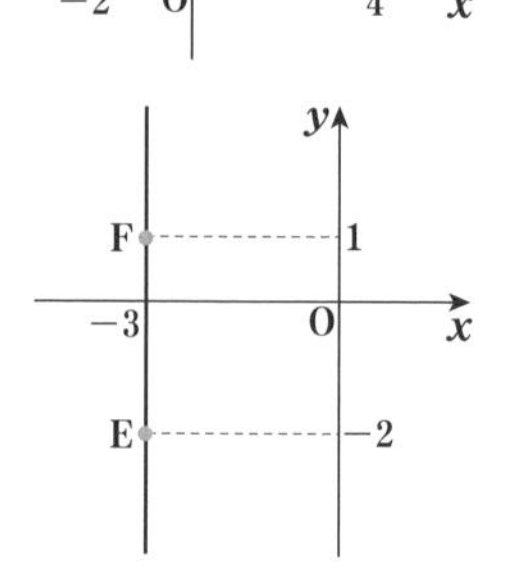

練　習　問　題

63 次の方程式で表される直線を図示せよ。 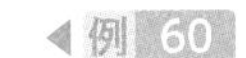

(1) $y = 3x - 2$　　(2) $y = -x + 2$

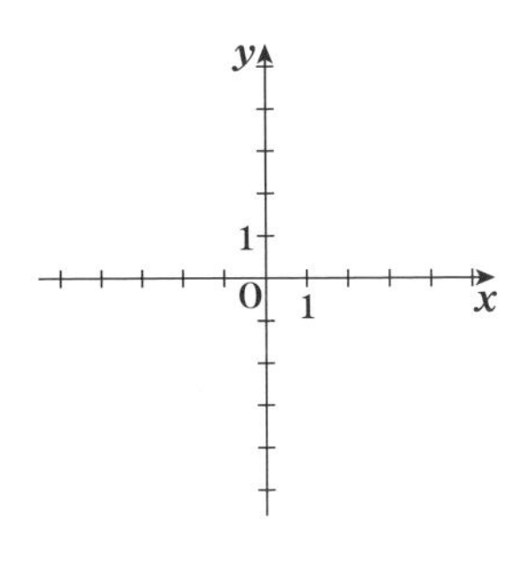

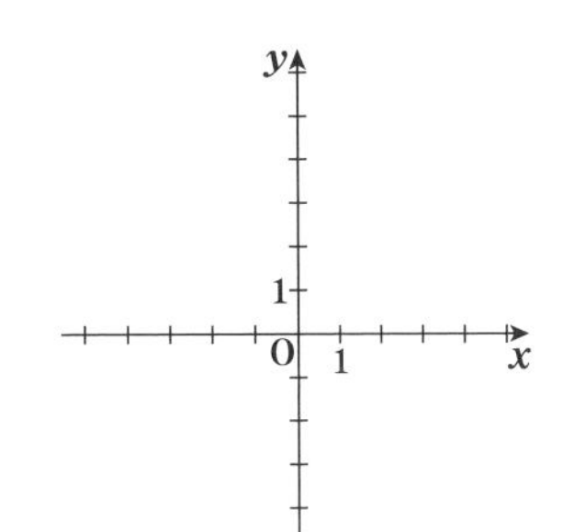

*__64__ 次の直線の方程式を求めよ。 ◀例 61

(1) 点 $(4,\ 3)$ を通り，傾きが 2 の直線　　(2) 点 $(-1,\ 5)$ を通り，傾きが -3 の直線

(3) 点 $(2,\ -4)$ を通り，傾きが -1 の直線　　(4) 点 $(-3,\ -1)$ を通り，傾きが $\dfrac{1}{3}$ の直線

65 次の 2 点を通る直線の方程式を求めよ。 ◀例 62

(1) $(4,\ 2)$，$(5,\ 6)$　　*(2) $(-1,\ 4)$，$(1,\ -4)$

*(3) $(-3,\ -1)$，$(3,\ -1)$　　(4) $(2,\ -5)$，$(2,\ 4)$

25 直線の方程式 (2)

⇨教 p.72〜p.73

1 直線の方程式

直線の方程式の一般形

$$ax + by + c = 0 \quad (a \neq 0 \text{ または } b \neq 0)$$

例 63 方程式 $2x - 3y + 4 = 0$ を変形すると

$$y = \frac{2}{3}x + \frac{4}{3}$$

よって，この方程式は

傾き ア□，y 切片 イ□ の直線を表す。

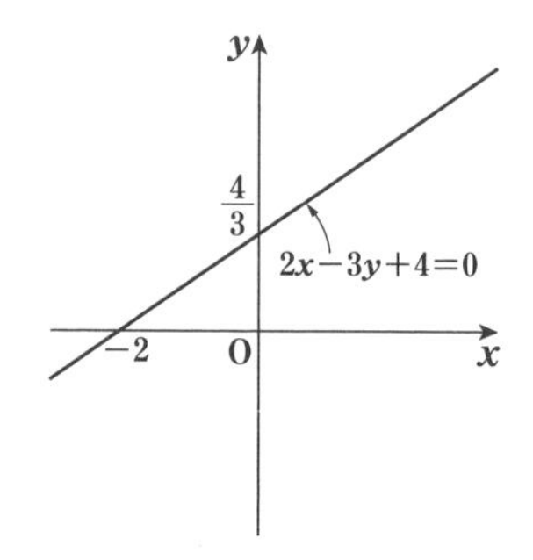

例 64 2 直線 $x + 3y - 6 = 0$，$2x - y - 5 = 0$ の交点と，点 $(1,\ 4)$ を通る直線の方程式を求めてみよう。

連立方程式 $\begin{cases} x + 3y - 6 = 0 \\ 2x - y - 5 = 0 \end{cases}$

を解くと　$x = 3$，$y = 1$

よって，2 直線の交点の座標は　$(3,\ 1)$

したがって，求める直線の方程式は，2 点 $(1,\ 4)$，$(3,\ 1)$ を通るから，その方程式は

$$y - 4 = \frac{1 - 4}{3 - 1}(x - 1)$$

すなわち　ア□ $x + 2y -$ イ□ $= 0$

練　習　問　題

66　次の方程式の表す直線の傾きと y 切片を求めよ。　◀例 63

(1)　$2x+y=-3$

(2)　$3x+6y-4=0$

*(3)　$x-3y+6=0$

*(4)　$\dfrac{x}{3}+\dfrac{y}{2}=1$

67　2 直線 $2x-3y+1=0$, $x+2y-3=0$ の交点と, 点 $(-1,\ 3)$ を通る直線の方程式を求めよ。　◀例 64

26 2直線の関係

⇨教 p.74～p.79

1 直線の平行と垂直

2直線 $y=mx+n$，$y=m'x+n'$ について

2直線が平行 $\iff$ $m=m'$　　2直線が垂直 $\iff$ $mm'=-1$

2 点と直線の距離

点 $(x_1,\ y_1)$ と直線 $ax+by+c=0$ の距離 d は　$d=\dfrac{|ax_1+by_1+c|}{\sqrt{a^2+b^2}}$

とくに，原点との距離 d は　$d=\dfrac{|c|}{\sqrt{a^2+b^2}}$

例 65　2直線 $3x-y+2=0$，$6x-2y+1=0$ は，それぞれ次のように変形できる。

$y=3x+2$，$y=3x+\dfrac{1}{2}$

よって，2直線はともに傾きが ア［　　］で等しいから平行である。

例 66　2直線 $y=\dfrac{5}{3}x$，$y=-\dfrac{3}{5}x+1$ について，傾きの積は

$\dfrac{5}{3}\times\left(-\dfrac{3}{5}\right)=$ ア［　　］　　よって，この2直線は垂直である。

例 67　点 $(5,\ -3)$ を通り，直線 $2x-5y+1=0$ に平行な直線および垂直な直線の方程式を求めてみよう。

直線 $2x-5y+1=0$ を l とする。$2x-5y+1=0$ を変形すると　$y=\dfrac{2}{5}x+\dfrac{1}{5}$

であるから，直線 l の傾きは $\dfrac{2}{5}$ である。よって，点 $(5,\ -3)$ を通り，直線 l に平行な直線の方程式は

$y-(-3)=\dfrac{2}{5}(x-5)$　　すなわち　ア［　　］

また，直線 l に垂直な直線の傾きを m とすると　$\dfrac{2}{5}\times m=-1$ より　$m=-\dfrac{5}{2}$

したがって，点 $(5,\ -3)$ を通り，直線 l に垂直な直線の方程式は

$y-(-3)=-\dfrac{5}{2}(x-5)$　　すなわち　イ［　　］

例 68　(1)　原点 O と直線 $3x-y+10=0$ の距離 d は

$d=\dfrac{|10|}{\sqrt{3^2+(-1)^2}}=\dfrac{10}{\sqrt{10}}=$ ア［　　］

(2)　点 $(-2,\ 1)$ と直線 $4x-3y+1=0$ の距離 d は

$d=\dfrac{|4\times(-2)-3\times1+1|}{\sqrt{4^2+(-3)^2}}=\dfrac{10}{5}=$ イ［　　］

練 習 問 題

*68　次の直線のうち，互いに平行であるもの，互いに垂直であるものをそれぞれ答えよ。

◀例 65　例 66

①　$y=3x-2$　　②　$y=4x+3$　　③　$y=-x+4$

④　$y=-3x+5$　　⑤　$4x+y+6=0$　　⑥　$4x-4y-3=0$

⑦　$12x-4y+5=0$　　⑧　$3x-12y=6$

69　点 $(1,\ 2)$ を通り，次の直線に平行な直線および垂直な直線の方程式を求めよ。◀例 67

(1)　$3x-y-4=0$　　(2)　$2x+y+1=0$

70　原点 O と次の直線の距離を求めよ。◀例 68

*(1)　$2x-y-3=0$　　(2)　$3x-y+5=0$

71　次の点と直線 $2x-y+1=0$ の距離を求めよ。◀例 68

*(1)　点 $(3,\ 1)$　　(2)　点 $(\sqrt{5},\ 1)$

確認問題 4

*1 次の2点間の距離を求めよ。

(1) A(5), B(-1)　　(2) C(-3), D(-2)　　(3) 原点O, E(-2)

2 2点A(-5), B(7)に対して，次の点の座標を求めよ。

*(1) 線分ABを 3：1 に内分する点C　　(2) 線分ABを 1：3 に内分する点D

*(3) 線分ABを 5：2 に外分する点E　　(4) 線分ABを 2：5 に外分する点F

3 次の2点間の距離を求めよ。

*(1) A(-1, 4), B(3, 1)　　(2) O(0, 0), C(-3, -1)

4 2点A(3, -2), B(x, 1)間の距離が5であるとき，xの値を求めよ。

5 2点A(-2, 6), B(3, -4)に対して，次の点の座標を求めよ。

(1) 線分ABを 2：3 に内分する点　　(2) 線分ABを 2：7 に外分する点

6　3 点 A$(1,\ -2)$，B$(7,\ 3)$，C$(-2,\ -4)$ を頂点とする △ABC の重心 G の座標を求めよ。

*__7__　次の直線の方程式を求めよ。

(1)　点 $(-3,\ 2)$ を通り，傾きが 3 の直線

(2)　点 $(6,\ -1)$ を通り，傾きが $-\dfrac{2}{3}$ の直線

8　次の 2 点を通る直線の方程式を求めよ。

(1)　$(-3,\ 4)$，$(-1,\ -2)$

*(2)　$(-2,\ 6)$，$(-2,\ -4)$

9　点 $(3,\ -2)$ を通り，次の直線に平行な直線および垂直な直線の方程式を求めよ。

(1)　$y = 3x + 5$

*(2)　$x + 2y - 6 = 0$

10　次の直線と，原点および点 $(-1,\ 2)$ の距離をそれぞれ求めよ。

*(1)　$3x - 4y + 5 = 0$

(2)　$y = 2x - 1$

27 円の方程式(1)

⇨教 p.82〜p.83

1 円の方程式

点 $(a,\ b)$ を中心とする半径 r の円の方程式は

$$(x-a)^2+(y-b)^2=r^2$$

とくに，原点を中心とする半径 r の円の方程式は

$$x^2+y^2=r^2$$

例 69　中心が点 $(1,\ -3)$ で，半径 3 の円の方程式を求めてみよう。

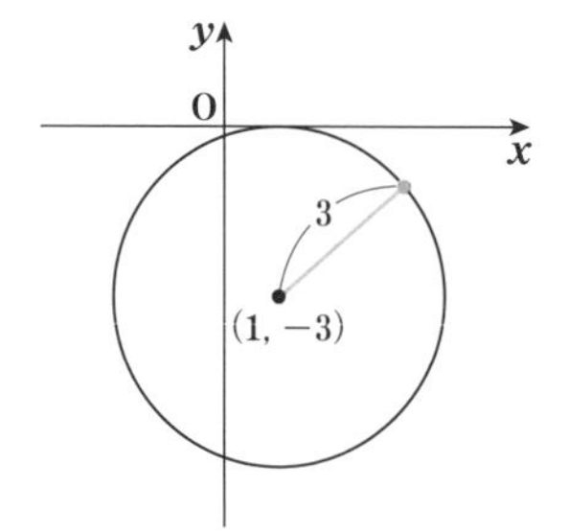

この円の方程式は

$$(x-1)^2+\{y-(-3)\}^2=3^2$$

すなわち　$(x-1)^2+(y+3)^2=$ ア［　　］

例 70　中心が点 $(-2,\ 1)$ で，点 $(1,\ 3)$ を通る円の方程式を求めてみよう。

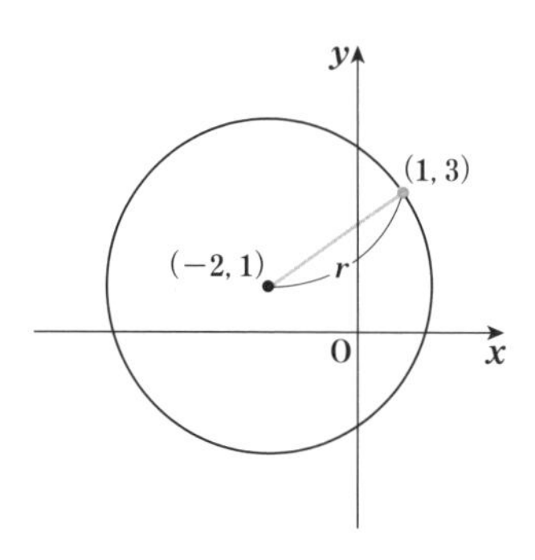

この円の半径を r とすると

$$r=\sqrt{\{1-(-2)\}^2+(3-1)^2}=\sqrt{13}$$

よって，この円の方程式は

$$\{x-(-2)\}^2+(y-1)^2=(\sqrt{13})^2$$

すなわち　$(x+2)^2+(y-1)^2=$ ア［　　］

例 71　2 点 $\mathrm{A}(-1,\ 4)$，$\mathrm{B}(5,\ -2)$ を直径の両端とする円の方程式を求めてみよう。

求める円の中心を $\mathrm{C}(a,\ b)$，半径を r とする。中心 C は線分 AB の中点であるから，その座標は

$$a=\frac{-1+5}{2}=2$$

$$b=\frac{4+(-2)}{2}=1$$

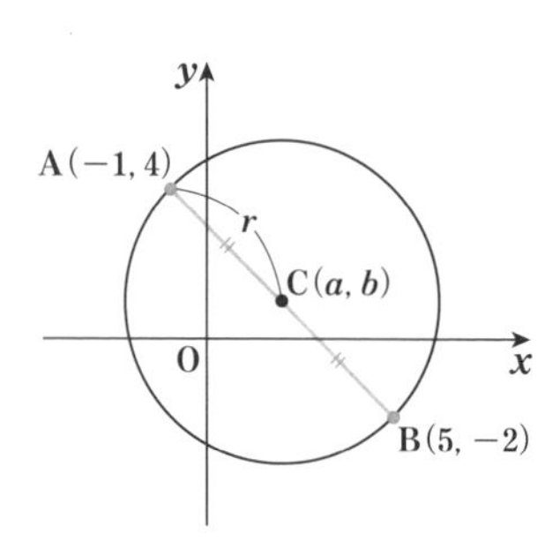

より，$\mathrm{C}(2,\ 1)$ である。

また，$r=\mathrm{CA}$ より　$r=\sqrt{(-1-2)^2+(4-1)^2}=\sqrt{18}=3\sqrt{2}$

よって，求める円の方程式は　$(x-2)^2+(y-1)^2=(3\sqrt{2})^2$

すなわち　ア［　　］

練 習 問 題

72 次の円の方程式を求めよ。 ◀例 69

*(1) 中心が点 $(-2,\ 1)$ で，半径 4 の円

*(2) 中心が原点で，半径 4 の円

(3) 中心が点 $(3,\ -2)$ で，半径 1 の円

(4) 中心が点 $(-3,\ 4)$ で，半径が $\sqrt{5}$ の円

73 次の円の方程式を求めよ。 ◀例 70

(1) 中心が点 $(2,\ 1)$ で，原点を通る円

*(2) 中心が点 $(1,\ -3)$ で，点 $(-2,\ 1)$ を通る円

74 次の円の方程式を求めよ。 ◀例 71

*(1) 2 点 $\mathrm{A}(3,\ 7)$，$\mathrm{B}(-5,\ 1)$ を直径の両端とする円

(2) 2 点 $\mathrm{A}(-1,\ 2)$，$\mathrm{B}(3,\ 4)$ を直径の両端とする円

28 円の方程式 (2)

⇨教 p.84〜p.85

1 円の方程式の一般形

$x^2+y^2+lx+my+n=0$ (ただし，$l^2+m^2-4n>0$)

例 72 次の方程式は，どのような図形を表すか調べてみよう。

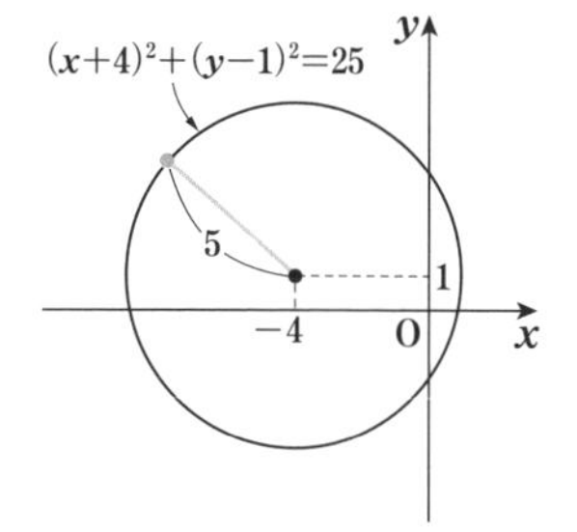

$$x^2+y^2+8x-2y-8=0$$

与えられた方程式を変形すると

$$x^2+8x+y^2-2y-8=0$$

$$(x+4)^2-4^2+(y-1)^2-1^2-8=0$$ ⬅ $(x-a)^2+(y-b)^2=r^2$ の形に変形

すなわち　$(x+4)^2+(y-1)^2=5^2$

これは，中心が点 ア［　　　］，半径 イ［　　　］の円　を表す。

例 73 3点 A$(-5,\ 6)$，B$(-1,\ 8)$，C$(2,\ -1)$ を通る円の方程式を求めてみよう。

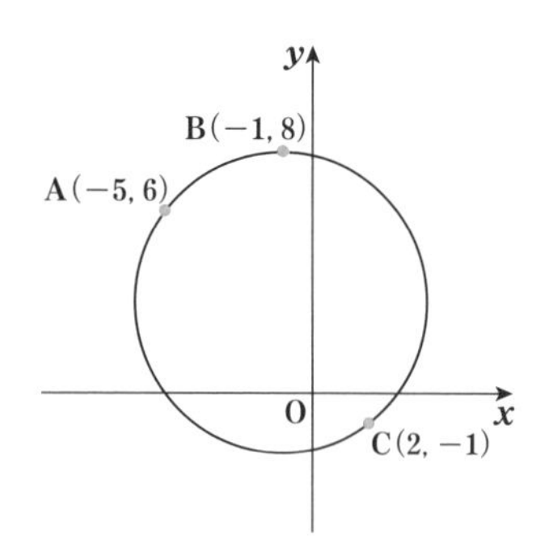

求める円の方程式を $x^2+y^2+lx+my+n=0$ とおく。

この円が，点 A$(-5,\ 6)$ を通るから　$25+36-5l+6m+n=0$

点 B$(-1,\ 8)$ を通るから　$1+64-l+8m+n=0$

点 C$(2,\ -1)$ を通るから　$4+1+2l-m+n=0$

これらを整理すると

$$\begin{cases} 5l-6m-n=61 & \cdots\cdots① \\ l-8m-n=65 & \cdots\cdots② \\ 2l-m+n=-5 & \cdots\cdots③ \end{cases}$$

①＋③ より　$7l-7m=56$

$$l-m=8 \quad \cdots\cdots④$$

②＋③ より　$3l-9m=60$

$$l-3m=20 \quad \cdots\cdots⑤$$

④，⑤を解いて　$l=2,\ m=-6$

また，$l=2,\ m=-6$ を③に代入して　$n=-15$

よって，求める円の方程式は

ア

練 習 問 題

75 次の方程式は，どのような図形を表すか。 ◀例 72

*(1) $x^2+y^2-6x+10y+16=0$ (2) $x^2+y^2-4x-6y+4=0$

(3) $x^2+y^2=2y$ *(4) $x^2+y^2+8x-9=0$

76 次の 3 点を通る円の方程式を求めよ。 ◀例 73

(1) O(0, 0), A(1, 3), B(−1, −1) *(2) A(1, 2), B(5, 2), C(3, 0)

29 円と直線(1)

⇨教 p.86〜p.87

1 円と直線の共有点

円と直線の共有点の座標は，それらの図形の方程式による連立方程式の解として求められる。

例 74 円 $x^2+y^2=5$ と直線 $y=x-3$ の共有点の座標を求めてみよう。

共有点の座標は，次の連立方程式の解である。

$$\begin{cases} x^2+y^2=5 & \cdots\cdots① \\ y=x-3 & \cdots\cdots② \end{cases}$$

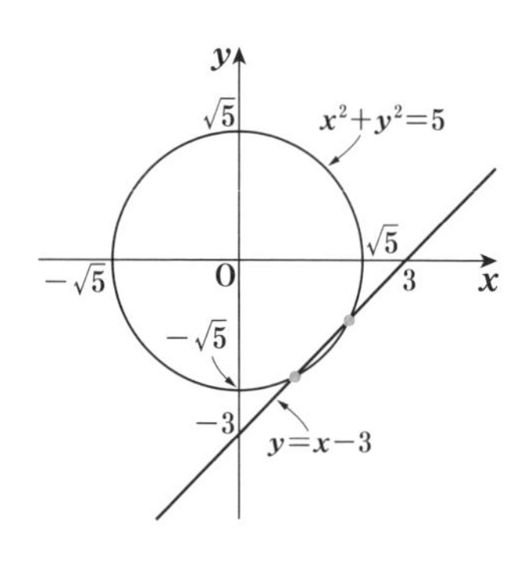

②を①に代入して　　$x^2+(x-3)^2=5$

これを整理して　$x^2-3x+2=0$ より

$$(x-1)(x-2)=0$$

よって　　$x=1,\ 2$

②より，$x=1$ のとき　　$y=-2$

$x=2$ のとき　　$y=-1$

したがって，共有点の座標は　(1, ア［　　］), (2, イ［　　］)

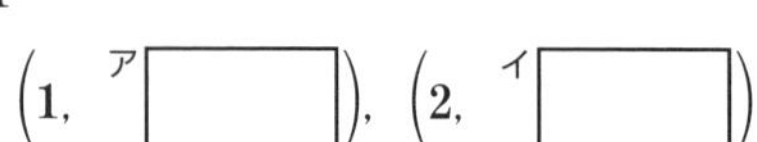

例 75 円 $x^2+y^2=5$ と直線 $y=-2x-5$ の共有点の座標を求めてみよう。

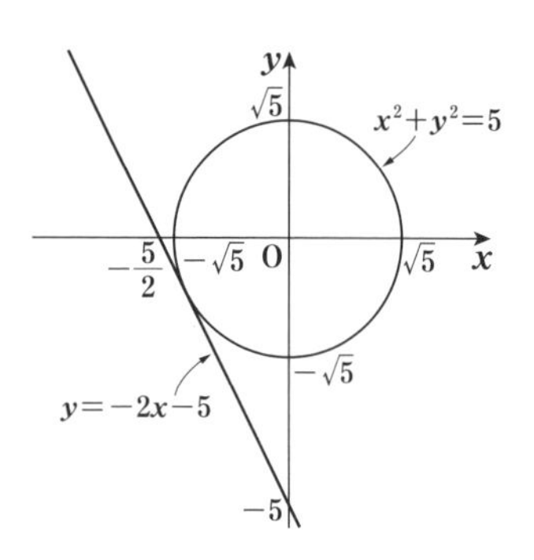

共有点の座標は，次の連立方程式の解である。

$$\begin{cases} x^2+y^2=5 & \cdots\cdots① \\ y=-2x-5 & \cdots\cdots② \end{cases}$$

②を①に代入して　　$x^2+(-2x-5)^2=5$

これを整理して　$x^2+4x+4=0$ より

$$(x+2)^2=0$$

よって　　$x=-2$

← 重解になるとき，円と直線は接する

②より，$x=-2$ のとき　　$y=-1$

したがって，共有点の座標は　(ア［　　］, イ［　　］)

練 習 問 題

*77 円 $x^2+y^2=25$ と直線 $y=x+1$ の共有点の座標を求めよ。 ◀例 74

*78 円 $x^2+y^2=10$ と直線 $3x+y-10=0$ の共有点の座標を求めよ。 ◀例 75

30 円と直線(2)

⇨教 p.88〜p.89

1 円と直線の位置関係

円と直線の方程式を連立して得られる2次方程式 $ax^2+bx+c=0$ の判別式を $D=b^2-4ac$ とすると，次のことが成り立つ。

D の符号	$D>0$	$D=0$	$D<0$
$ax^2+bx+c=0$ の実数解	異なる2つの実数解	重解	なし
円と直線の位置関係	異なる2点で交わる	接する	共有点がない
共有点の個数	2個	1個	0個

例 76

円 $x^2+y^2=8$ と直線 $y=-x+m$ が共有点をもつとき，定数 m の値の範囲を求めてみよう。

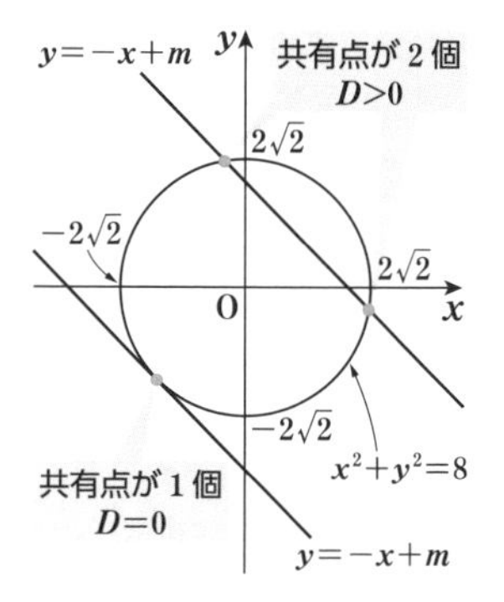

$y=-x+m$ を $x^2+y^2=8$ に代入して整理すると

$$2x^2-2mx+m^2-8=0$$

この2次方程式の判別式を D とすると

$$D=(-2m)^2-4\times2\times(m^2-8)$$
$$=-4m^2+64$$

円と直線が共有点をもつためには，$D\geqq0$ であればよい。

よって，$-4m^2+64\geqq0$ より $(m+4)(m-4)\leqq0$

したがって，求める m の値の範囲は ア[　　] $\leqq m\leqq$ イ[　　]

例 77

円 $x^2+y^2=r^2$ と直線 $2x+4y-5=0$ が接するとき，円の半径 r の値を求めてみよう。

円 $x^2+y^2=r^2$ の中心は原点であり，原点と直線 $2x+4y-5=0$ の距離 d は

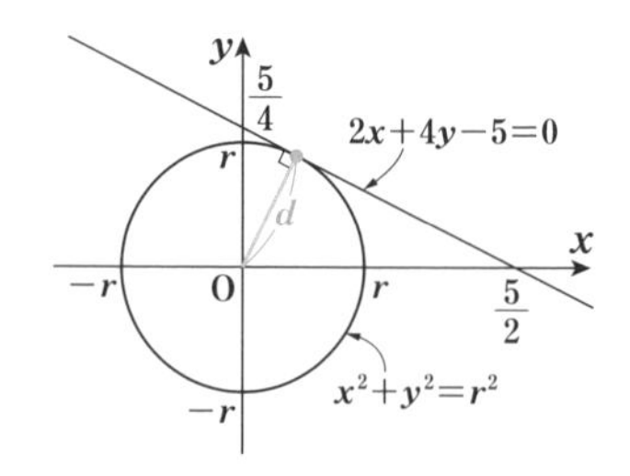

$$d=\frac{|-5|}{\sqrt{2^2+4^2}}=\frac{5}{2\sqrt{5}}=\frac{\sqrt{5}}{2}$$

ここで，円と直線が接するのは，

$$d=r$$

のときであるから

$r=$ ア[　　]

練習問題

79 次の円と直線が共有点をもつとき，定数 m の値の範囲を求めよ。 ◀例 76

(1) 円 $x^2+y^2=5$，直線 $y=2x+m$

*(2) 円 $x^2+y^2=10$，直線 $3x+y=m$

80 円 $x^2+y^2=r^2$ と次の直線が接するとき，円の半径 r の値を求めよ。 ◀例 77

(1) $y=x+2$

(2) $3x-4y-15=0$

31 円と直線(3)

⇨教 p.90〜p.91

1 円の接線

円 $x^2+y^2=r^2$ 上の点 $P(x_1,\ y_1)$ における接線の方程式は

$$x_1x+y_1y=r^2$$

例 78 円 $x^2+y^2=10$ 上の点 $(3,\ -1)$ における接線の

方程式は ア[　　　　]

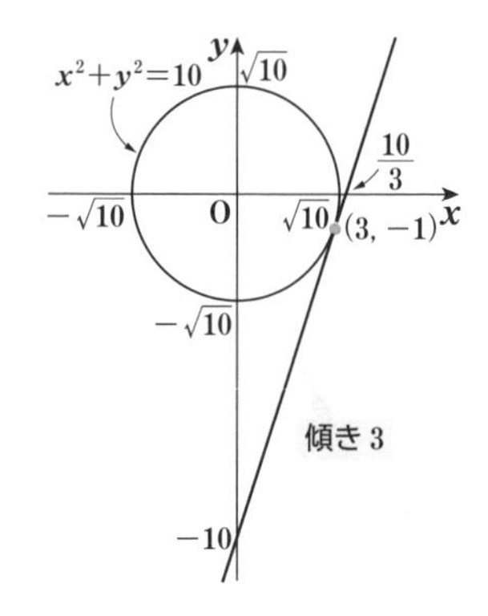

例 79 点 $A(4,\ -2)$ から円 $x^2+y^2=10$ に引いた接線の方程式を求めてみよう。

接点を $P(x_1,\ y_1)$ とすると,

点 P における接線の方程式は　$x_1x+y_1y=10$　……①

これが点 $A(4,\ -2)$ を通るから　$4x_1-2y_1=10$　……②

また，点 $P(x_1,\ y_1)$ は円 $x^2+y^2=10$ 上の点であるから

$x_1{}^2+y_1{}^2=10$　……③

②より　$y_1=2x_1-5$　……④

④を③に代入すると

$x_1{}^2+(2x_1-5)^2=10$

整理すると　$x_1{}^2-4x_1+3=0$

$(x_1-1)(x_1-3)=0$

ゆえに　$x_1=1,\ 3$

④より　$x_1=1$ のとき $y_1=-3$

$x_1=3$ のとき $y_1=1$

よって，接点 P の座標は $(1,\ -3)$ または $(3,\ 1)$ である。

したがって，求める接線は 2 本あり，①よりその方程式は

$x-3y=10$,　ア[　　　　]

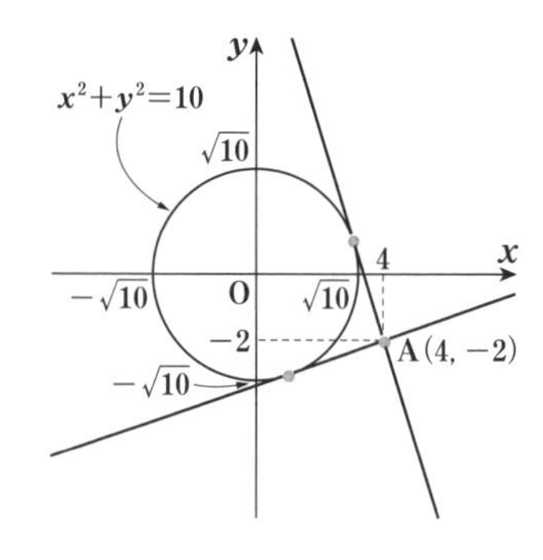

練習問題

81 次の円上の点Pにおける接線の方程式を求めよ。 ◀例78

*(1) 円 $x^2+y^2=25$, 点P$(-3,\ 4)$

(2) 円 $x^2+y^2=5$, 点P$(2,\ -1)$

*(3) 円 $x^2+y^2=9$, 点P$(3,\ 0)$

(4) 円 $x^2+y^2=16$, 点P$(0,\ -4)$

***82** 点A$(2,\ 1)$から円 $x^2+y^2=1$ に引いた接線の方程式を求めよ。 ◀例79

検印

確認問題 5

1 次の円の方程式を求めよ。

*(1) 中心が点 $(-3,\ -2)$ で，半径 5 の円

(2) 中心が原点で，半径 2 の円

*(3) 中心が点 $(-2,\ 3)$ で，点 $(1,\ 2)$ を通る円

(4) 2 点 $\mathrm{A}(-1,\ -1)$，$\mathrm{B}(5,\ -3)$ を直径の両端とする円

2 次の方程式は，どのような図形を表すか。

*(1) $x^2+y^2+12x-4y=0$

(2) $x^2+y^2-14y+25=0$

3 3 点 $\mathrm{A}(-3,\ 6)$，$\mathrm{B}(3,\ -2)$，$\mathrm{C}(4,\ 5)$ を通る円の方程式を求めよ。

*4 次の円と直線の共有点の座標を求めよ。

(1) 円 $x^2+y^2=25$, 直線 $y=2x+10$

(2) 円 $x^2+y^2=18$, 直線 $y=-x+6$

5 円 $x^2+y^2=4$ と直線 $y=-2x+m$ が共有点をもつとき，定数 m の値の範囲を求めよ。

6 次の円上の点 P における接線の方程式を求めよ。

*(1) 円 $x^2+y^2=10$, 点 P$(3,\ -1)$

(2) 円 $x^2+y^2=13$, 点 P$(-2,\ -3)$

*7 点 A$(-5,\ 1)$ から円 $x^2+y^2=13$ に引いた接線の方程式を求めよ。

32 軌跡と方程式

⇨教 p.94~p.95

1 軌跡

ある条件を満たす点全体の描く図形 F を，その条件を満たす点の 軌跡 という。

2 軌跡の求め方

① 点 P の座標を $(x,\ y)$ とおいて，与えられた条件を $x,\ y$ の方程式で表し，この方程式の表す図形 F を求める。

② ①で求めた図形 F 上の任意の点 P が，与えられた条件を満たすかどうか調べる。

注 ②が明らかな場合は，省略することが多い。

例 80

2 点 $\mathrm{A}(4,\ 0)$，$\mathrm{B}(0,\ -2)$ に対して，
$\mathrm{AP}=\mathrm{BP}$ を満たす点 P の軌跡を求めてみよう。

点 P の座標を $(x,\ y)$ とすると，

$\mathrm{AP}=\mathrm{BP}$ より　$\sqrt{(x-4)^2+y^2}=\sqrt{x^2+(y+2)^2}$

この両辺を 2 乗すると

$$x^2-8x+16+y^2=x^2+y^2+4y+4$$

ゆえに　$y=-2x+3$

よって，点 P は直線 $y=-2x+3$ 上にある。

逆に，直線 $y=-2x+3$ 上の任意の点を $\mathrm{P}(x,\ y)$ とすると，上の計算を逆にたどることによって，$\mathrm{AP}=\mathrm{BP}$ が成り立つ。

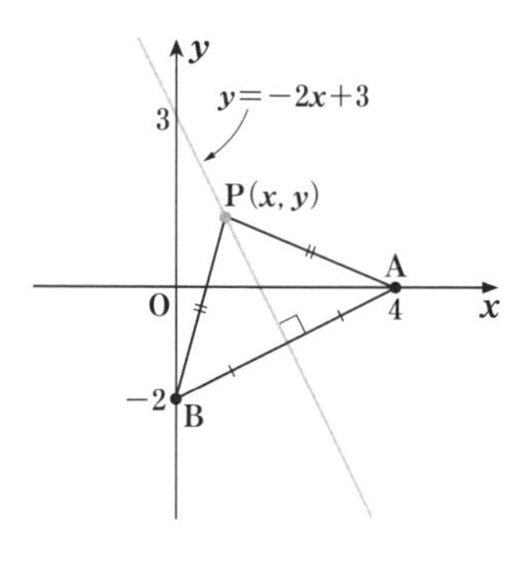

したがって，点 P の軌跡は，直線 ア  である。

例 81

2 点 $\mathrm{A}(-4,\ 0)$，$\mathrm{B}(4,\ 0)$ に対して，$\mathrm{AP}:\mathrm{BP}=3:1$
を満たす点 P の軌跡を求めてみよう。

点 P の座標を $(x,\ y)$ とする。

$\mathrm{AP}:\mathrm{BP}=3:1$ より　$3\mathrm{BP}=\mathrm{AP}$

ゆえに　$3\sqrt{(x-4)^2+y^2}=\sqrt{(x+4)^2+y^2}$

この両辺を 2 乗して整理すると

$$x^2-10x+y^2+16=0 \quad より$$

$$(x-5)^2+y^2=3^2$$

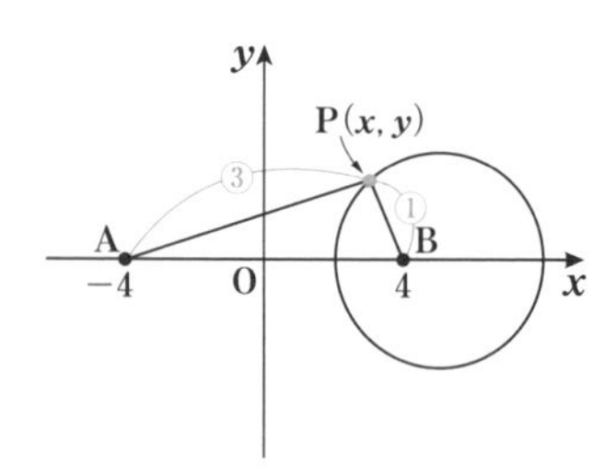

よって，点 P の軌跡は

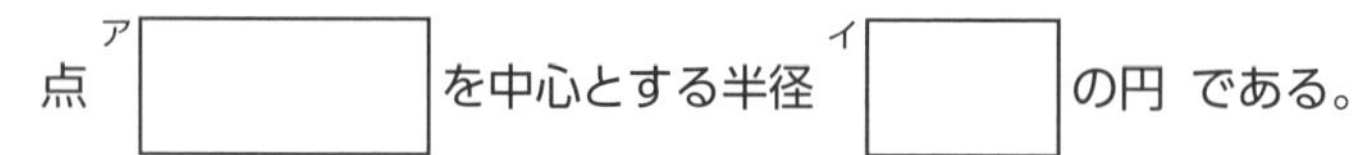
点 ア □ を中心とする半径 イ □ の円 である。

練習問題

83 次の条件を満たす点Pの軌跡を求めよ。 ◀例 80

*(1) 2点 $A(4,\ 0)$，$B(0,\ 2)$ に対して，$AP=BP$ を満たす点P

(2) 2点 $A(-1,\ 2)$，$B(-2,\ -5)$ に対して，$AP=BP$ を満たす点P

*(3) 2点 $A(2,\ 0)$，$B(0,\ 1)$ に対して，$AP^2-BP^2=1$ を満たす点P

84 次の条件を満たす点Pの軌跡を求めよ。 ◀例 81

*(1) 2点 $A(-2,\ 0)$，$B(6,\ 0)$ に対して，$AP:BP=1:3$ を満たす点P

(2) 2点 $A(0,\ -4)$，$B(0,\ 2)$ に対して，$AP:BP=2:1$ を満たす点P

33 不等式の表す領域（1）

⇨教 p.97〜p.98

1 直線で分けられた領域

不等式 $y > mx + n$ の表す領域は　直線 $y = mx + n$ の 上側
不等式 $y < mx + n$ の表す領域は　直線 $y = mx + n$ の 下側

例 82 不等式 $y > -2x + 4$ の表す領域は，

直線 $y = -2x + 4$ の ア［　　］側である。

すなわち，右の図の斜線部分である。
ただし，境界線を含まない。

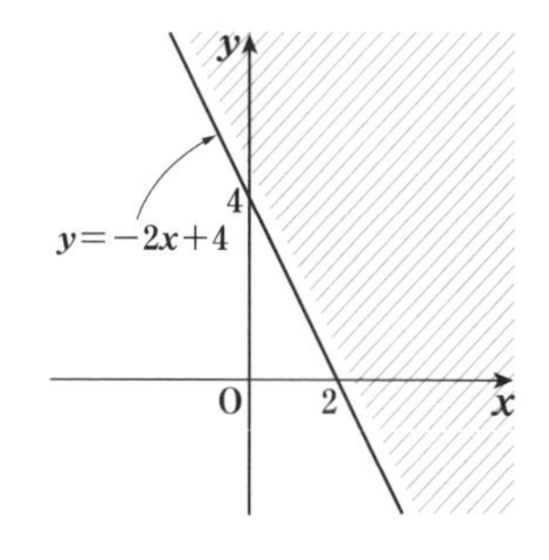

例 83 不等式 $x - 2y + 4 \geqq 0$ は，$y \leqq \frac{1}{2}x + 2$ と変形できる。

よって，不等式 $x - 2y + 4 \geqq 0$ の表す領域は，

直線 $y = \frac{1}{2}x + 2$ およびその ア［　　］側である。

すなわち，右の図の斜線部分である。
ただし，境界線を含む。

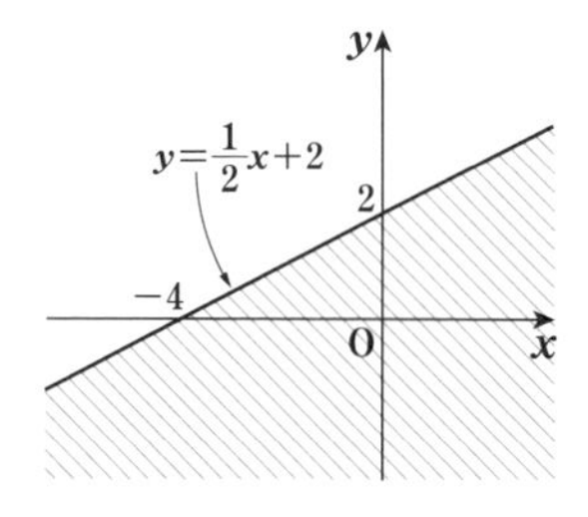

例 84 不等式 $x \leqq 3$ の表す領域は，yの値に関係なく，

x座標が 3 以下の点の集合であるから，

直線 $x = 3$ およびその ア［　　］側である。

すなわち，右の図の斜線部分である。
ただし，境界線を含む。

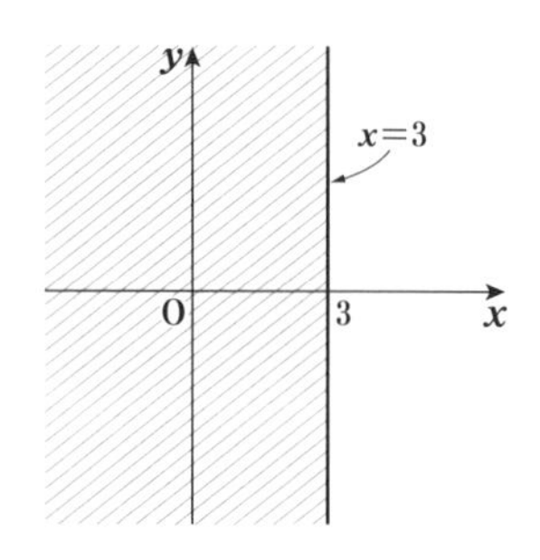

練習問題

85 次の不等式の表す領域を図示せよ。 ◀例 82

*(1) $y > 2x - 5$

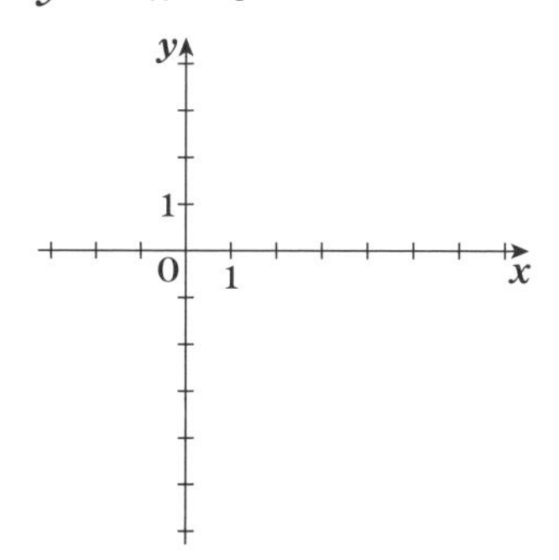

(2) $y \leqq -3x + 6$

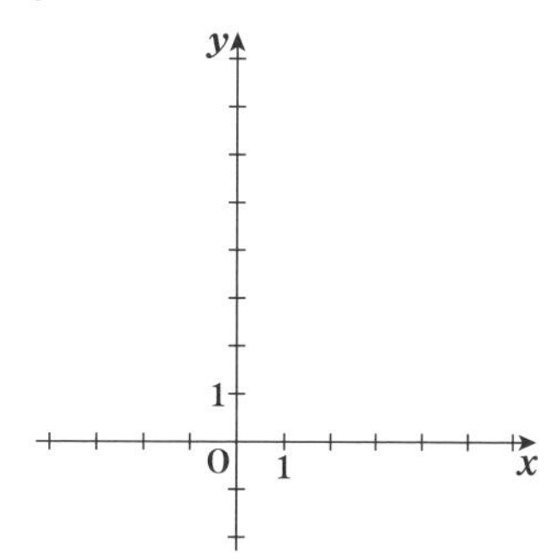

86 次の不等式の表す領域を図示せよ。 ◀例 83

*(1) $2x - 3y - 6 < 0$

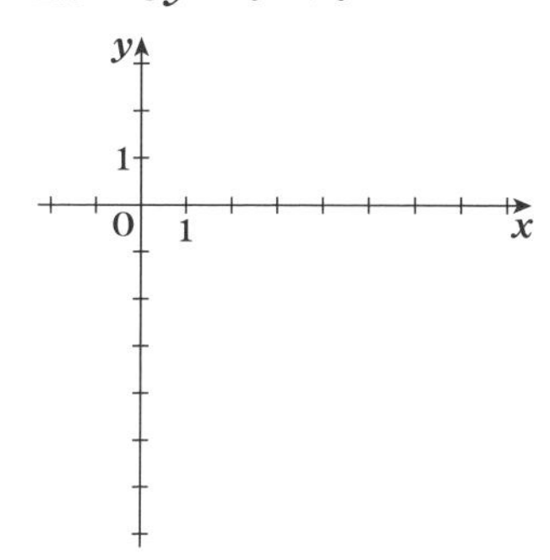

(2) $3x + y + 6 \leqq 0$

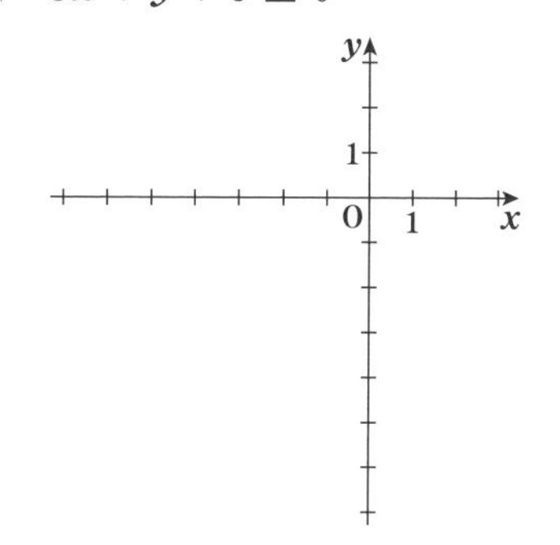

87 次の不等式の表す領域を図示せよ。 ◀例 84

*(1) $x > 2$

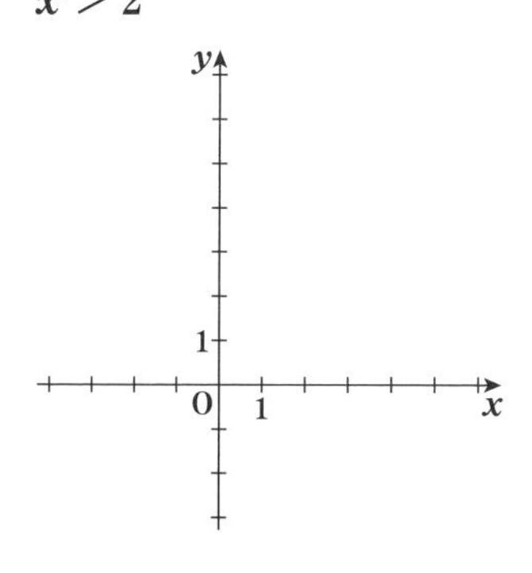

(2) $2y - 3 \leqq 0$

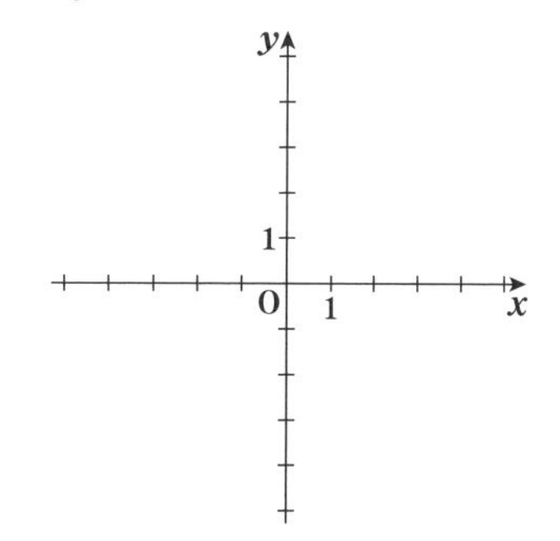

34 不等式の表す領域 (2)

⇨教 p.99

1 円で分けられた領域

不等式 $(x-a)^2+(y-b)^2<r^2$ の表す領域は　円 $(x-a)^2+(y-b)^2=r^2$ の 内部

不等式 $(x-a)^2+(y-b)^2>r^2$ の表す領域は　円 $(x-a)^2+(y-b)^2=r^2$ の 外部

例 85　不等式 $(x-2)^2+(y-3)^2>16$ の表す領域を図示してみよう。

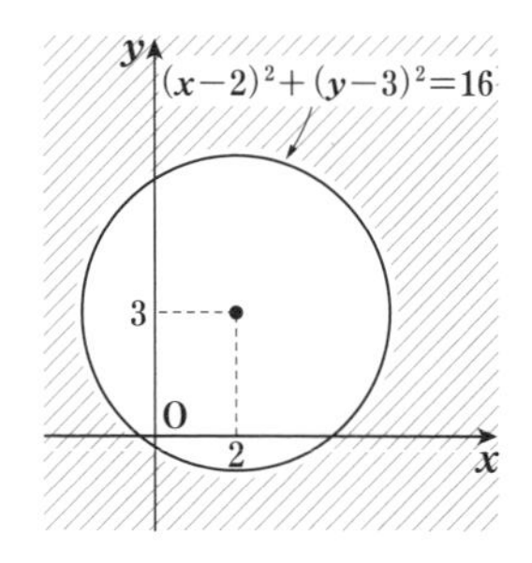

この不等式の表す領域は，

円 $(x-2)^2+(y-3)^2=16$ の ア［　　］部である。

すなわち，右の図の斜線部分である。

ただし，境界線を含まない。

例 86　不等式 $x^2+y^2-6x+2y+6 \leqq 0$ の表す領域を図示してみよう。

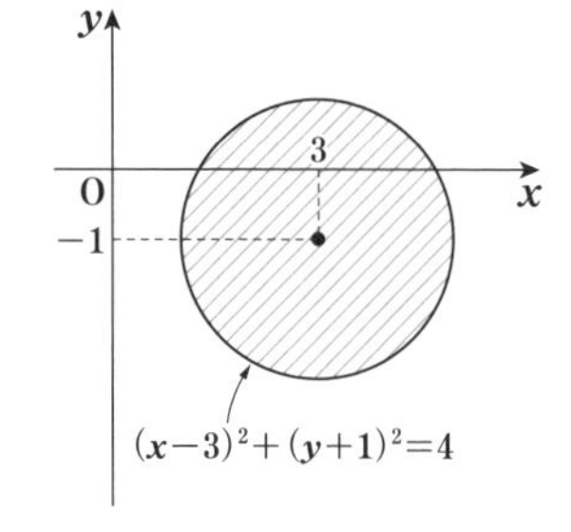

変形すると　　$(x-3)^2-9+(y+1)^2-1+6 \leqq 0$

より　　　　　$(x-3)^2+(y+1)^2 \leqq 4$

よって，この不等式の表す領域は，

円 $(x-3)^2+(y+1)^2=4$ の周および ア［　　］部である。

すなわち，右の図の斜線部分である。

ただし，境界線を含む。

練 習 問 題

88　次の不等式の表す領域を図示せよ。　◀例 85

(1)　$x^2+y^2>1$

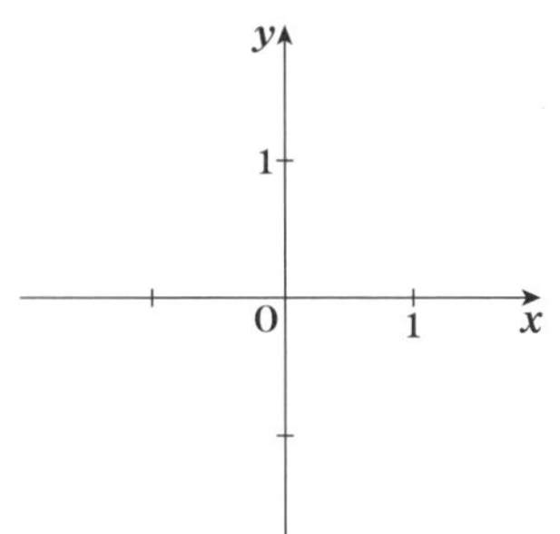

(2)　$x^2+y^2 \leqq 9$

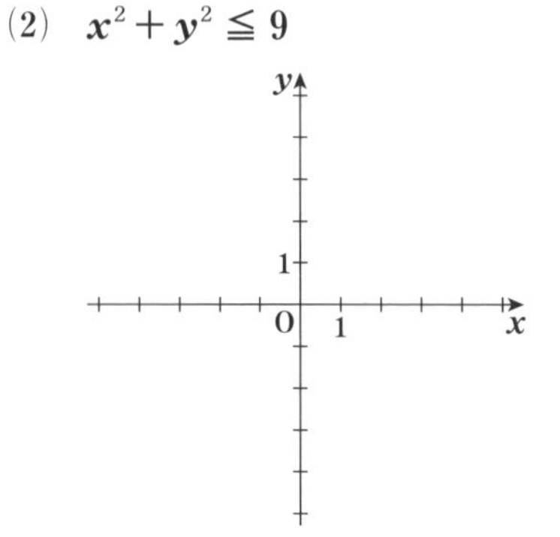

89 次の不等式の表す領域を図示せよ。 ◀例85 例86

*(1) $(x-1)^2+(y+3)^2 \geqq 9$

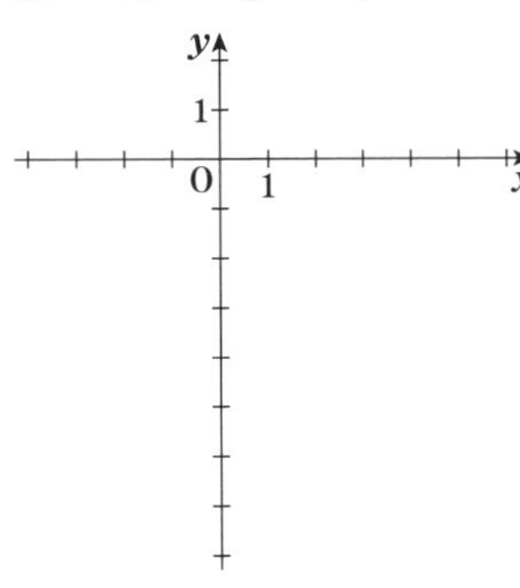

(2) $x^2+(y-1)^2<4$

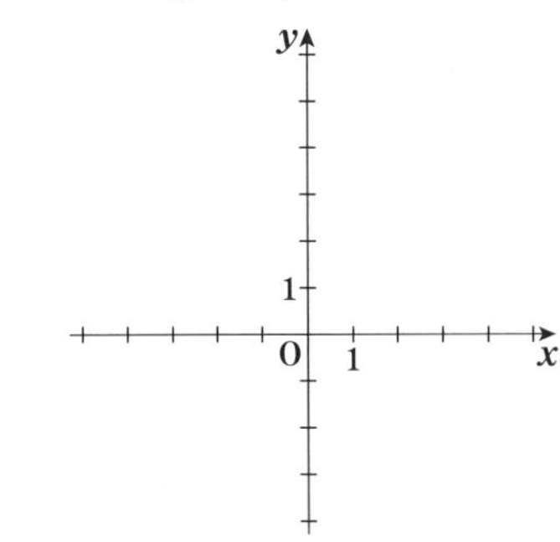

*(3) $x^2+y^2+4x-2y>0$

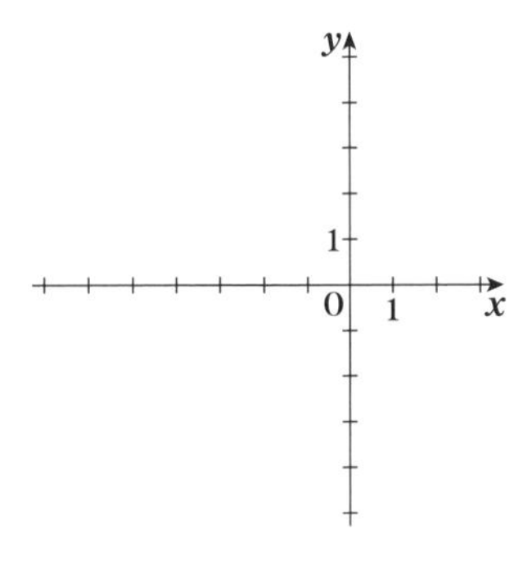

(4) $x^2+y^2-6x-2y+1 \leqq 0$

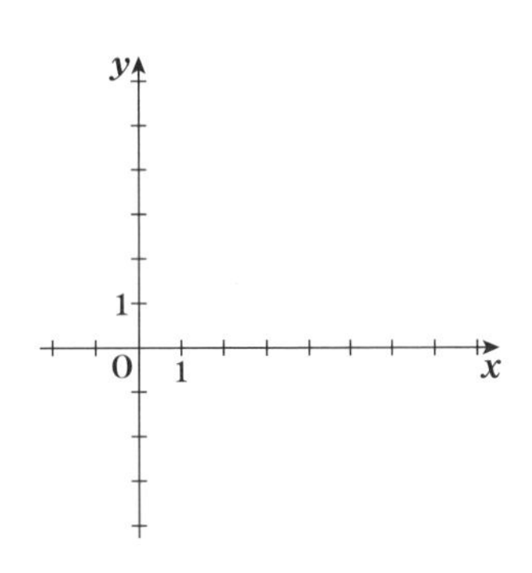

検印

35 連立不等式の表す領域 (1)

⇨教 p.100〜p.101

1 連立不等式の表す領域

連立不等式の表す領域は，それぞれの不等式の表す領域の共通部分 である。

例 87 連立不等式 $\begin{cases} y < -x-3 & \cdots\cdots ① \\ y > 2x+4 & \cdots\cdots ② \end{cases}$ の表す領域を図示してみよう。

①の表す領域は，直線 $y = -x-3$ の ア［　　］側である。

②の表す領域は，直線 $y = 2x+4$ の イ［　　］側である。

よって，求める領域は，①の表す領域と②の表す領域の共通部分であり，右の図の斜線部分である。

ただし，境界線を ウ［　　　　］。

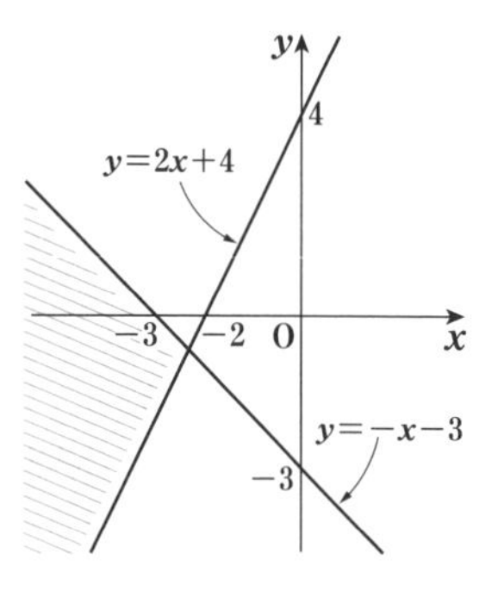

例 88 連立不等式 $\begin{cases} x^2+y^2 \geqq 9 & \cdots\cdots ① \\ y \leqq 2x-2 & \cdots\cdots ② \end{cases}$ の表す領域を図示してみよう。

①の表す領域は，円 $x^2+y^2=9$ の周および ア［　　］部である。

②の表す領域は，直線 $y=2x-2$ およびその イ［　　］側である。

よって，求める領域は，①の表す領域と②の表す領域の共通部分であり，右の図の斜線部分である。

ただし，境界線を ウ［　　　　］。

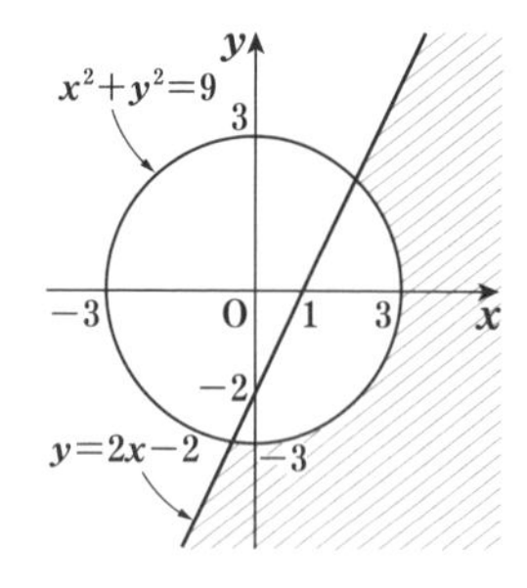

練習問題

*90　次の連立不等式の表す領域を図示せよ。　◀例 87

(1) $\begin{cases} y > x+1 \\ y < -2x+3 \end{cases}$

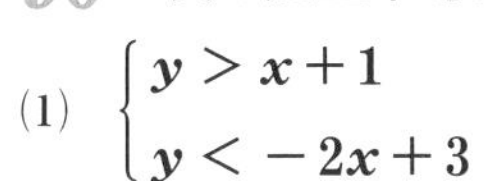

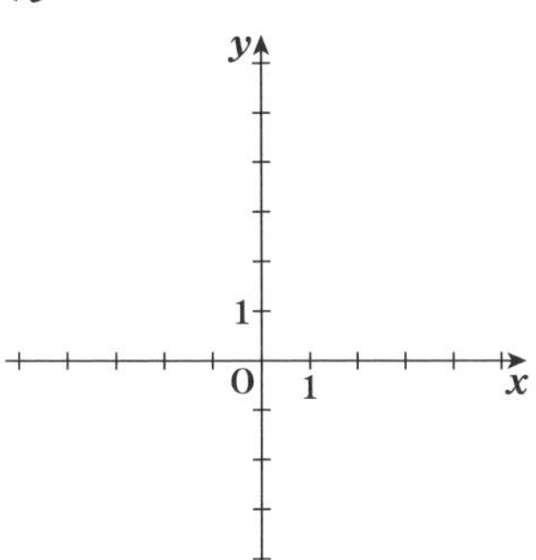

(2) $\begin{cases} x-y-4 < 0 \\ 2x+y-8 > 0 \end{cases}$

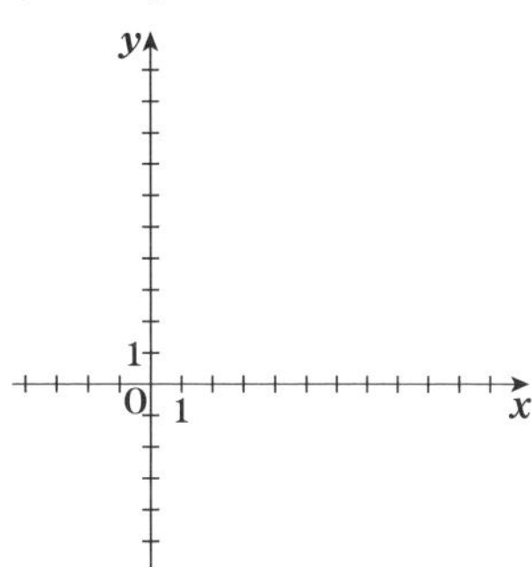

91　次の連立不等式の表す領域を図示せよ。　◀例 88

*(1) $\begin{cases} x^2+y^2 > 4 \\ y > x-1 \end{cases}$

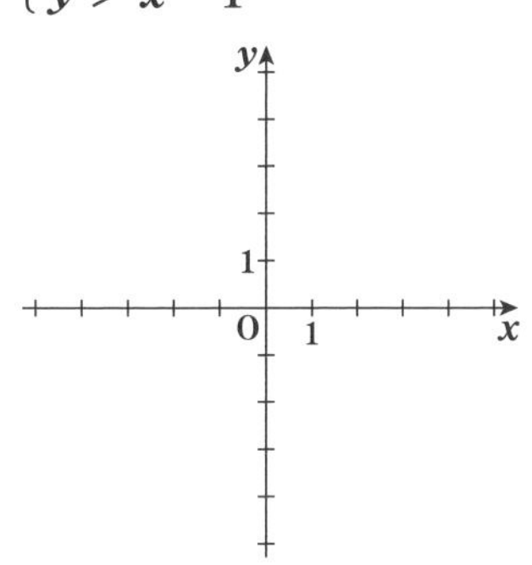

(2) $\begin{cases} (x-1)^2+y^2 \leqq 1 \\ 2x-y-1 \geqq 0 \end{cases}$

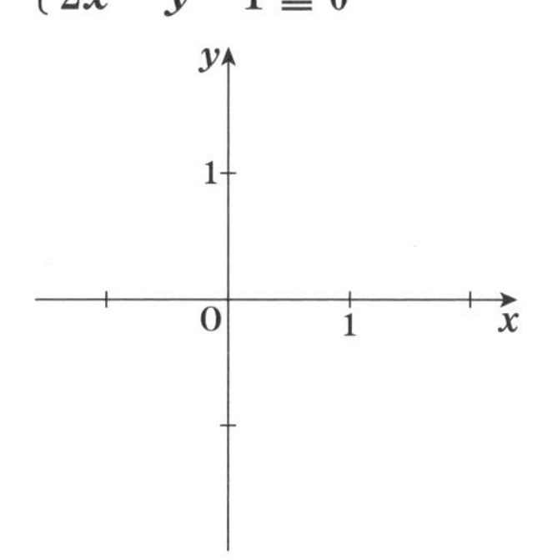

36 連立不等式の表す領域 (2)

⇨教 p.101〜p.102

1 連立不等式の表す領域

2 つの整式 A, B の積の不等式 $AB>0$ や $AB \leqq 0$ などで表された領域は，次のような不等式の性質を利用して図示する。

$$AB>0 \iff \begin{cases} A>0 \\ B>0 \end{cases} \text{ または } \begin{cases} A<0 \\ B<0 \end{cases}$$

$$AB<0 \iff \begin{cases} A>0 \\ B<0 \end{cases} \text{ または } \begin{cases} A<0 \\ B>0 \end{cases}$$

TRY

例 89

不等式 $(x+y+3)(2x-y+3)>0$ の表す領域を図示してみよう。

与えられた不等式が成り立つことは，連立不等式

$$\begin{cases} x+y+3>0 \\ 2x-y+3>0 \end{cases} \quad \cdots\cdots ① \quad \text{または} \quad \begin{cases} x+y+3<0 \\ 2x-y+3<0 \end{cases} \quad \cdots\cdots ②$$

が成り立つことと同じである。

よって，求める領域は，①の表す領域 A と②の表す領域 B の和集合 $A \cup B$ であり，右の図の斜線部分である。

ただし，境界線を ア［　　　　］。

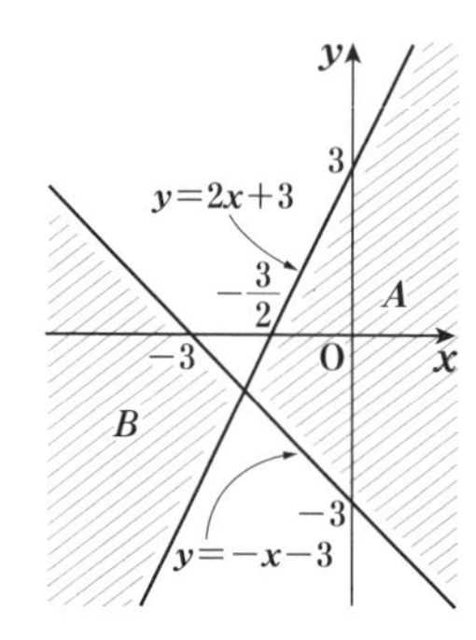

TRY

例 90

x, y が 4 つの不等式

$$x \geqq 0,\ y \geqq 0,\ y \leqq 2x+3,\ y \leqq -x+9$$

を同時に満たすとき，$x+2y$ の最大値と最小値を求めてみよう。

与えられた連立不等式の表す領域 D は，4 点

$$O(0,\ 0),\ A(9,\ 0),\ B(2,\ 7),\ C(0,\ 3)$$

を頂点とする四角形 OABC の周および内部である。

$x+2y=k \quad \cdots\cdots ①$

とおくと，①は $y=-\dfrac{1}{2}x+\dfrac{k}{2}$ と変形できるから，傾き $-\dfrac{1}{2}$，y 切片 $\dfrac{k}{2}$ の直線を表す。

この直線①が領域 D 内の点 $(x_1,\ y_1)$ を通るときの y 切片 $\dfrac{k}{2}$ の最大値と最小値を調べればよい。

y 切片 $\dfrac{k}{2}$ は，直線①が点 $(2,\ 7)$ を通るとき最大となる。

このとき k も最大となるから　$k=2+2\times7=16$

また，y 切片 $\dfrac{k}{2}$ は，直線①が点 $(0,\ 0)$ を通るとき最小となる。

このとき k も最小となるから　$k=0+2\times0=0$

したがって，$x+2y$ は

$x=2$, $y=7$ のとき 最大値 ア［　　］をとり，$x=0$, $y=0$ のとき 最小値 イ  をとる。

練習問題

TRY
92 次の不等式の表す領域を図示せよ。 ◀例 89

*(1) $(x-y)(x+y)>0$

(2) $(x+y+1)(x-2y+4)\leqq 0$

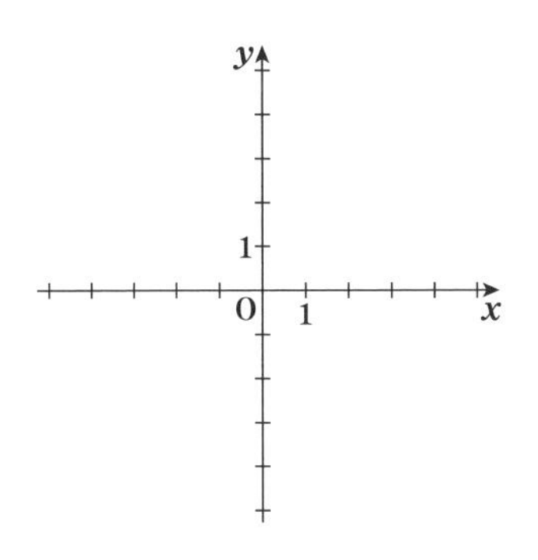

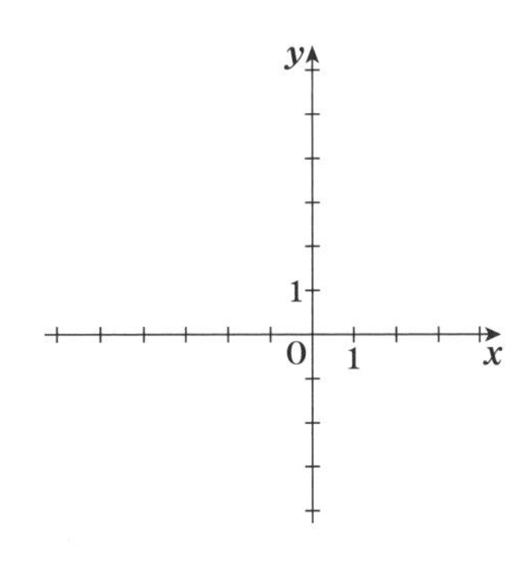

TRY
*__93__ x, y が4つの不等式

$$x\geqq 0,\ y\geqq 0,\ 2x+y\leqq 6,\ x+2y\leqq 6$$

を同時に満たすとき，$2x+3y$ の最大値と最小値を求めよ。 ◀例 90

確認問題 6

*1 次の条件を満たす点 P の軌跡を求めよ。

(1) 2 点 $A(-3,\ 0)$, $B(0,\ -5)$ に対して，$AP=BP$ を満たす点 P

(2) 2 点 $A(3,\ 1)$, $B(1,\ 2)$ に対して，$AP^2-BP^2=9$ を満たす点 P

(3) 2 点 $A(1,\ 2)$, $B(7,\ 5)$ に対して，$AP:BP=1:2$ を満たす点 P

2 次の不等式の表す領域を図示せよ。

(1) $3x-2y+4>0$

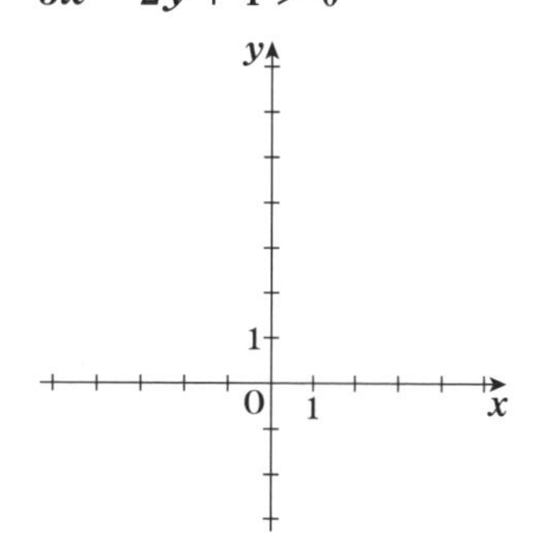

(2) $2x+5\geqq 0$

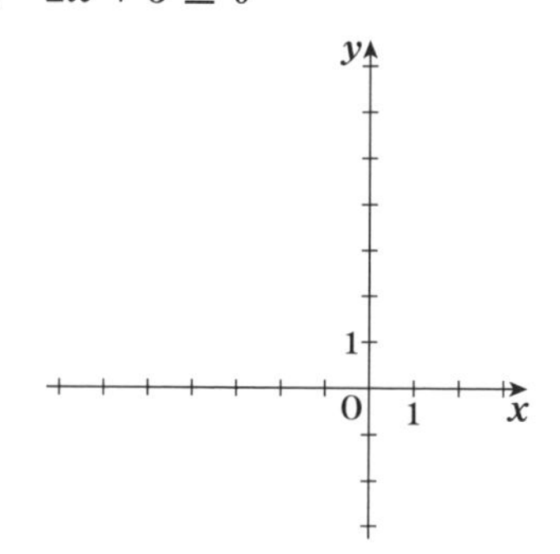

*3 次の不等式の表す領域を図示せよ。

(1) $(x+2)^2+(y-1)^2\leqq 8$

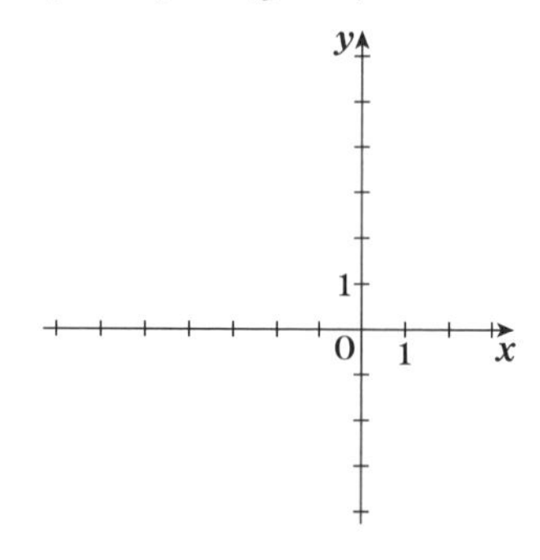

(2) $x^2+y^2-6x+8y+13>0$

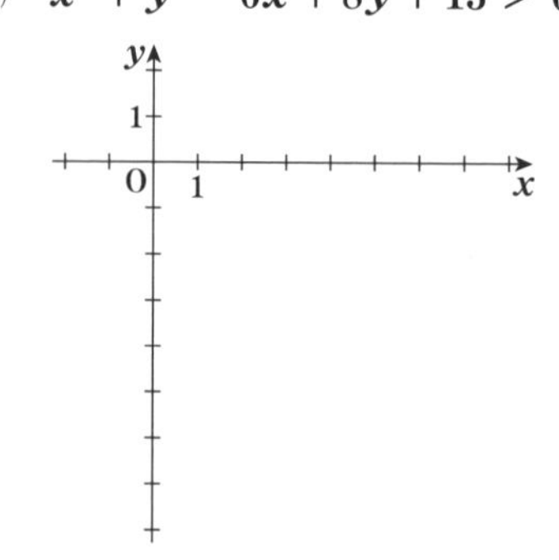

*4 次の連立不等式の表す領域を図示せよ。

(1) $\begin{cases} x-2y+6>0 \\ 2x+y-1<0 \end{cases}$

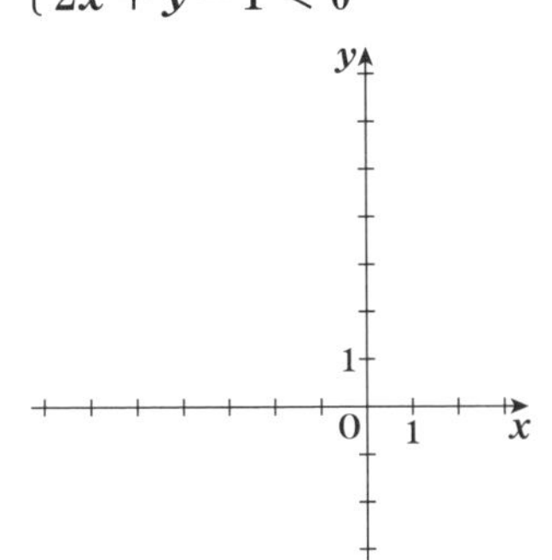

(2) $\begin{cases} x+y-2 \leqq 0 \\ (x-3)^2+(y+1)^2 \geqq 9 \end{cases}$

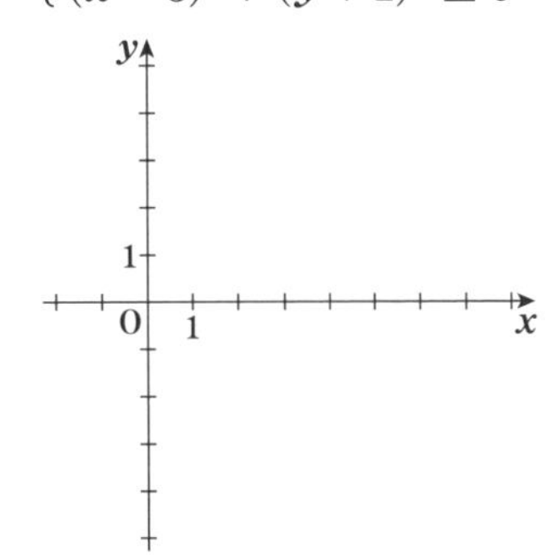

5 次の不等式の表す領域を図示せよ。

*(1) $(2x+y-1)(2x-y+1)<0$

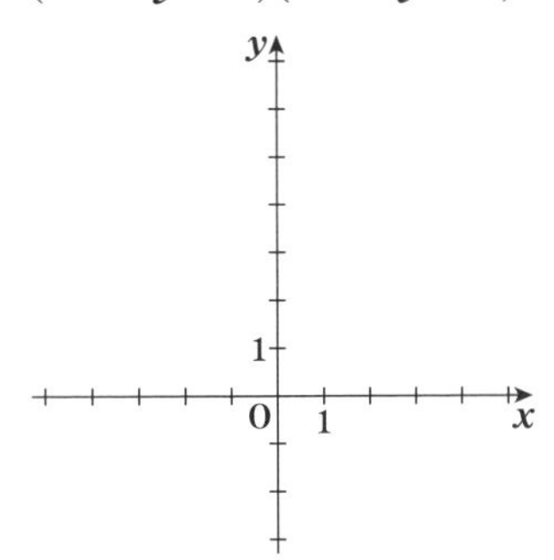

(2) $(x-2y+6)(4x-3y+12) \leqq 0$

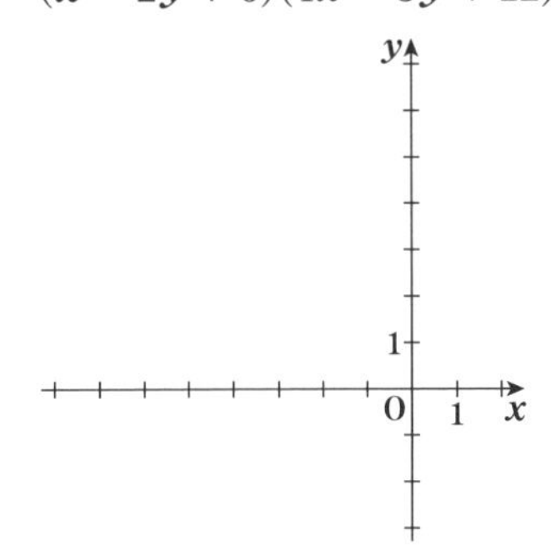

*6 x, y が 4 つの不等式

$x \geqq 0$, $y \geqq 0$, $x+3y \leqq 12$, $x+y \leqq 6$

を同時に満たすとき，次の式の最大値と最小値を求めよ。

(1) $2x+y$

(2) $x+2y$

第2章 図形と方程式

例題 3　直線に関して対称な点

⇨教 p.77 応用例題 2

直線 $3x-y-5=0$ を l とする。直線 l に関して，点 A(4，2) と対称な点 B の座標を求めよ。

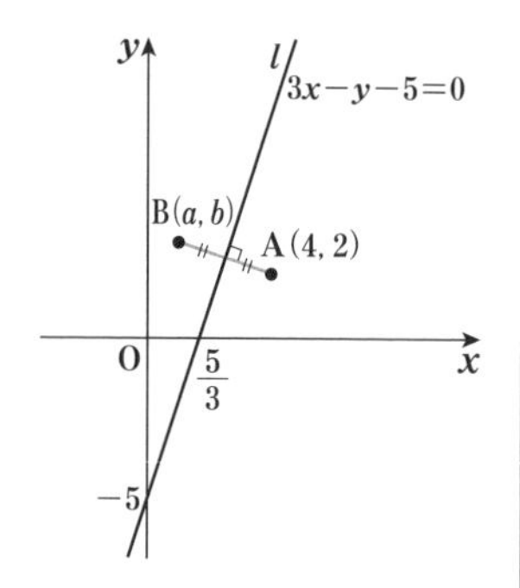

解　直線 l に関して点 A と対称な点 B の座標を $(a,\ b)$ とする。

直線 l の傾きは　3

直線 AB の傾きは　$\dfrac{b-2}{a-4}$

直線 l と直線 AB は垂直であるから

$3\times\dfrac{b-2}{a-4}=-1$　より

$a+3b=10$　……①

また，線分 AB の中点 $\left(\dfrac{a+4}{2},\ \dfrac{b+2}{2}\right)$ は，

直線 l 上の点であるから

$3\times\dfrac{a+4}{2}-\dfrac{b+2}{2}-5=0$ より

$3a-b=0$　……②

①，②より $\begin{cases} a+3b=10 \\ 3a-b=0 \end{cases}$

これを解いて　$a=1,\ b=3$

したがって，点 B の座標は　(1，3)

問 3　直線 $4x-2y-3=0$ を l とする。直線 l に関して，点 A(4，−1) と対称な点 B の座標を求めよ。

例題 4　円周上を動く点から定まる軌跡

⇨教 p.96 応用例題 1

点Qが円 $x^2+y^2=25$ の周上を動くとき，点A(10, 0)と点Qを結ぶ線分AQを 2：3 に内分する点Pの軌跡を求めよ。

解　2点P，Qの座標をそれぞれ (x, y)，(s, t) とすると，
点Qは円 $x^2+y^2=25$ 上の点であるから

$$s^2+t^2=25 \quad \cdots\cdots①$$

一方，点Pは線分AQを 2：3 に内分する点であるから

$$x=\frac{3\times10+2\times s}{2+3}=\frac{30+2s}{5}$$

$$y=\frac{3\times0+2\times t}{2+3}=\frac{2t}{5}$$

よって
$$\begin{cases} s=\dfrac{5}{2}(x-6) & \cdots\cdots② \\ t=\dfrac{5}{2}y & \cdots\cdots③ \end{cases}$$

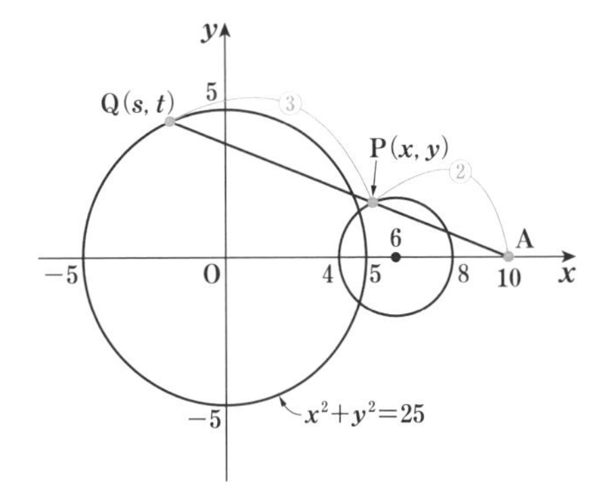

②，③を①に代入すると

$$\left\{\frac{5}{2}(x-6)\right\}^2+\left(\frac{5}{2}y\right)^2=25$$

すなわち　$\dfrac{25}{4}(x-6)^2+\dfrac{25}{4}y^2=25$

ゆえに　$(x-6)^2+y^2=4$

したがって，求める点Pの軌跡は，**点(6, 0)を中心とする半径2の円** である。

問4　点Qが円 $x^2+y^2=16$ の周上を動くとき，点A(8, 0)と点Qを結ぶ線分AQを 3：1 に内分する点Pの軌跡を求めよ。

37 一般角・弧度法

⇨教 p.108〜p.111

1 一般角

一般角　360° より大きい角や，負の向きの角まで拡張して考えた角

動径の表す角　動径 OP の位置を表す角の 1 つを α とするとき，
動径 OP の表す角は　$\alpha+360^\circ\times n$　（n は整数）

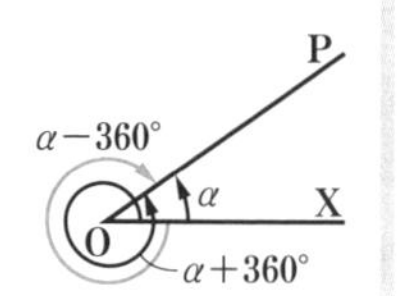

2 弧度法

$1^\circ=\dfrac{\pi}{180}$ ラジアン　　1 ラジアン $=\dfrac{180^\circ}{\pi}$ （≒ 57.3°）

注 弧度法では，ふつう単位名のラジアンを省略する。

3 扇形の弧の長さと面積

半径 r，中心角 θ の扇形の弧の長さを l，面積を S とすると

$$l=r\theta,\qquad S=\frac{1}{2}r^2\theta=\frac{1}{2}lr$$

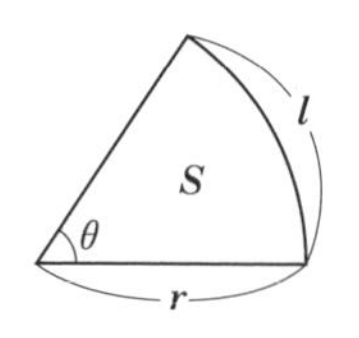

例 91　240°，−120°，400°，−320° の動径の位置をそれぞれ図示すると，下の図のようになる。□ に当てはまる角度を記入してみよう。

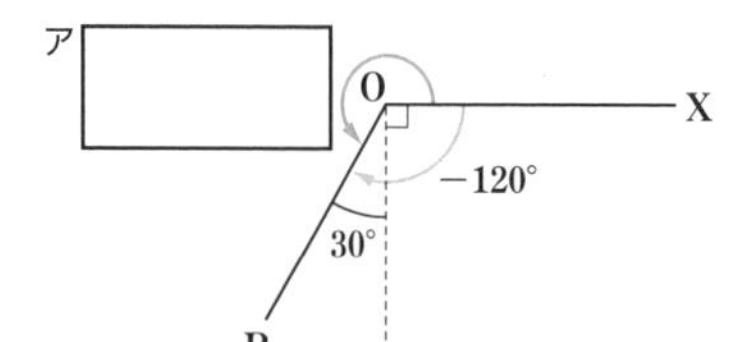

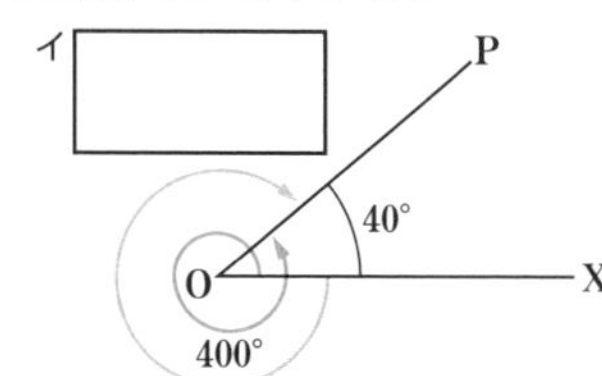

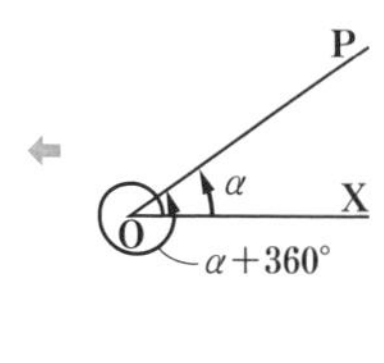

例 92　次の角のうち，その動径の位置が 80° の動径と同じ位置にある角はどれか調べてみよう。

← α と $\alpha+360^\circ\times n$ の動径は同じ位置

440°，660°，−120°，−300°，−640°

$440^\circ=80^\circ+360^\circ$　　$660^\circ=300^\circ+360^\circ$　　$-120^\circ=240^\circ+360^\circ\times(-1)$

$-300^\circ=60^\circ+360^\circ\times(-1)$　　$-640^\circ=80^\circ+360^\circ\times(-2)$

より　440° と ア □

例 93　(1)　−45° を弧度法で表すと　$-45^\circ\times\dfrac{\pi}{180^\circ}=$ ア □

(2)　$-\dfrac{3}{2}\pi$ を度数法で表すと　$-\dfrac{3}{2}\pi\times\dfrac{180^\circ}{\pi}=$ イ □

例 94　半径 12，中心角 $\dfrac{\pi}{3}$ の扇形の弧の長さ l と面積 S は

$l=12\times\dfrac{\pi}{3}=$ ア □

$S=\dfrac{1}{2}\times$ イ □ $\times 12=$ ウ □

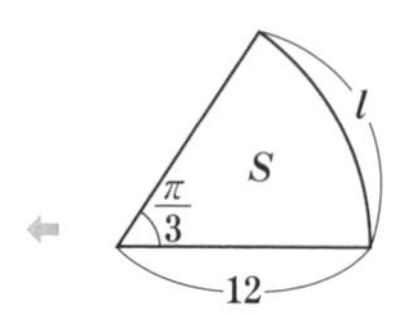

練習問題

*94　次の角の動径 OP の位置を図示せよ。 

(1)　210°　　(2)　405°　　(3)　-300°

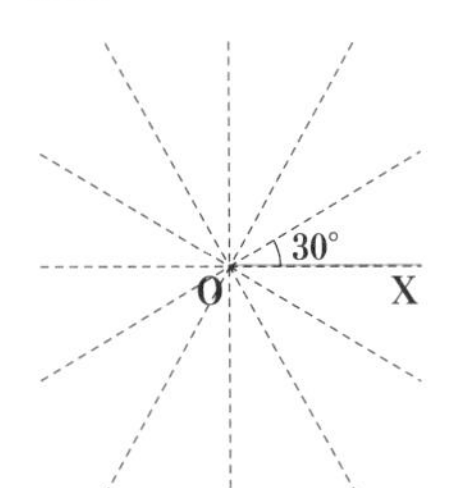

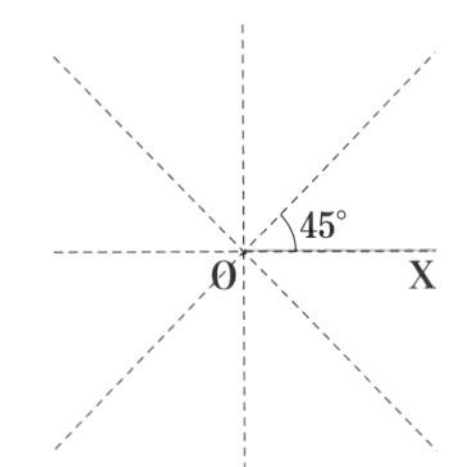

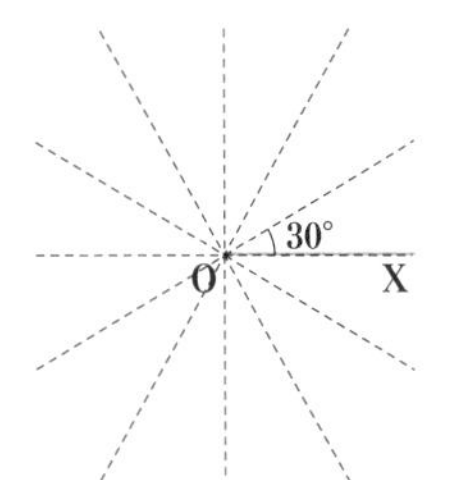

95　次の角のうち，その動径が 60° の動径と同じ位置にある角をすべて求めよ。 ◀例 92

420°，660°，-120°，-300°，-720°

*96　次の角を弧度法で表せ。 ◀例 93 (1)

(1)　-30°　　(2)　135°　　(3)　-150°

*97　次の角を度数法で表せ。 

(1)　$\dfrac{5}{6}\pi$　　(2)　$\dfrac{5}{3}\pi$　　(3)　$-\dfrac{3}{4}\pi$

98　次の扇形の弧の長さと面積を求めよ。 ◀例 94

*(1)　半径 4，中心角 $\dfrac{3}{4}\pi$　　(2)　半径 6，中心角 $\dfrac{5}{6}\pi$

38 三角関数 (1)

⇨教 p.112〜p.115

1 三角関数

　x 軸の正の部分を始線とし，角 θ の動径と原点 O を中心とする半径 r の円との交点を P$(x,\ y)$ とすると

$$\sin\theta=\frac{y}{r},\quad \cos\theta=\frac{x}{r},\quad \tan\theta=\frac{y}{x}$$

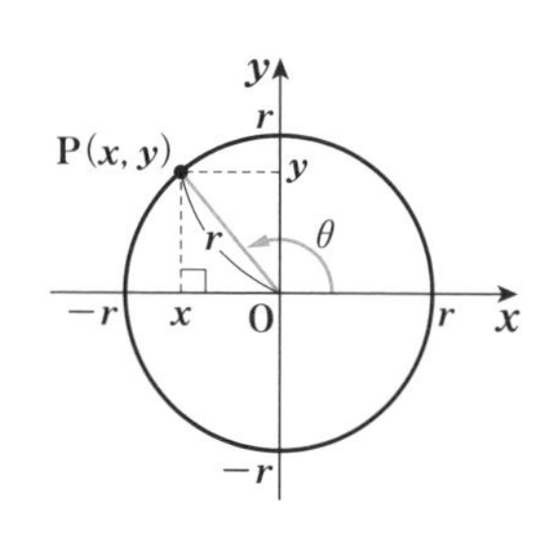

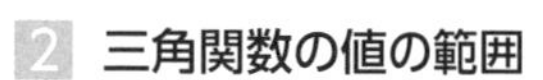

2 三角関数の値の範囲

$-1\leqq\sin\theta\leqq1,\quad -1\leqq\cos\theta\leqq1$

注 $\tan\theta$ の値の範囲は実数全体

3 三角関数の相互関係

$$\sin^2\theta+\cos^2\theta=1,\quad \tan\theta=\frac{\sin\theta}{\cos\theta},\quad 1+\tan^2\theta=\frac{1}{\cos^2\theta}$$

例 95

θ が $\frac{7}{6}\pi$ のとき，$\sin\theta$，$\cos\theta$，$\tan\theta$ の値を求めてみよう。

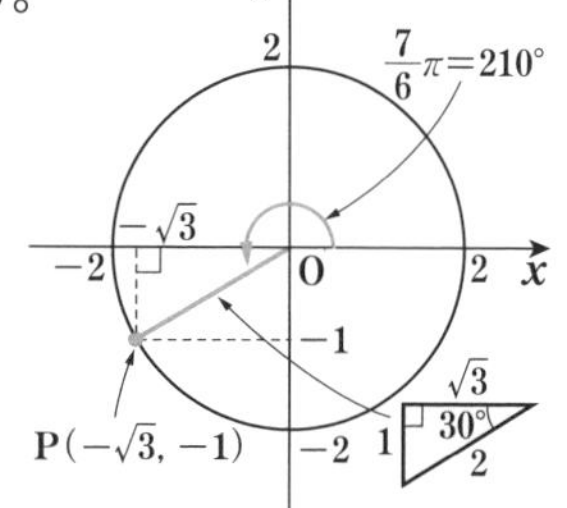

$\frac{7}{6}\pi$ の動径と，原点 O を中心とする半径 2 の円との交点 P の座標は

$(-\sqrt{3},\ -1)$ であるから

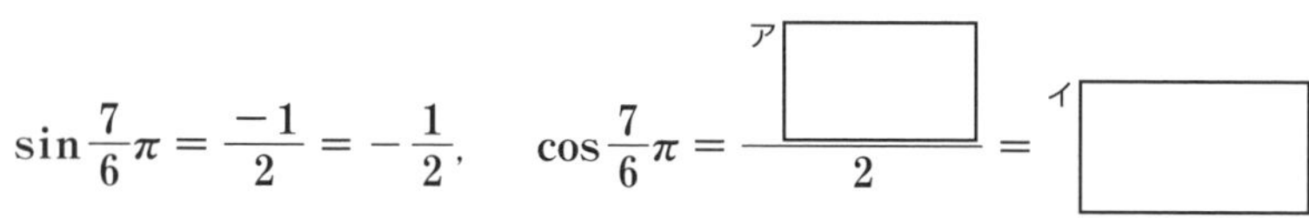

$$\sin\frac{7}{6}\pi=\frac{-1}{2}=-\frac{1}{2},\quad \cos\frac{7}{6}\pi=\frac{\boxed{\text{ア}\quad}}{2}=\boxed{\text{イ}\quad}$$

$$\tan\frac{7}{6}\pi=\frac{\boxed{\text{ウ}\quad}}{-\sqrt{3}}=\boxed{\text{エ}\quad}$$

例 96

θ が第 3 象限の角で，$\cos\theta=-\frac{3}{5}$ のとき，$\sin\theta$，$\cos\theta$ の値を求めてみよう。

$\sin^2\theta+\cos^2\theta=1$ より　　$\sin^2\theta=1-\cos^2\theta=1-\left(-\frac{3}{5}\right)^2=\frac{16}{25}$

ここで，θ は第 3 象限の角であるから　　$\sin\theta<0$

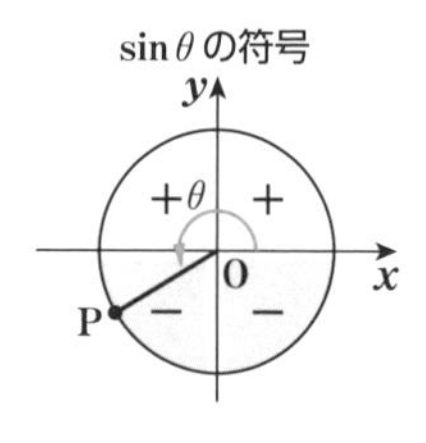

よって　　$\sin\theta=-\sqrt{\frac{16}{25}}=\boxed{\text{ア}\quad}$

$$\tan\theta=\frac{\sin\theta}{\cos\theta}=\left(-\frac{4}{5}\right)\div\left(-\frac{3}{5}\right)=\left(-\frac{4}{5}\right)\times\left(-\frac{5}{3}\right)=\boxed{\text{イ}\quad}$$

例 97

θ が第 2 象限の角で，$\tan\theta=-3$ のとき，$\sin\theta$，$\cos\theta$ の値を求めてみよう。

$1+\tan^2\theta=\frac{1}{\cos^2\theta}$ より　$\frac{1}{\cos^2\theta}=10$　　ゆえに　　$\cos^2\theta=\frac{1}{10}$

ここで，θ は第 2 象限の角であるから　　$\cos\theta<0$

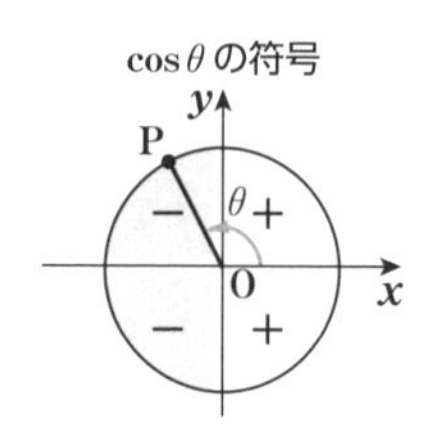

よって　　$\cos\theta=-\sqrt{\frac{1}{10}}=\boxed{\text{ア}\quad}$

$$\sin\theta=\tan\theta\cos\theta=-3\times\boxed{\text{ア}\quad}=\boxed{\text{イ}\quad}$$

練習問題

99 θ が次の値のとき，$\sin\theta$，$\cos\theta$，$\tan\theta$ の値を求めよ。 ◀例 95

(1) $\dfrac{5}{4}\pi$

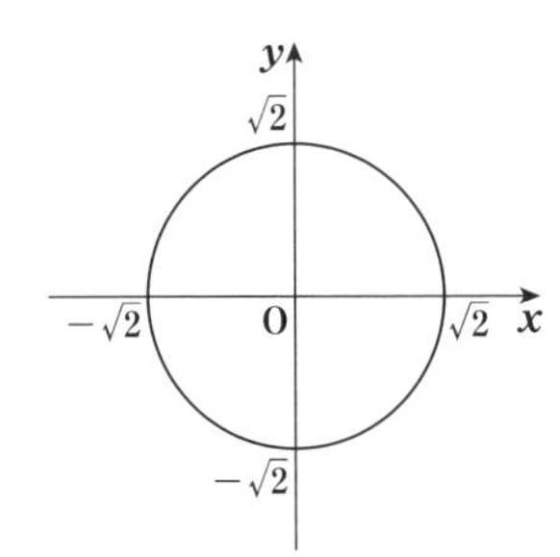

(2) $\dfrac{11}{6}\pi$

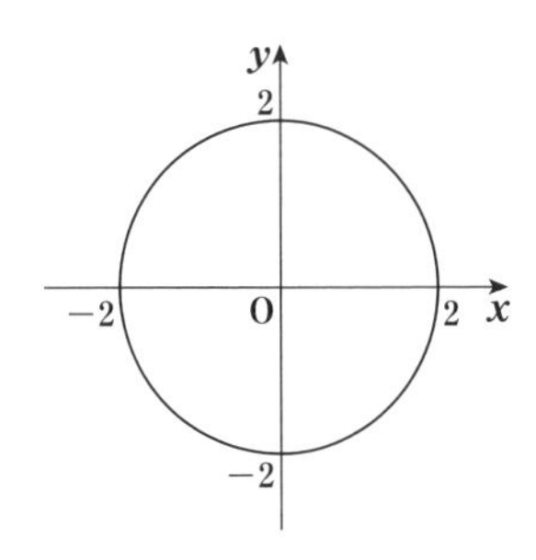

***100** θ が第 3 象限の角で，$\sin\theta = -\dfrac{3}{5}$ のとき，$\cos\theta$，$\tan\theta$ の値を求めよ。 ◀例 96

***101** θ が第 4 象限の角で，$\cos\theta = \dfrac{1}{3}$ のとき，$\sin\theta$，$\tan\theta$ の値を求めよ。 ◀例 96

102 θ が第 3 象限の角で，$\tan\theta = 2$ のとき，$\sin\theta$，$\cos\theta$ の値を求めよ。 ◀例 97

39 三角関数 (2)

⇨教 p.116

1 三角関数の相互関係の利用

$\sin\theta+\cos\theta=a$ や $\sin\theta-\cos\theta=b$ のときの $\sin\theta\cos\theta$ の値は，両辺を 2 乗して $\sin^2\theta+\cos^2\theta=1$ であることを用いて求める。

TRY
例 98 $\sin\theta+\cos\theta=\dfrac{4}{3}$ のとき，$\sin\theta\cos\theta$ の値を求めてみよう。

$\sin\theta+\cos\theta=\dfrac{4}{3}$ の両辺を 2 乗すると

$$\sin^2\theta+2\sin\theta\cos\theta+\cos^2\theta=\frac{16}{9}$$

ここで，$\sin^2\theta+\cos^2\theta=1$ であるから

$$2\sin\theta\cos\theta=\frac{16}{9}-1=\text{ア}\boxed{}$$

よって　$\sin\theta\cos\theta=\text{イ}\boxed{}$

練習問題

TRY
103 $\sin\theta-\cos\theta=\dfrac{1}{5}$ のとき，$\sin\theta\cos\theta$ の値を求めよ。　◀例 98

40 三角関数の性質

⇨教 p.117~p.119

1 $\theta+2n\pi$ の三角関数（n は整数）

$\sin(\theta+2n\pi)=\sin\theta$　　$\cos(\theta+2n\pi)=\cos\theta$　　$\tan(\theta+2n\pi)=\tan\theta$

2 $-\theta$ の三角関数

$\sin(-\theta)=-\sin\theta$　　$\cos(-\theta)=\cos\theta$　　$\tan(-\theta)=-\tan\theta$

3 $\theta+\pi$，$\theta+\dfrac{\pi}{2}$ の三角関数

$\sin(\theta+\pi)=-\sin\theta$　　$\cos(\theta+\pi)=-\cos\theta$　　$\tan(\theta+\pi)=\tan\theta$

$\sin\left(\theta+\dfrac{\pi}{2}\right)=\cos\theta$　　$\cos\left(\theta+\dfrac{\pi}{2}\right)=-\sin\theta$　　$\tan\left(\theta+\dfrac{\pi}{2}\right)=-\dfrac{1}{\tan\theta}$

例 99 次の値を求めてみよう。

(1) $\cos\dfrac{14}{3}\pi=\cos\left(\dfrac{2}{3}\pi+2\pi\times 2\right)=\cos\dfrac{2}{3}\pi=$ ア［　　］

(2) $\sin\left(-\dfrac{\pi}{6}\right)=-\sin\dfrac{\pi}{6}=$ イ［　　］

例 100 $\sin\theta+\cos\left(\theta+\dfrac{\pi}{2}\right)=\sin\theta-$ ア［　　］ $=$ イ［　　］

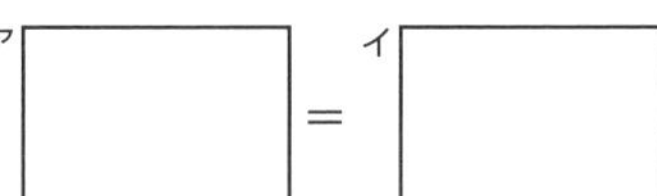

練習問題

104 次の値を求めよ。 ◀例 99 (1)

*(1) $\cos\dfrac{13}{6}\pi$　　(2) $\tan\dfrac{7}{3}\pi$　　(3) $\sin\left(-\dfrac{15}{4}\pi\right)$

105 次の値を求めよ。 ◀例 99 (2)

(1) $\sin\left(-\dfrac{\pi}{4}\right)$　　*(2) $\cos\left(-\dfrac{\pi}{6}\right)$　　*(3) $\tan\left(-\dfrac{\pi}{4}\right)$

106 次の値を求めよ。 ◀例 100

$\sin(\theta+\pi)\cos\left(\theta+\dfrac{\pi}{2}\right)-\cos(\theta+\pi)\sin\left(\theta+\dfrac{\pi}{2}\right)$

41 三角関数のグラフ (1)

⇨教 p.120～p.123

1 三角関数のグラフ

	$y=\sin\theta$	$y=\cos\theta$	$y=\tan\theta$
周期	2π	2π	π
値域	$-1 \leqq y \leqq 1$	$-1 \leqq y \leqq 1$	実数全体
グラフの対称性	原点に関して対称	y 軸に関して対称	原点に関して対称

2 いろいろな三角関数のグラフ

$y=a\sin\theta$，$y=a\cos\theta$ のグラフ

$y=\sin\theta$，$y=\cos\theta$ のグラフを，θ 軸をもとにして y 軸方向に a 倍 したもの

例 101 下の図は関数 $y=\sin\theta$ のグラフである。図中の a，b，c，θ_1，θ_2，θ_3 の値を求めよ。

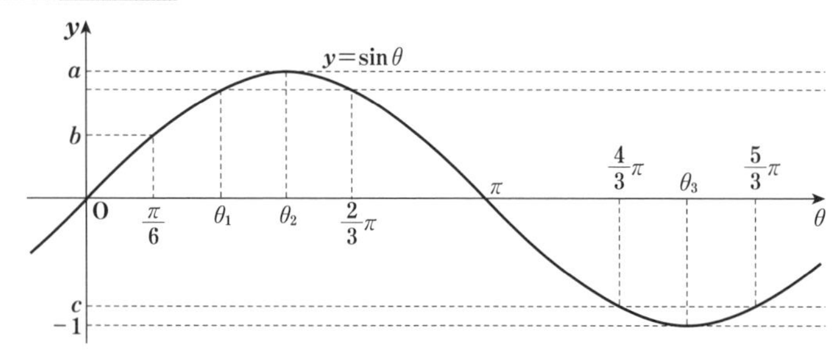

$-1 \leqq \sin\theta \leqq 1$ より　$a=$ ア［　　］

$\sin\dfrac{\pi}{6}=b$ より　$b=$ イ［　　］

$\sin\dfrac{4}{3}\pi=c$ より　$c=$ ウ［　　］

$\sin\theta_1=\sin\dfrac{2}{3}\pi=\dfrac{\sqrt{3}}{2}$ より　$\theta_1=$ エ［　　］

$\sin\theta_2=a$ より　$\theta_2=$ オ［　　］

$\sin\theta_3=-1$ より　$\theta_3=$ カ［　　］

例 102 $y=2\cos\theta$ のグラフについて調べてみよう。

$2\cos\theta$ の値は，$\cos\theta$ の値の 2 倍である。よって，$y=2\cos\theta$ のグラフは，$y=\cos\theta$ のグラフを，θ 軸をもとにして y 軸方向に ア［　　］倍に拡大したグラフである。周期は イ［　　］である。

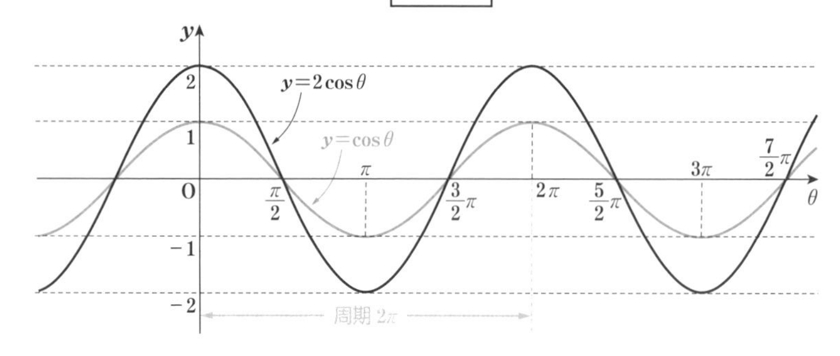

練 習 問 題

*107 下の図は関数 $y=\cos\theta$ のグラフである。図中の a, b, θ_1～θ_4 の値を求めよ。 ◀例101

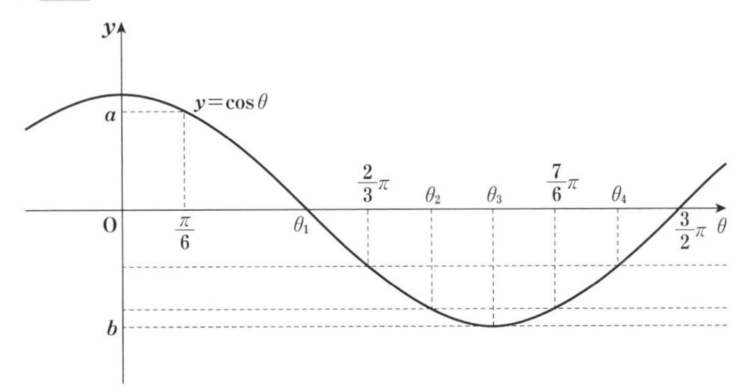

108 次の関数のグラフをかけ。また，その周期をいえ。 ◀例102

*(1) $y=\dfrac{1}{2}\cos\theta$

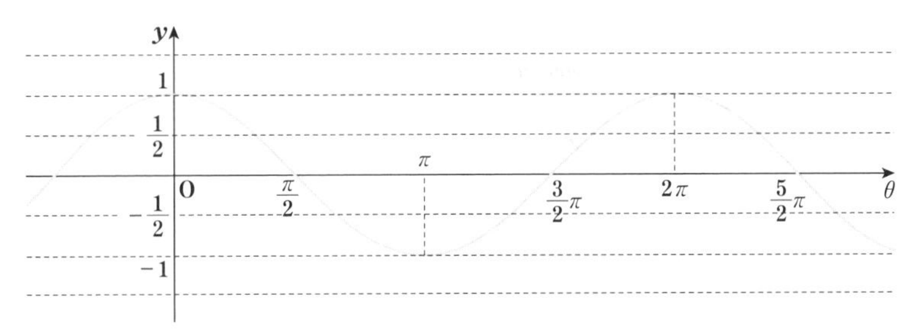

(2) $y=3\sin\theta$

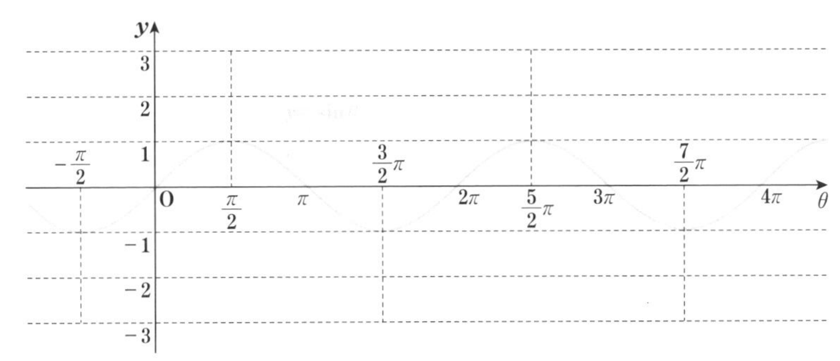

42 三角関数のグラフ (2)

⇨教 p.124~p.125

1 いろいろな三角関数のグラフ

$y=\sin k\theta$, $y=\cos k\theta$ のグラフ　$(k>0)$

$y=\sin\theta$, $y=\cos\theta$ のグラフを，y 軸をもとにして θ 軸方向に $\dfrac{1}{k}$ 倍 したもの

$y=\sin(\theta-\alpha)$, $y=\cos(\theta-\alpha)$ のグラフ

$y=\sin\theta$, $y=\cos\theta$ のグラフを，θ 軸方向に α だけ平行移動 したもの

2 周期

■ $y=\sin(k\theta+\alpha)$, $y=\cos(k\theta+\alpha)$ の周期は $\dfrac{2\pi}{k}$　$(k>0)$

■ $y=\tan(k\theta+\alpha)$ の周期は $\dfrac{\pi}{k}$　$(k>0)$

例 103　$y=\sin 3\theta$ のグラフについて調べてみよう。

関数 $y=\sin 3\theta$ のグラフは，$y=\sin\theta$ のグラフを y 軸をもとにして

θ 軸方向に ア[　　] 倍に縮小したグラフになる。

周期は $y=\sin\theta$ の周期 2π の イ[　　] 倍，すなわち ウ[　　] である。

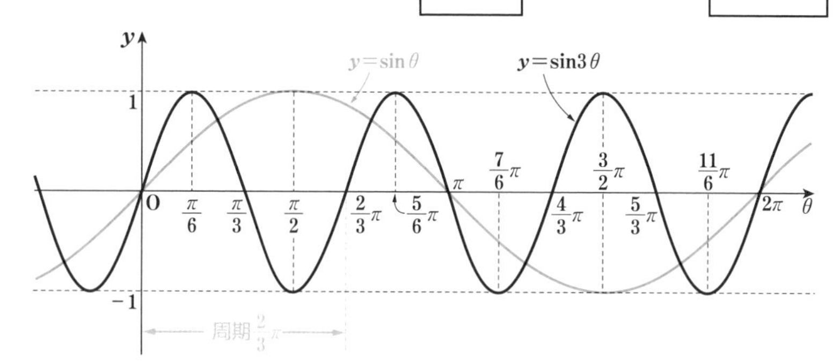

例 104　$y=\cos\left(\theta-\dfrac{\pi}{4}\right)$ のグラフについて調べてみよう。

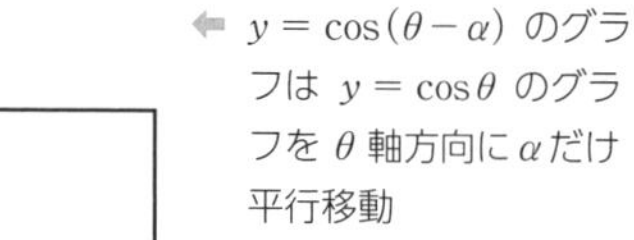

← y = cos(θ − α) のグラフは y = cosθ のグラフを θ 軸方向に α だけ平行移動

$y=\cos\left(\theta-\dfrac{\pi}{4}\right)$ のグラフは，$y=\cos\theta$ のグラフを θ 軸方向に ア[　　]

だけ平行移動したグラフとなる。周期は イ[　　] である。

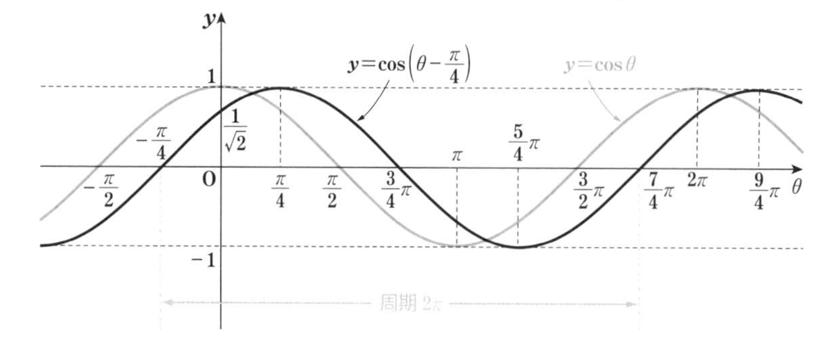

練習問題

109 次の問いに答えよ。 ◀例 103

(1) 次の表の θ の値に対して，$\dfrac{\theta}{2}$，$\sin\dfrac{\theta}{2}$ の値を求めて表を完成せよ。

θ	0	$\dfrac{\pi}{3}$	$\dfrac{\pi}{2}$	$\dfrac{2}{3}\pi$	π	$\dfrac{4}{3}\pi$	$\dfrac{3}{2}\pi$	$\dfrac{5}{3}\pi$	2π
$\dfrac{\theta}{2}$	0				$\dfrac{\pi}{2}$				π
$\sin\dfrac{\theta}{2}$	0				1				

(2) $y=\sin\dfrac{\theta}{2}$ のグラフをかけ。また，その周期をいえ。

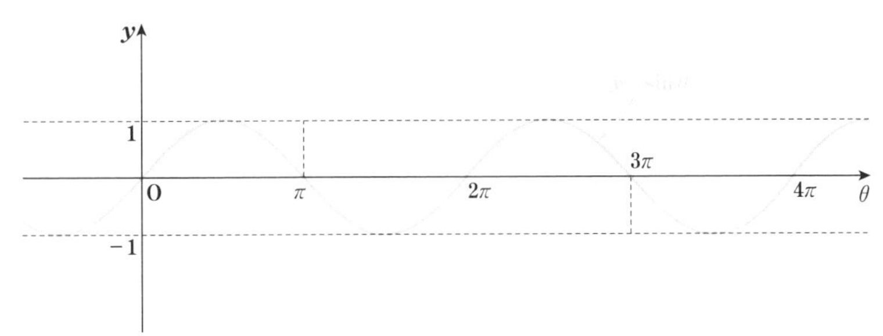

110 次の関数のグラフをかけ。また，その周期をいえ。 ◀例 104

(1) $y=\sin\left(\theta+\dfrac{\pi}{4}\right)$

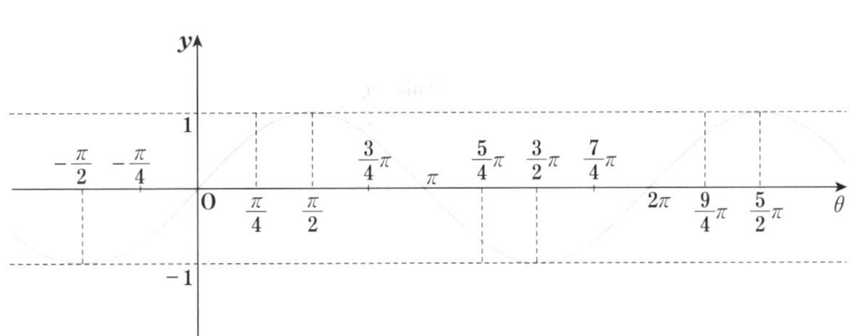

*(2) $y=\cos\left(\theta-\dfrac{\pi}{6}\right)$

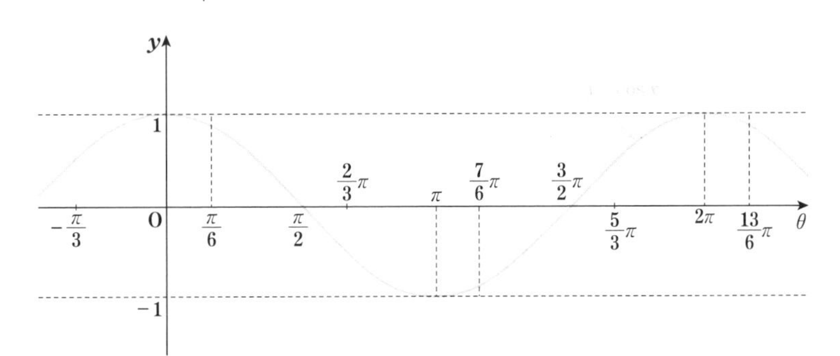

43 三角関数を含む方程式・不等式

⇨教 p.126～p.128

1 三角関数を含む方程式・不等式

(1) $\sin\theta = k$ の解は単位円と直線 $y = k$ との交点を P，Q とすると，動径 OP，OQ の表す角である

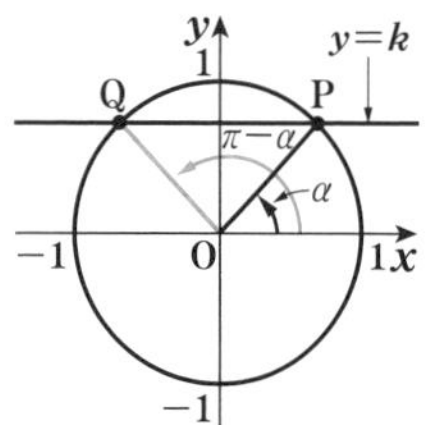

(2) $\cos\theta = k$ の解は単位円と直線 $x = k$ との交点を P，Q とすると，動径 OP，OQ の表す角である

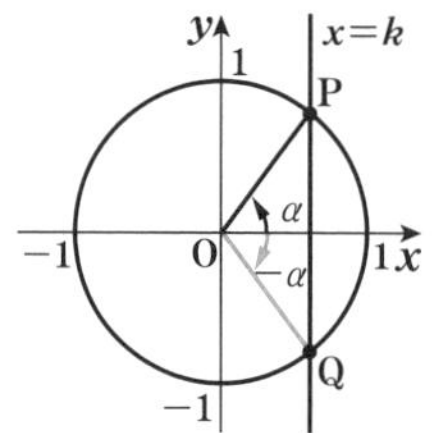

(3) $\tan\theta = k$ の解は点 T(1, k) をとり，単位円と直線 OT との交点を P，Q とすると，動径 OP，OQ の表す角である

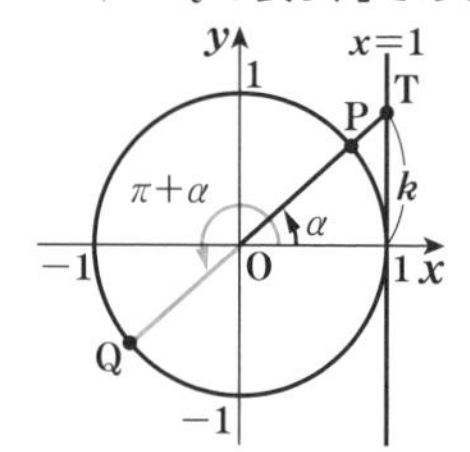

例 105

$0 \leqq \theta < 2\pi$ のとき，方程式 $\sin\theta = \dfrac{\sqrt{3}}{2}$ を解いてみよう。

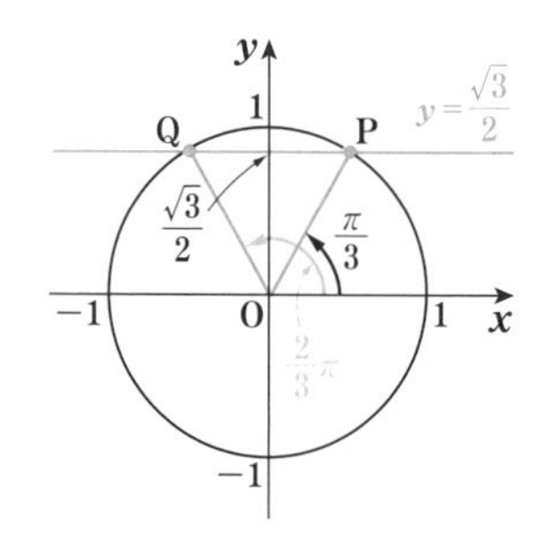

右の図のように，単位円と直線 $y = \dfrac{\sqrt{3}}{2}$ との交点を P，Q とすると，動径 OP，OQ の表す角が求める θ である。

よって，$0 \leqq \theta < 2\pi$ の範囲において，求める θ の値は

$\theta = \dfrac{\pi}{3}$, ア［　　］

例 106

$0 \leqq \theta < 2\pi$ のとき，方程式 $\tan\theta = -1$ を解いてみよう。

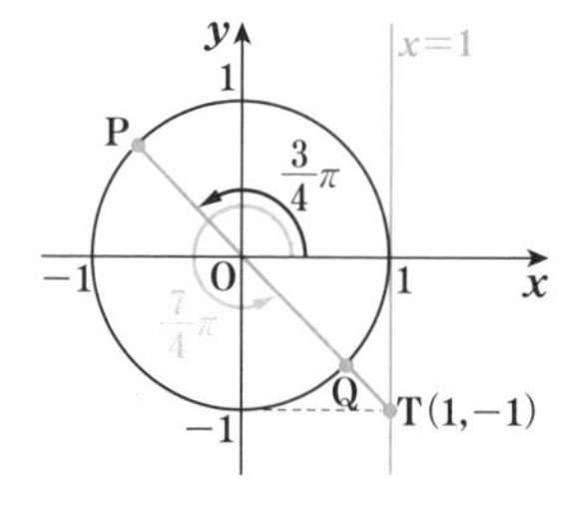

右の図のように，点 T(1, −1) をとり，単位円と直線 OT との交点を P，Q とすると，動径 OP，OQ の表す角が求める θ である。

よって，$0 \leqq \theta < 2\pi$ の範囲において，求める θ の値は

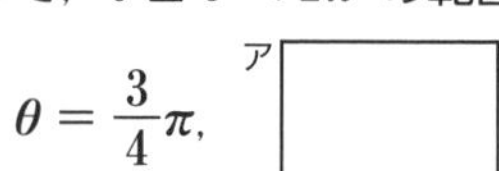

$\theta = \dfrac{3}{4}\pi$, ア［　　］

TRY

例 107

$0 \leqq \theta < 2\pi$ のとき，不等式 $\sin\theta \leqq \dfrac{1}{\sqrt{2}}$ を解いてみよう。

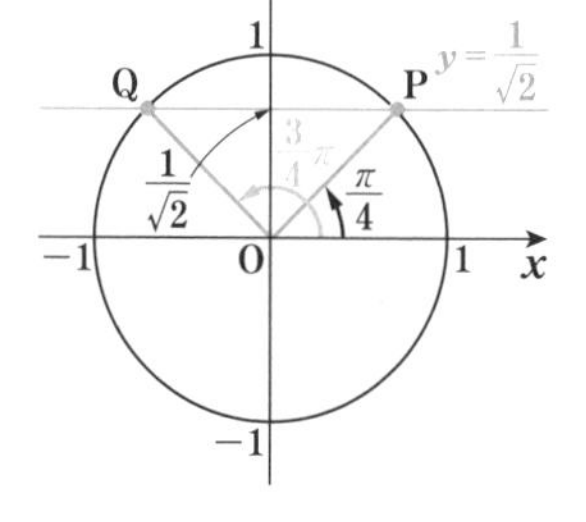

求める θ の値の範囲は，単位円と角 θ の動径との交点の y 座標が $\dfrac{1}{\sqrt{2}}$ 以下であるような範囲である。

ここで，単位円と直線 $y = \dfrac{1}{\sqrt{2}}$ との交点を P，Q とすると，動径 OP，OQ の表す角は $0 \leqq \theta < 2\pi$ の範囲において，$\dfrac{\pi}{4}$，$\dfrac{3}{4}\pi$ である。

よって，求める θ の値の範囲は

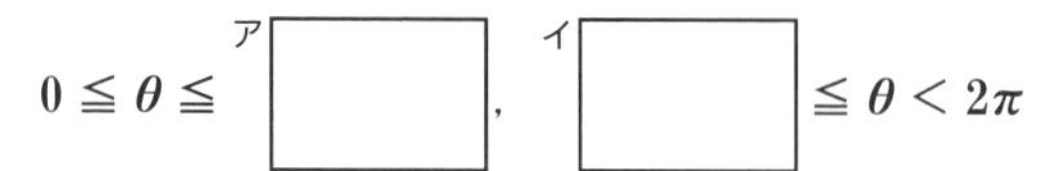

$0 \leqq \theta \leqq$ ア［　　］，イ［　　］$\leqq \theta < 2\pi$

練 習 問 題

111　$0 \leqq \theta < 2\pi$ のとき，次の方程式を解け。　◀例105

*(1)　$\sin\theta = \dfrac{1}{\sqrt{2}}$　　(2)　$\cos\theta = \dfrac{\sqrt{3}}{2}$

(3)　$\sin\theta = -\dfrac{1}{2}$　　(4)　$\cos\theta = -\dfrac{1}{2}$

***112**　$0 \leqq \theta < 2\pi$ のとき，次の方程式を解け。　◀例106

(1)　$\tan\theta = 1$　　(2)　$\tan\theta = -\dfrac{1}{\sqrt{3}}$

TRY
113　$0 \leqq \theta < 2\pi$ のとき，次の不等式を解け。　◀例107

(1)　$\sin\theta > \dfrac{1}{2}$　　*(2)　$\cos\theta < \dfrac{\sqrt{3}}{2}$

確認問題 7

*1 次の角を弧度法で表せ。

(1) 240°　　(2) -90°　　(3) 225°

*2 次の角を度数法で表せ。

(1) $\frac{3}{2}\pi$　　(2) $\frac{7}{4}\pi$　　(3) $\frac{7}{6}\pi$

3 次の扇形の弧の長さと面積を求めよ。

*(1) 半径 15，中心角 $\frac{3}{5}\pi$　　(2) 半径 6，中心角 $\frac{5}{12}\pi$

*4 θ が次の値のとき，$\sin\theta$，$\cos\theta$，$\tan\theta$ の値を求めよ。

(1) $\frac{9}{4}\pi$　　(2) $-\frac{\pi}{6}$

*5 θ が第 3 象限の角で，$\sin\theta = -\frac{1}{3}$ のとき，$\cos\theta$，$\tan\theta$ の値を求めよ。

6 θ が第 2 象限の角で，$\tan\theta = -\frac{1}{2}$ のとき，$\sin\theta$，$\cos\theta$ の値を求めよ。

7 次の関数のグラフをかけ。また，その周期をいえ。

*(1) $y=3\cos\theta$

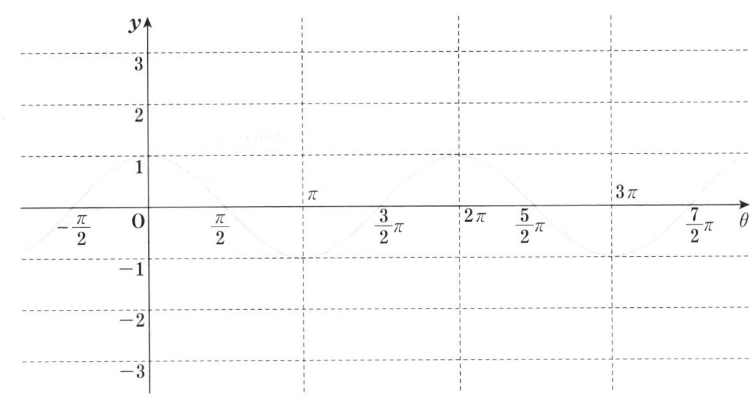

(2) $y=2\sin 2\theta$

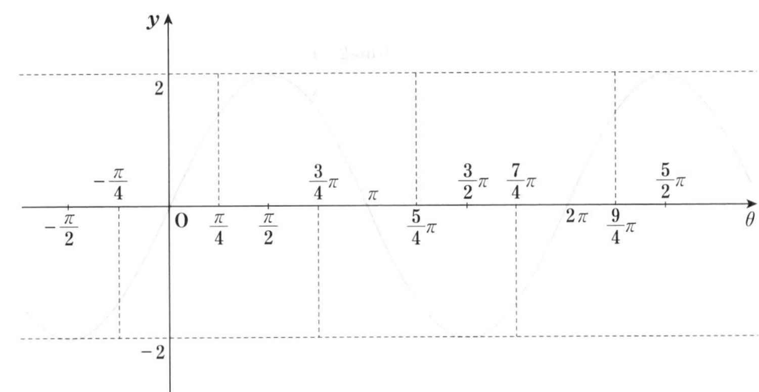

*(3) $y=\sin\left(\theta+\frac{\pi}{6}\right)$

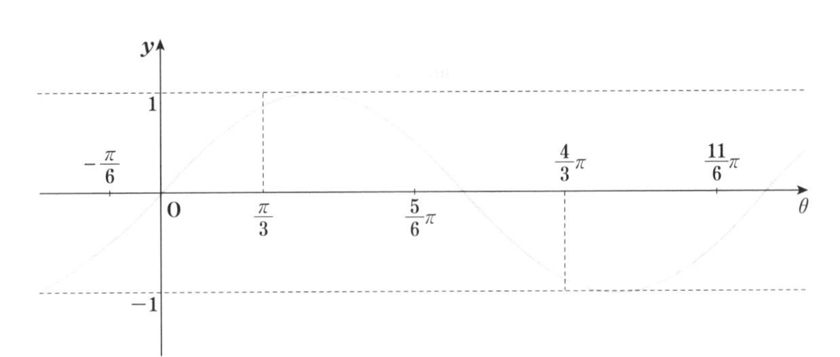

8 $0 \leqq \theta < 2\pi$ のとき，次の方程式，不等式を解け。

(1) $\cos\theta=-\frac{1}{\sqrt{2}}$

(2) $\sin\theta \leqq -\frac{1}{\sqrt{2}}$

第3章 三角関数

44 加法定理 (1)

⇨教 p.130〜p.132

1 サインとコサインの加法定理

$\sin(\alpha+\beta)=\sin\alpha\cos\beta+\cos\alpha\sin\beta$　　$\sin(\alpha-\beta)=\sin\alpha\cos\beta-\cos\alpha\sin\beta$

$\cos(\alpha+\beta)=\cos\alpha\cos\beta-\sin\alpha\sin\beta$　　$\cos(\alpha-\beta)=\cos\alpha\cos\beta+\sin\alpha\sin\beta$

例 108 次の値を求めてみよう。

(1) $\sin 285^\circ=\sin(240^\circ+45^\circ)=\sin 240^\circ\cos 45^\circ+\cos 240^\circ\sin 45^\circ$

$=-\dfrac{\sqrt{3}}{2}\times\dfrac{1}{\sqrt{2}}+\left(-\dfrac{1}{2}\right)\times\dfrac{1}{\sqrt{2}}$

$=-\dfrac{\sqrt{3}+1}{2\sqrt{2}}=$ ア［　　］

⇐ $\sin(\alpha+\beta)=\sin\alpha\cos\beta+\cos\alpha\sin\beta$

(2) $\cos 345^\circ=\cos(300^\circ+45^\circ)=\cos 300^\circ\cos 45^\circ-\sin 300^\circ\sin 45^\circ$

$=\dfrac{1}{2}\times\dfrac{1}{\sqrt{2}}-\left(-\dfrac{\sqrt{3}}{2}\right)\times\dfrac{1}{\sqrt{2}}$

$=\dfrac{1+\sqrt{3}}{2\sqrt{2}}=$ イ［　　］

⇐ $\cos(\alpha+\beta)=\cos\alpha\cos\beta-\sin\alpha\sin\beta$

例 109 $\sin\alpha=\dfrac{4}{5}$，$\sin\beta=\dfrac{5}{13}$ のとき，$\sin(\alpha+\beta)$ の値を求めてみよう。

ただし，αは第1象限の角，βは第2象限の角とする。

$\sin^2\alpha+\cos^2\alpha=1$ より　　$\cos^2\alpha=1-\left(\dfrac{4}{5}\right)^2=\dfrac{9}{25}$

αは第1象限の角であるから，$\cos\alpha>0$　　よって　$\cos\alpha=\sqrt{\dfrac{9}{25}}=\dfrac{3}{5}$

また，$\sin^2\beta+\cos^2\beta=1$ より　　$\cos^2\beta=1-\left(\dfrac{5}{13}\right)^2=\dfrac{144}{169}$

βは第2象限の角であるから，$\cos\beta<0$　　よって　$\cos\beta=-\sqrt{\dfrac{144}{169}}=-\dfrac{12}{13}$

$\sin(\alpha+\beta)=\sin\alpha\cos\beta+\cos\alpha\sin\beta$

$=\dfrac{4}{5}\times\left(-\dfrac{12}{13}\right)+\dfrac{3}{5}\times\dfrac{5}{13}=$ ア［　　］

練 習 問 題

114 次の値を求めよ。 ◀例 108

(1) $\cos 105^\circ$

*(2) $\sin 195^\circ$

115 $\sin\alpha = \dfrac{3}{5}$, $\cos\beta = \dfrac{1}{3}$ のとき，$\sin(\alpha+\beta)$ と $\cos(\alpha-\beta)$ の値を求めよ。ただし，α は第1象限の角，β は第4象限の角とする。 ◀例 109

45 加法定理 (2)

⇨教 p.133〜p.134

1 タンジェントの加法定理

$$\tan(\alpha+\beta)=\frac{\tan\alpha+\tan\beta}{1-\tan\alpha\tan\beta} \qquad \tan(\alpha-\beta)=\frac{\tan\alpha-\tan\beta}{1+\tan\alpha\tan\beta}$$

例 110 $\tan 15^\circ$ の値を求めてみよう。

$$\tan 15^\circ=\tan(60^\circ-45^\circ)$$
$$=\frac{\tan 60^\circ-\tan 45^\circ}{1+\tan 60^\circ\tan 45^\circ}$$
$$=\frac{\sqrt{3}-1}{1+\sqrt{3}\times 1}$$
$$=\frac{(\sqrt{3}-1)^2}{(\sqrt{3}+1)(\sqrt{3}-1)}=\text{ア}\boxed{}$$

⬅ $\tan(\alpha-\beta)=\dfrac{\tan\alpha-\tan\beta}{1+\tan\alpha\tan\beta}$

例 111 2直線 $y=-3x$, $y=2x$ のなす角 θ を求めよ。

ただし，$0<\theta<\dfrac{\pi}{2}$ とする。

2直線 $y=-3x$, $y=2x$ と x 軸の正の部分のなす角を，それぞれ α, β とすると

$\tan\alpha=-3$, $\tan\beta=2$

右の図より2直線のなす角 θ は

$\theta=\alpha-\beta$

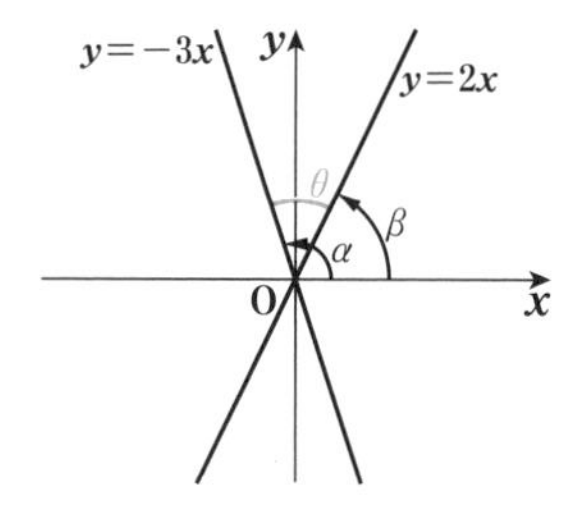

よって

$$\tan\theta=\tan(\alpha-\beta)$$
$$=\frac{\tan\alpha-\tan\beta}{1+\tan\alpha\tan\beta}$$
$$=\frac{-3-2}{1+(-3)\times 2}$$
$$=\text{ア}\boxed{}$$

$0<\theta<\dfrac{\pi}{2}$ であるから　$\theta=\text{イ}\boxed{}$

練　習　問　題

116　$\tan 165^\circ$ の値を求めよ。　◀例 110

117　2 直線 $y = 3x$, $y = \frac{1}{2}x$ のなす角 θ を求めよ。

ただし, $0 < \theta < \frac{\pi}{2}$ とする。　◀例 111

46 加法定理の応用

⇨教 p.135〜p.136

1 2倍角の公式

[1] $\sin 2\alpha = 2\sin\alpha\cos\alpha$

[2] $\cos 2\alpha = \cos^2\alpha - \sin^2\alpha = 2\cos^2\alpha - 1 = 1 - 2\sin^2\alpha$

[3] $\tan 2\alpha = \dfrac{2\tan\alpha}{1-\tan^2\alpha}$

2 半角の公式

$\sin^2\dfrac{\alpha}{2} = \dfrac{1-\cos\alpha}{2}$　　$\cos^2\dfrac{\alpha}{2} = \dfrac{1+\cos\alpha}{2}$

例 112 αが第1象限の角で，$\sin\alpha = \dfrac{4}{5}$ のとき，$\sin 2\alpha$ の値を求めてみよう。

αが第1象限の角のとき，$\cos\alpha > 0$ であるから

$$\cos\alpha = \sqrt{1-\sin^2\alpha}$$

← $\sin^2\alpha + \cos^2\alpha = 1$

$$= \sqrt{1-\left(\frac{4}{5}\right)^2} = \sqrt{\frac{9}{25}} = {}^{ア}\boxed{}$$

よって　$\sin 2\alpha = 2\sin\alpha\cos\alpha$

$$= 2\times\frac{4}{5}\times{}^{ア}\boxed{} = {}^{イ}\boxed{}$$

例 113 半角の公式を用いて，$\sin 67.5^\circ$ の値を求めてみよう。

$$\sin^2 67.5^\circ = \sin^2\frac{135^\circ}{2}$$

$$= \frac{1-\cos 135^\circ}{2}$$

$$= \frac{1}{2}\left\{1-\left(-\frac{\sqrt{2}}{2}\right)\right\} = {}^{ア}\boxed{}$$

ここで，$\sin 67.5^\circ > 0$ より　$\sin 67.5^\circ = {}^{イ}\boxed{}$

練習問題

*118　αが第2象限の角で，$\cos\alpha=-\dfrac{1}{3}$ のとき，$\sin 2\alpha$，$\cos 2\alpha$，$\tan 2\alpha$ の値を求めよ。

◀例112

119　αが第3象限の角で，$\sin\alpha=-\dfrac{3}{4}$ のとき，$\sin 2\alpha$，$\cos 2\alpha$，$\tan 2\alpha$ の値を求めよ。

◀例112

120　半角の公式を用いて，次の三角関数の値を求めよ。◀例113

(1)　$\cos 67.5^\circ$

(2)　$\sin 112.5^\circ$

47 三角関数の合成

⇨教 p.138〜p.139

1 三角関数の合成

$a\sin\theta+b\cos\theta=\sqrt{a^2+b^2}\sin(\theta+\alpha)$　　ただし，$\cos\alpha=\dfrac{a}{\sqrt{a^2+b^2}}$，$\sin\alpha=\dfrac{b}{\sqrt{a^2+b^2}}$

例 114　$\sin\theta+\sqrt{3}\cos\theta$ を $r\sin(\theta+\alpha)$ の形に変形してみよう。

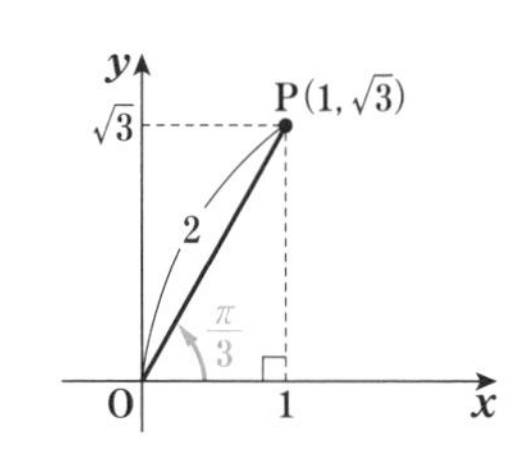

$$\sin\theta+\sqrt{3}\cos\theta=2\left(\sin\theta\times\frac{1}{2}+\cos\theta\times\frac{\sqrt{3}}{2}\right)$$

⬅ $\sqrt{1^2+(\sqrt{3})^2}=2$

$$=2\left(\sin\theta\cos\frac{\pi}{3}+\cos\theta\sin\frac{\pi}{3}\right)$$

$$=2\sin\left(\theta+\text{ア}\square\right)$$

例 115　関数 $y=\sin\theta+2\cos\theta$ の最大値と最小値を求めてみよう。

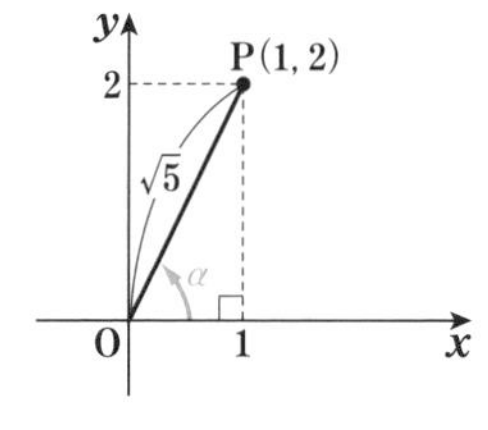

$y=\sin\theta+2\cos\theta$

$=\sqrt{5}\sin(\theta+\alpha)$　　⬅ $\sqrt{1^2+2^2}=\sqrt{5}$

ただし　$\cos\alpha=\dfrac{1}{\sqrt{5}}$，$\sin\alpha=\dfrac{2}{\sqrt{5}}$

ここで，$-1\leqq\sin(\theta+\alpha)\leqq1$ であるから

$-\sqrt{5}\leqq y\leqq\sqrt{5}$

よって，この関数 y の最大値は ア ，最小値は イ $\square$

練 習 問 題

*121 次の式を $r\sin(\theta+\alpha)$ の形に変形せよ。ただし，$r>0$，$-\pi<\alpha<\pi$ とする。

◀ 例 114

(1) $3\sin\theta+\sqrt{3}\cos\theta$

(2) $\sqrt{3}\sin\theta-\cos\theta$

(3) $\sqrt{3}\sin\theta-3\cos\theta$

(4) $-\sin\theta+\cos\theta$

122 次の関数の最大値と最小値を求めよ。 ◀ 例 115

*(1) $y=2\sin\theta+\cos\theta$

(2) $y=2\sin\theta-\sqrt{5}\cos\theta$

確 認 問 題 8

1 次の値を求めよ。

(1) $\sin 165^\circ$　　*(2) $\cos 195^\circ$　　(3) $\tan 285^\circ$

(4) $\sin 255^\circ$　　(5) $\cos 255^\circ$　　(6) $\tan 255^\circ$

2 $\sin\alpha = \frac{1}{3}$, $\cos\beta = -\frac{3}{5}$ のとき，$\cos(\alpha+\beta)$ と $\sin(\alpha-\beta)$ の値を求めよ。ただし，α は第 2 象限の角，β は第 3 象限の角とする。

*3　αが第3象限の角で，$\sin\alpha=-\dfrac{1}{3}$ のとき，$\sin 2\alpha$，$\cos 2\alpha$，$\tan 2\alpha$ の値を求めよ。

*4　次の式を $r\sin(\theta+\alpha)$ の形に変形せよ。ただし，$r>0$，$-\pi<\alpha<\pi$ とする。

(1)　$\sqrt{3}\sin\theta+3\cos\theta$　　(2)　$\sin\theta-\cos\theta$

5　次の関数の最大値と最小値を求めよ。

*(1)　$y=4\sin\theta-3\cos\theta$　　(2)　$y=\sqrt{5}\sin\theta+2\cos\theta$

例題 5　三角関数を含む方程式

⇨教 p.127 応用例題 3

$0 \leqq \theta < 2\pi$ のとき，次の方程式を解け。

$$2\cos^2\theta - 3\sin\theta - 3 = 0$$

解　$\cos^2\theta = 1 - \sin^2\theta$ より，与えられた方程式を変形すると

$$2(1-\sin^2\theta) - 3\sin\theta - 3 = 0$$

$$2\sin^2\theta + 3\sin\theta + 1 = 0$$

⇐ $\sin\theta$ の 2 次方程式

因数分解すると

$$(2\sin\theta + 1)(\sin\theta + 1) = 0$$

よって　$\sin\theta = -\dfrac{1}{2},\ -1$

したがって，$0 \leqq \theta < 2\pi$ の範囲において，求める θ の値は

$$\theta = \frac{7}{6}\pi,\ \frac{11}{6}\pi,\ \frac{3}{2}\pi$$

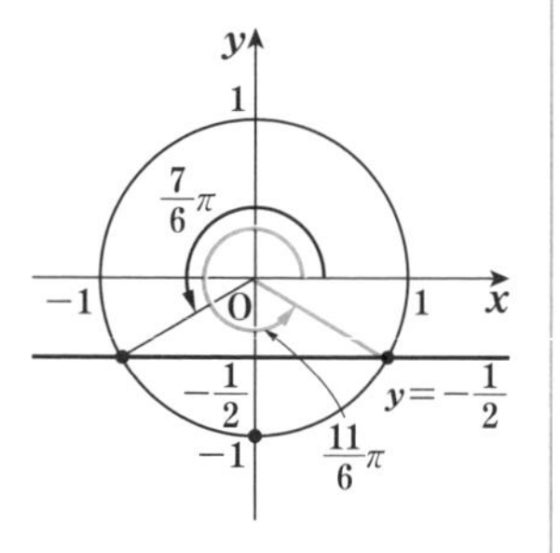

問 5

$0 \leqq \theta < 2\pi$ のとき，次の方程式を解け。

$$2\sin^2\theta - \cos\theta - 2 = 0$$

例題 6　三角関数の合成と方程式

⇨教 p.140 応用例題 2

$0 \leqq \theta < 2\pi$ のとき，次の方程式を解け。

$$\sqrt{3}\sin\theta + \cos\theta = -1$$

解　左辺を変形すると

$$\sqrt{3}\sin\theta + \cos\theta = 2\sin\left(\theta + \frac{\pi}{6}\right)$$

⇐ $\sqrt{(\sqrt{3})^2 + 1} = 2$

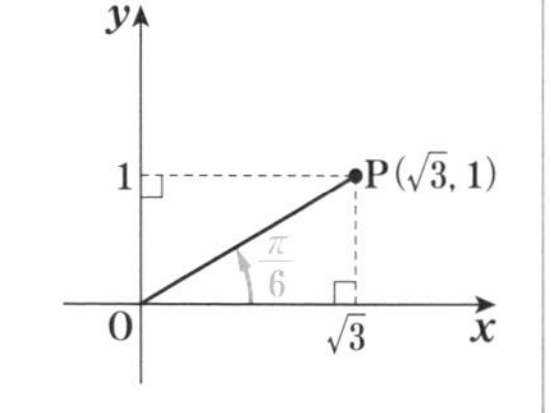

よって，$2\sin\left(\theta + \frac{\pi}{6}\right) = -1$　より

$$\sin\left(\theta + \frac{\pi}{6}\right) = -\frac{1}{2}$$

ここで，$0 \leqq \theta < 2\pi$ のとき

$$\frac{\pi}{6} \leqq \theta + \frac{\pi}{6} < \frac{13}{6}\pi$$

であるから

$$\theta + \frac{\pi}{6} = \frac{7}{6}\pi \quad \text{または} \quad \theta + \frac{\pi}{6} = \frac{11}{6}\pi$$

したがって　$\theta = \pi,\ \frac{5}{3}\pi$

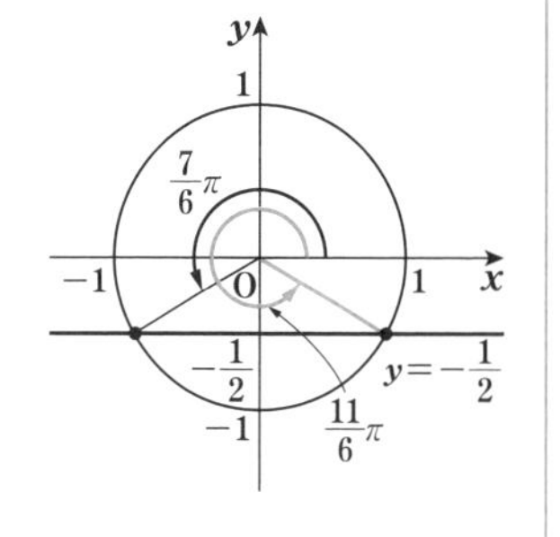

問 6　$0 \leqq \theta < 2\pi$ のとき，次の方程式を解け。

$$\sqrt{3}\sin\theta - \cos\theta = \sqrt{2}$$

第3章　三角関数

48 指数の拡張(1)

⇨教 p.146~p.148

1 整数の指数

$a \neq 0$, n が正の整数のとき　　$a^0 = 1$, $a^{-n} = \dfrac{1}{a^n}$

2 指数法則

$a \neq 0$, $b \neq 0$ で, m, n が整数のとき

[1]　$a^m \times a^n = a^{m+n}$, $a^m \div a^n = a^{m-n}$

[2]　$(a^m)^n = a^{mn}$

[3]　$(ab)^n = a^n b^n$

例 116　次の計算をしてみよう。

(1)　$a^2 \times a^5 = a^{2+5} =$ ア□　　← $a^m \times a^n = a^{m+n}$

(2)　$(a^2)^5 = a^{2\times5} =$ イ□　　← $(a^m)^n = a^{mn}$

(3)　$(a^3b^4)^2 = (a^3)^2 \times (b^4)^2 =$ ウ□　　← $(ab)^n = a^n b^n$

例 117　次の値を求めてみよう。

(1)　$7^0 =$ ア□　　← $a^0 = 1$

(2)　$2^{-3} = \dfrac{1}{2^3} =$ イ□　　← $a^{-n} = \dfrac{1}{a^n}$

例 118　次の計算をしてみよう。

(1)　$a^3 \times a^4 \div a^5 = a^{3+4-5} =$ ア□　　← $a^m \times a^n \div a^l = a^{m+n-l}$

(2)　$(a^{-2}b^3)^2 = (a^{-2})^2(b^3)^2 = a^{(-2)\times2}b^{3\times2} = a^{-4}b^6 =$ イ□　　← $(a^m)^n = a^{mn}$

例 119　次の計算をしてみよう。

(1)　$6^2 \div 6^4 = 6^{2-4} = 6^{-2} = \dfrac{1}{6^2} =$ ア□　　← $a^{-n} = \dfrac{1}{a^n}$

(2)　$(3^2)^{-1} \times 3^4 \div 3^3 = 3^{2\times(-1)} \times 3^4 \div 3^3$

$= 3^{-2+4-3} = 3^{-1} =$ イ□

練　習　問　題

123　次の計算をせよ。　◀例116

*(1)　$a^3\times a^5$　　(2)　$(a^2)^6$

(3)　$(a^2)^3\times a^4$　　(4)　$(a^3b)^2$

124　次の値を求めよ。　◀例117

*(1)　5^0　　(2)　6^{-2}　　*(3)　10^{-1}

125　次の計算をせよ。　◀例118

*(1)　$a^4\times a^{-1}$　　(2)　$a^{-2}\times a^3$　　(3)　$a^3\div a^{-5}$

*(4)　$a^{-3}\div a^2$　　*(5)　$(a^{-2}b^{-3})^{-2}$　　(6)　$a^4\times a^{-3}\div(a^2)^{-1}$

126　次の計算をせよ。　◀例119

(1)　$10^{-4}\times 10^5$　　*(2)　$7^{-4}\div 7^{-6}$　　(3)　$3^5\times 3^{-5}$

(4)　$2^3\times 2^{-2}\div 2^4$　　*(5)　$(5^{-1})^3\div 5^{-4}\times 5^{-2}$　　*(6)　$2^2\div 2^5\div 2^{-3}$

49 指数の拡張(2)

⇨教 p.149〜p.151

1 累乗根

n 乗根　n を正の整数とするとき，$x^n=a$ を満たす x の値を，a の n 乗根 という。
2 乗根，3 乗根，……をまとめて 累乗根 という。

2 累乗根の性質

$a>0$，$b>0$ で，m，n が正の整数のとき

- $(\sqrt[n]{a})^n=a$，$\sqrt[n]{a^n}=a$
- $\sqrt[n]{a}\sqrt[n]{b}=\sqrt[n]{ab}$，　$\dfrac{\sqrt[n]{a}}{\sqrt[n]{b}}=\sqrt[n]{\dfrac{a}{b}}$
- $(\sqrt[n]{a})^m=\sqrt[n]{a^m}$，　$\sqrt[m]{\sqrt[n]{a}}=\sqrt[mn]{a}$

注 この章では，実数の範囲で累乗根を考える。

例 120　(1)　$(-2)^5=-32$ であるから，-32 の 5 乗根は ア□

(2)　$3^4=81$，$(-3)^4=81$ であるから，81 の 4 乗根は 3 と イ□

← n が偶数のとき，a の n 乗根は $\sqrt[n]{a}$，$-\sqrt[n]{a}$

(3)　$(-5)^3=-125$ であるから，$\sqrt[3]{-125}=$ ウ□

例 121　次の式を簡単にしてみよう。

(1)　$\sqrt[3]{3}\times\sqrt[3]{9}=\sqrt[3]{3\times9}=\sqrt[3]{27}=\sqrt[3]{3^3}=$ ア□　← $\sqrt[n]{a}\sqrt[n]{b}=\sqrt[n]{ab}$，$\sqrt[n]{a^n}=a$

(2)　$\dfrac{\sqrt[4]{32}}{\sqrt[4]{2}}=\sqrt[4]{\dfrac{32}{2}}=\sqrt[4]{16}=\sqrt[4]{2^4}=$ イ□　← $\dfrac{\sqrt[n]{a}}{\sqrt[n]{b}}=\sqrt[n]{\dfrac{a}{b}}$

(3)　$(\sqrt[4]{25})^2=\sqrt[4]{25^2}=\sqrt[4]{5^4}=$ ウ□　← $(\sqrt[n]{a})^m=\sqrt[n]{a^m}$

(4)　$\sqrt[3]{\sqrt{64}}=\sqrt[3\times2]{64}=\sqrt[6]{2^6}=$ エ□　← $\sqrt[m]{\sqrt[n]{a}}=\sqrt[mn]{a}$

練 習 問 題

127　次の値を求めよ。　◀例 120 (1)，(2)

*(1)　-8 の 3 乗根　　(2)　625 の 4 乗根　　*(3)　64 の 6 乗根

128 次の値を求めよ。 ◀例 120 (3)

(1) $\sqrt[3]{64}$

*(2) $\sqrt[4]{10000}$

(3) $\sqrt[5]{-32}$

(4) $\sqrt[3]{-\frac{1}{27}}$

129 次の式を簡単にせよ。 ◀例 121

*(1) $\sqrt[3]{7} \times \sqrt[3]{49}$

(2) $\frac{\sqrt[3]{81}}{\sqrt[3]{3}}$

(3) $(\sqrt[6]{8})^2$

*(4) $\sqrt{\sqrt[4]{256}}$

50 指数の拡張(3)

⇨教 p.152〜p.153

1 有理数の指数

$a>0$ で，m を整数，n を正の整数，r を有理数とするとき

- $a^{\frac{m}{n}}=\sqrt[n]{a^m}$　とくに，$a^{\frac{1}{n}}=\sqrt[n]{a}$
- $a^{-r}=\dfrac{1}{a^r}$

2 指数法則

$a>0$，$b>0$ で，r，s が有理数のとき

[1]　$a^r\times a^s=a^{r+s}$，$a^r\div a^s=a^{r-s}$　[2]　$(a^r)^s=a^{rs}$　[3]　$(ab)^r=a^rb^r$

注 r，s が実数のときにも，この指数法則は成り立つ。

例 122　次の数を根号を用いて表してみよう。

(1)　$2^{\frac{2}{3}}=\sqrt[3]{2^2}=$ ア□

(2)　$5^{-\frac{1}{3}}=\dfrac{1}{5^{\frac{1}{3}}}=$ イ□

例 123　$9^{\frac{3}{2}}$ の値を求めてみよう。

$9^{\frac{3}{2}}=(3^2)^{\frac{3}{2}}$

$=3^{2\times\frac{3}{2}}=3^3=$ ア□

例 124　次の計算をしてみよう。

(1)　$\sqrt[5]{a^4}\times\sqrt{a}\div\sqrt[10]{a^3}=a^{\frac{4}{5}}\times a^{\frac{1}{2}}\div a^{\frac{3}{10}}$　← $\sqrt[m]{a^n}=a^{\frac{n}{m}}$

$=a^{\frac{4}{5}+\frac{1}{2}-\frac{3}{10}}=a^{\frac{8+5-3}{10}}=a^1=$ ア□

(2)　$2^{\frac{2}{3}}\times2^{\frac{4}{3}}=2^{\frac{2}{3}+\frac{4}{3}}=2^2=$ イ□　← $a^r\times a^s=a^{r+s}$

(3)　$(3^6)^{-\frac{2}{3}}=3^{6\times\left(-\frac{2}{3}\right)}=3^{-4}=\dfrac{1}{3^4}=$ ウ□　← $(a^r)^s=a^{rs}$

(4)　$\sqrt{5}\times\sqrt[6]{5}\div\sqrt[3]{25}=\sqrt{5}\times\sqrt[6]{5}\div\sqrt[3]{5^2}$

$=5^{\frac{1}{2}}\times5^{\frac{1}{6}}\div5^{\frac{2}{3}}=5^{\frac{1}{2}+\frac{1}{6}-\frac{2}{3}}$　← $a^r\div a^s=a^{r-s}$

$=5^{\frac{3+1-4}{6}}=5^0=$ エ□

練 習 問 題

130 次の数を根号を用いて表せ。 ◀例 122

(1) $7^{\frac{1}{3}}$　　*(2) $3^{\frac{3}{5}}$　　(3) $6^{-\frac{2}{3}}$

131 次の値を求めよ。 ◀例 123

*(1) $4^{\frac{5}{2}}$　　(2) $64^{\frac{2}{3}}$　　(3) $81^{-\frac{3}{4}}$

132 次の計算をせよ。 ◀例 124 (1)

(1) $\sqrt[3]{a^2} \times \sqrt[3]{a^4}$　　*(2) $\sqrt{a} \div \sqrt[6]{a} \times \sqrt[3]{a^2}$

133 次の計算をせよ。 ◀例 124 (2)〜(4)

(1) $27^{\frac{1}{6}} \times 9^{\frac{3}{4}}$　　*(2) $\sqrt[5]{4} \times \sqrt[5]{8}$

*(3) $(9^{-\frac{3}{5}})^{\frac{5}{6}}$　　*(4) $\sqrt{2} \times \sqrt[6]{2} \div \sqrt[3]{4}$

第4章 指数関数・対数関数

51 指数関数 (1)

⇨教 p.154~p.157

1 指数関数 $y=a^x$

$a>0$, $a \neq 1$ とするとき,
$y=a^x$ を, a を 底 とする
x の 指数関数 という。

2 指数関数 $y=a^x$ の性質

[1] 定義域は実数全体であり, 値域は正の実数全体である。
[2] グラフは, 点 $(0,\ 1)$ を通る。
[3] グラフは, x 軸を漸近線とする。
[4] $a>1$ のとき　x の値が増加すると, y の値も増加する。
　$0<a<1$ のとき　x の値が増加すると, y の値は減少する。

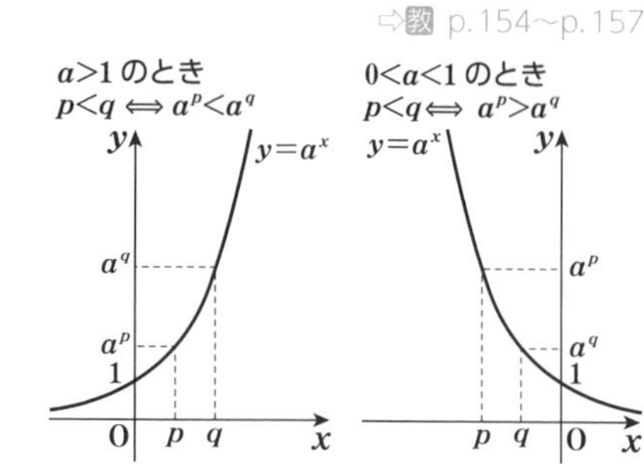

例 125 次の関数のグラフについて調べてみよう。

(1) $y=2^x$

$x=1$ のとき, $2^1=2$ より点 $(1,\ 2)$ を通る。

同様に $x=0$ のとき, $2^0=1$ より点 ア□ を通る。

グラフは右の図のようになる。

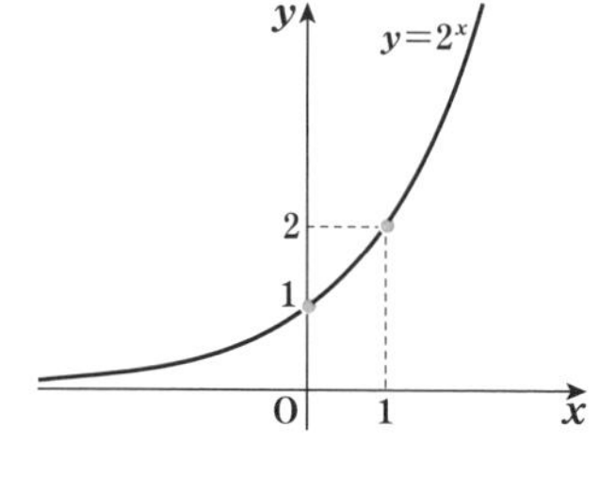

(2) $y=\left(\dfrac{1}{2}\right)^x$

$x=1$ のとき, $\left(\dfrac{1}{2}\right)^1=\dfrac{1}{2}$ より点 $\left(1,\ \dfrac{1}{2}\right)$ を通る。

同様に $x=0$ のとき, $\left(\dfrac{1}{2}\right)^0=1$ より点 イ□ を通る。

グラフは右の図のようになる。

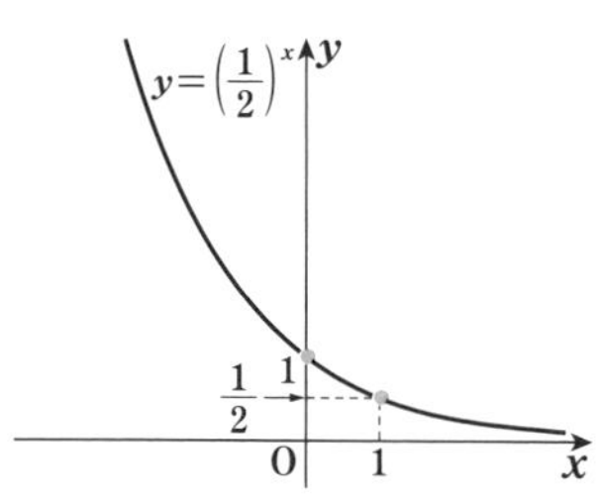

例 126 3 つの数 $\sqrt[4]{8}$, $\sqrt[3]{4}$, $\sqrt{2}$ の大小を比較してみよう。

$$\sqrt[4]{8}=\sqrt[4]{2^3}=2^{\frac{3}{4}},\ \sqrt[3]{4}=\sqrt[3]{2^2}=2^{\frac{2}{3}},\ \sqrt{2}=2^{\frac{1}{2}}$$

である。ここで, 指数の大小を比較すると

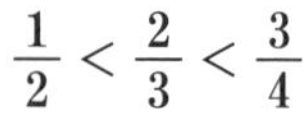

$$\frac{1}{2}<\frac{2}{3}<\frac{3}{4}$$

$y=2^x$ の底 2 は 1 より大きいから

$$2^{\frac{1}{2}}<2^{\frac{2}{3}}<2^{\frac{3}{4}}$$

したがって　ア□ $<\sqrt[3]{4}<$ イ□

⇐ $a>1$ のとき
$a^p>a^q \iff p>q$

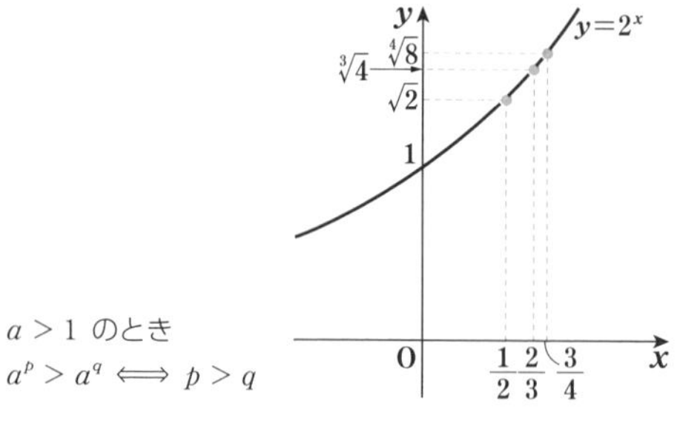

練習問題

*134 次の関数のグラフをかけ。 ◀例 125

(1) $y=4^x$

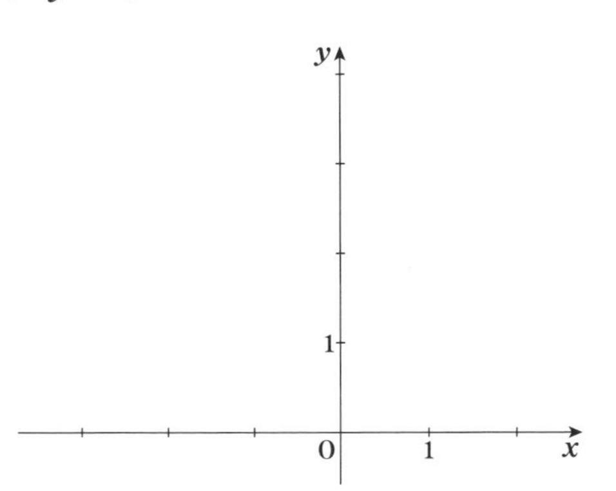

(2) $y=\left(\frac{1}{4}\right)^x$

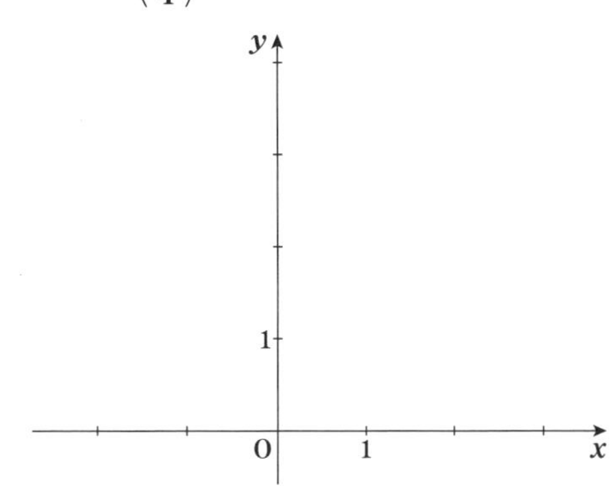

135 次の 3 つの数の大小を比較せよ。 ◀例 126

*(1) $\sqrt[3]{3^4}$, $\sqrt[4]{3^5}$, $\sqrt[5]{3^6}$

(2) $\sqrt{8}$, $\sqrt[3]{16}$, $\sqrt[4]{32}$

*(3) $\left(\frac{1}{3}\right)^2$, $\left(\frac{1}{9}\right)^{\frac{1}{2}}$, $\frac{1}{27}$

(4) $\sqrt{\frac{1}{5}}$, $\sqrt[3]{\frac{1}{25}}$, $\sqrt[4]{\frac{1}{125}}$

52 指数関数 (2)

⇨教 p.158

1 指数関数を含む方程式・不等式

指数で表される数を含む方程式・不等式の解き方

① 底をそろえる。

② $a>0,\ a\neq 1$ のとき　$a^p=a^q \iff p=q$

$a>1$ のとき　$a^p>a^q \iff p>q$

$0<a<1$ のとき　$a^p>a^q \iff p<q$

例 127 方程式 $27^x=9$ を解いてみよう。

$27^x=(3^3)^x=3^{3x},\ 9=3^2$

であるから　$3^{3x}=3^2$　　← $a^p=a^q \iff p=q$

よって　$3x=2$

したがって　$x=$ ア □

例 128 次の不等式を解いてみよう。

(1) $16^x>32$

$16^x=(2^4)^x=2^{4x},\ 32=2^5$ であるから

$2^{4x}>2^5$

ここで，底 2 は 1 より大きいから　　← $a>1$ のとき $a^p>a^q \iff p>q$

$4x>5$

よって　$x>$ ア □

(2) $\left(\frac{2}{3}\right)^{4x}<\frac{4}{9}$

$\frac{4}{9}=\left(\frac{2}{3}\right)^2$ であるから

$\left(\frac{2}{3}\right)^{4x}<\left(\frac{2}{3}\right)^2$

ここで，底 $\frac{2}{3}$ は 0 より大きく，1 より小さいから　　← $0<a<1$ のとき $a^p>a^q \iff p<q$

$4x>2$

よって　$x>$ イ □

練習問題

136 次の方程式を解け。 ◀例 127

(1) $2^x = 64$

*(2) $8^x = 2^6$

*(3) $3^x = \frac{1}{27}$

(4) $2^{-3x} = 8$

*(5) $8^{3x} = 64$

(6) $\left(\frac{1}{8}\right)^x = 32$

137 次の不等式を解け。 ◀例 128

*(1) $2^x < 8$

(2) $3^x > \frac{1}{9}$

*(3) $\left(\frac{1}{4}\right)^x \geqq \frac{1}{8}$

(4) $\left(\frac{3}{5}\right)^{x-2} \leqq \frac{9}{25}$

確認問題 9

1 次の計算をせよ。

*(1) $a^4 \times a^2$　　(2) $(a^4)^2$　　(3) $(a^3)^2 \div a^4$

*(4) $a^5 \times a^{-3}$　　*(5) $a^5 \div a^{-3}$　　(6) $a^4 \div a^3 \div a^{-2}$

2 次の計算をせよ。

(1) $6^{-3} \times 6^4$　　*(2) $3^4 \div 3^6$　　(3) $4^5 \times 4^{-5}$

(4) $3^4 \times 3^{-7} \div 3^{-2}$　　*(5) $7^2 \div 7^5 \div 7^{-3}$　　*(6) $16^3 \div 8^2 \times 4^{-4}$

3 次の値を求めよ。

(1) $\sqrt[3]{-64}$　　*(2) $\sqrt[4]{81}$　　(3) $\sqrt[5]{-\dfrac{1}{32}}$

4 次の計算をせよ。

(1) $\sqrt[3]{a^2} \times \sqrt[3]{a^7}$　　*(2) $\sqrt[4]{a^3} \div \sqrt[4]{a^7}$　　(3) $\sqrt[5]{a^3} \times \sqrt[3]{a^2} \div \sqrt[15]{a^4}$

5 次の計算をせよ。

(1) $8^{\frac{1}{6}} \times 4^{\frac{3}{4}}$　*(2) $\sqrt[5]{9} \times \sqrt[5]{27}$　*(3) $2^2 \times \sqrt[6]{32} \div \sqrt[3]{16}$

6 次の 3 つの数の大小を比較せよ。

*(1) 2, $\sqrt{8}$, $\sqrt[3]{32}$　(2) $\left(\frac{4}{3}\right)^{\frac{1}{2}}$, $\left(\frac{16}{9}\right)^{\frac{1}{3}}$, 1

7 次の方程式を解け。

(1) $4^x = 64$　*(2) $8^x = 4^3$

8 次の不等式を解け。

*(1) $3^x < 27$　(2) $\left(\frac{1}{8}\right)^x \geqq 16$

53 対数とその性質 (1)

⇨教 p.160〜p.162

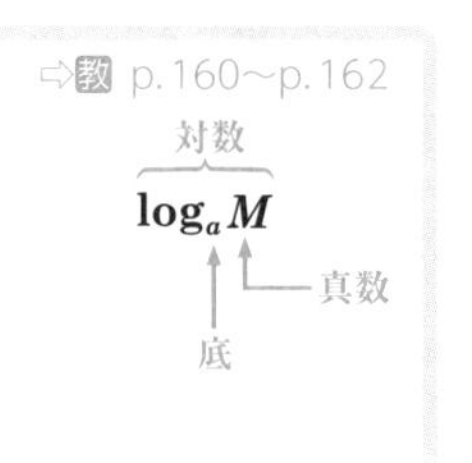

1 対数

$\log_a M$ を a を 底 とする M の 対数 という。

$a>0$, $a \neq 1$, $M>0$ のとき　$M=a^p \iff \log_a M = p$

2 対数の性質

$\log_a a^p = p$, $\log_a 1 = 0$, $\log_a a = 1$

例 129 (1) $25=5^2$ であるから，$\log_a M = p$ の形で表すと

$M=a^p$

$\log_a M = p$

$\log_5 25 =$ ア□

(2) $2^{-3}=\dfrac{1}{8}$ であるから，$\log_a M = p$ の形で表すと

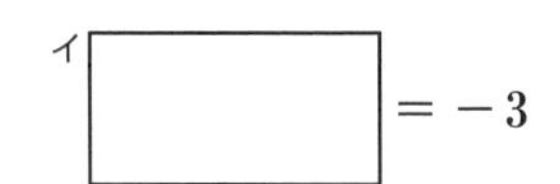

イ□ $=-3$

例 130 $\log_8 64$ の値を求めてみよう。

$\log_8 64$ は 64 を 8 の累乗で表したときの指数を表す。

$64=8^2$　より　$\log_8 64 =$ ア□

例 131 $\log_4 32$ の値を求めてみよう。

$\log_4 32 = x$ とおくと　$4^x=32$

ここで，$4^x=(2^2)^x=2^{2x}$, $32=2^5$ であるから

$2^{2x}=2^5$

$2x=5$

よって，$x=\dfrac{5}{2}$ となるから　$\log_4 32 =$ ア□

練 習 問 題

*138 次の式を $\log_a M = p$ の形で表せ。 ◀例 129

(1) $9=3^2$　(2) $1=5^0$　(3) $\dfrac{1}{64}=4^{-3}$　(4) $\sqrt{7}=7^{\frac{1}{2}}$

139 次の値を求めよ。 ◀例 130

*(1) $\log_9 81$

(2) $\log_2 2$

*(3) $\log_8 1$

(4) $\log_4 64$

(5) $\log_2 16$

*(6) $\log_3 \frac{1}{3}$

140 次の値を求めよ。 ◀例 131

*(1) $\log_9 27$

(2) $\log_8 4$

*(3) $\log_4 \frac{1}{8}$

*(4) $\log_{\frac{1}{9}} \sqrt{3}$

54 対数とその性質 (2)

⇨教 p.162〜p.164

1 対数の性質

$a>0,\ a\neq 1,\ M>0,\ N>0,\ r$ が実数のとき

[1] $\log_a MN = \log_a M + \log_a N$

[2] $\log_a \dfrac{M}{N} = \log_a M - \log_a N$　　とくに　$\log_a \dfrac{1}{N} = -\log_a N$

[3] $\log_a M^r = r\log_a M$

2 底の変換公式

$a,\ b,\ c$ が正の数，$a\neq 1,\ c\neq 1$ のとき　　$\log_a b = \dfrac{\log_c b}{\log_c a}$

例 132

(1) $\log_7 12 = \log_7 (3\times 4) =$ ア□ ＋ イ□　　← $\log_a MN = \log_a M + \log_a N$

(2) $\log_2 \dfrac{7}{3} =$ ウ□ − エ□　　← $\log_a \dfrac{M}{N} = \log_a M - \log_a N$

(3) $\log_{10} 6^5 =$ オ□　　← $\log_a M^r = r\log_a M$

(4) $\log_5 \sqrt{3} = \log_5 3^{\frac{1}{2}} =$ カ□

例 133　次の式を簡単にしてみよう。

(1) $\log_6 4 + \log_6 9 = \log_6 (4\times 9) = \log_6 36 =$ ア□　　← $36 = 6^2$

(2) $\log_2 \sqrt{28} - \dfrac{1}{2}\log_2 7 = \log_2 \sqrt{28} - \log_2 7^{\frac{1}{2}} = \log_2 \sqrt{28} - \log_2 \sqrt{7}$　　← $r\log_a M = \log_a M^r$

$= \log_2 \dfrac{\sqrt{28}}{\sqrt{7}} = \log_2 \sqrt{4} = \log_2 2 =$ イ□　　← $\log_a a = 1$

(3) $\log_5 16 + \log_5 50 - 5\log_5 2 = \log_5 \dfrac{16\times 50}{2^5}$

$= \log_5 25 =$ ウ□　　← $25 = 5^2$

例 134　次の式を簡単にしてみよう。

(1) $\log_8 4 = \dfrac{\log_2 4}{\log_2 8} = \dfrac{\log_2 2^2}{\log_2 2^3} = \dfrac{2\log_2 2}{3\log_2 2} =$ ア□　　← $\log_a b = \dfrac{\log_c b}{\log_c a}$

(2) $\log_2 12 - \log_4 9 = \log_2 12 - \dfrac{\log_2 9}{\log_2 4}$

$= \log_2 12 - \dfrac{2\log_2 3}{2\log_2 2}$

$= \log_2 12 - \log_2 3$

$= \log_2 \dfrac{12}{3} = \log_2 4 =$ イ□　　← $\log_2 4 = 2\log_2 2$

練習問題

*141　次の□の中に適する数を入れよ。　◀例132

(1) $\log_3 14 = \log_3 (2\times 7)$
$= \log_3 2 + \log_3 \square$

(2) $\log_2 \dfrac{7}{5}$
$= \log_2 7 - \log_2 \square$

(3) $\log_2 \dfrac{1}{3} = \log_2 3^{-1}$
$= -\log_2 \square$

142　次の式を簡単にせよ。　◀例133

*(1) $\log_{10} 4 + \log_{10} 25$

(2) $\log_5 50 - \log_5 2$

*(3) $\log_2 \sqrt{18} - \log_2 \dfrac{3}{4}$

*(4) $2\log_{10} 5 - \log_{10} 15 + 2\log_{10} \sqrt{6}$

143　次の式を簡単にせよ。　◀例134

*(1) $\log_4 8$

(2) $\log_9 \sqrt{3}$

*(3) $\log_8 \dfrac{1}{32}$

(4) $\log_6 3 + \log_{36} 4$

55 対数関数 (1)

⇨教 p.165〜p.167

1 対数関数とそのグラフ

$a>0$，$a \neq 1$ とするとき，
$y=\log_a x$ を，a を 底 とする
x の 対数関数 という。

2 対数関数 $y=\log_a x$ の性質

[1] 定義域は正の実数全体であり，値域は実数全体である。
[2] グラフは，点 $(1,\ 0)$ を通る。
[3] グラフは，y 軸を漸近線とする。
[4] $a>1$ のとき　x の値が増加すると，y の値も増加する。
　 $0<a<1$ のとき　x の値が増加すると，y の値は減少する。

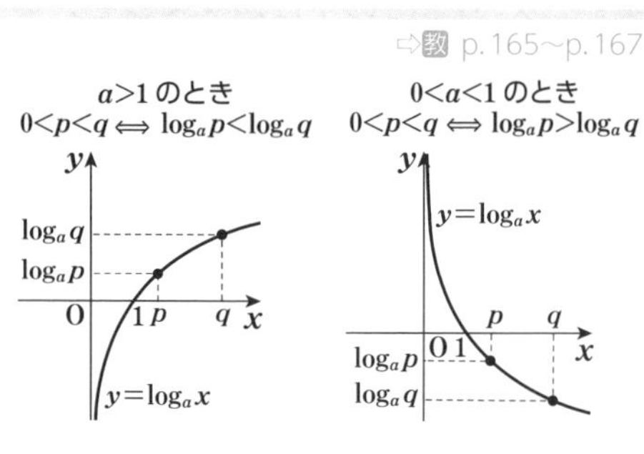

例 135 次の関数のグラフについて調べてみよう。

(1) $y=\log_2 x$

$x=2$ のとき，$y=\log_2 2=1$ より 点 ア を通る。

また，$x=1$ のとき，$y=\log_2 1=0$ より 点 イ を通る。

よって，グラフは右の図のようになる。

(2) $y=\log_{\frac{1}{2}} x$

$x=\dfrac{1}{2}$ のとき，$y=\log_{\frac{1}{2}}\dfrac{1}{2}=1$ より 点 ウ を通る。

また，$x=1$ のとき，$y=\log_{\frac{1}{2}} 1=0$ より 点 エ を通る。

よって，グラフは右の図のようになる。

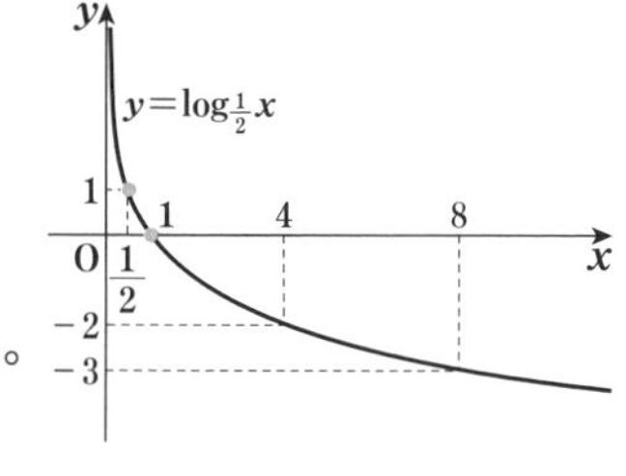

例 136 (1) $\log_5 2$，$\log_5 3$，$\log_5 4$ の大小を比較してみよう。

真数の大小を比較すると，$2<3<4$
$y=\log_5 x$ の底 5 は 1 より大きいから

ア $<\log_5 3<$ イ

(2) $\log_{\frac{1}{5}} 2$，$\log_{\frac{1}{5}} 3$，$\log_{\frac{1}{5}} 4$ の大小を比較してみよう。

真数の大小を比較すると，$2<3<4$

$y=\log_{\frac{1}{5}} x$ の底 $\dfrac{1}{5}$ は，0 より大きく，1 より小さいから

ウ $<\log_{\frac{1}{5}} 3<$ エ

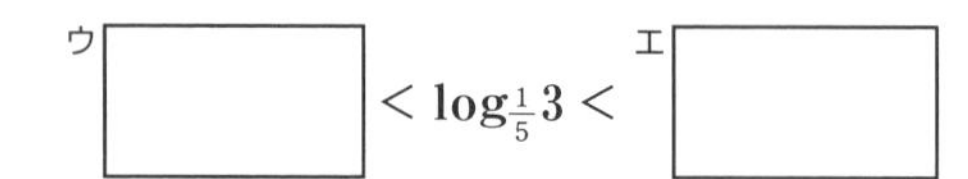

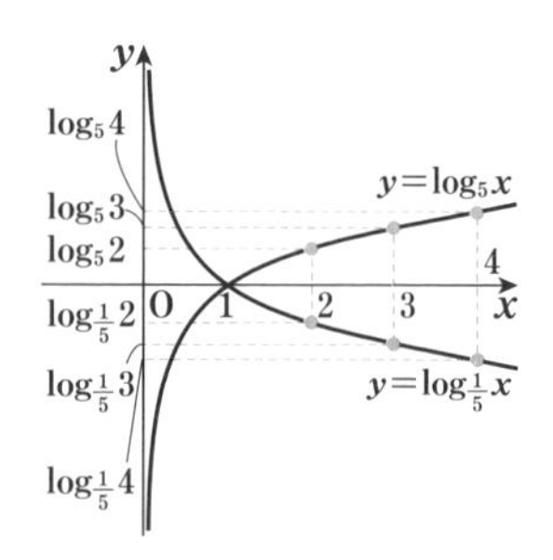

練習問題

*144　次の関数のグラフをかけ。　◀例135

(1)　$y=\log_4 x$

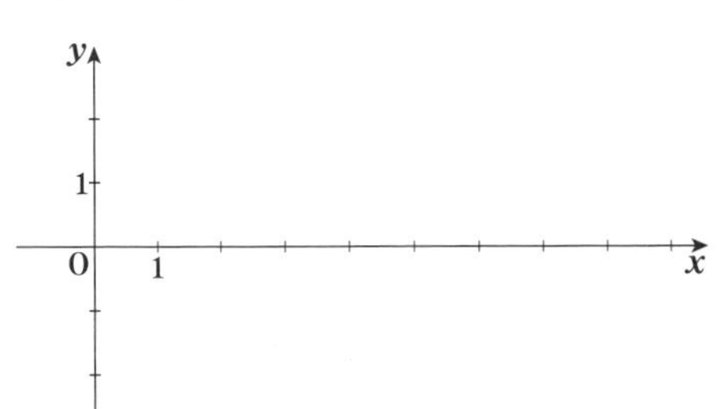

(2)　$y=\log_{\frac{1}{4}} x$

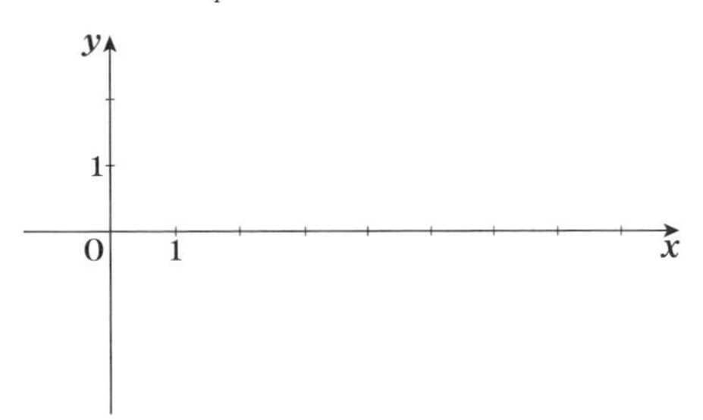

145　次の 3 つの数の大小を比較せよ。　◀例136

*(1)　$\log_3 2,\ \log_3 4,\ \log_3 5$

*(2)　$\log_{\frac{1}{4}} 1,\ \log_{\frac{1}{4}} 3,\ \log_{\frac{1}{4}} 4$

(3)　$\log_2 3,\ \log_2 \sqrt{7},\ \log_2 \frac{7}{2}$

(4)　$2\log_{\frac{1}{3}} 5,\ \frac{5}{2}\log_{\frac{1}{3}} 4,\ 3\log_{\frac{1}{3}} 3$

第4章　指数関数・対数関数

56 対数関数 (2)

⇨教 p.168

1 対数関数を含む方程式・不等式

対数で表された数を含む方程式・不等式の解き方

① 真数は正の数

② 底は1でない正の数

③ $\log_a p = \log_a q \iff p = q$

$a > 1$ のとき　$\log_a p > \log_a q \iff p > q$

$0 < a < 1$ のとき　$\log_a p > \log_a q \iff p < q$

TRY

例 137　方程式 $\log_3 x + \log_3(x-8) = 2$ を解いてみよう。

真数は正であるから　$x > 0$ かつ $x - 8 > 0$

よって　$x > 8$　……①

ここで，与えられた方程式を変形すると

$\log_3 x(x-8) = \log_3 3^2$

← $2 = 2\log_3 3$
$= \log_3 3^2$

ゆえに，$x(x-8) = 3^2$ より　$x^2 - 8x - 9 = 0$

これを解くと，$(x+1)(x-9) = 0$ より　$x = -1,\ 9$

①より　$x =$ ア□

TRY

例 138　不等式 $\log_4(x-2) \leqq 1$ を解いてみよう。

真数は正であるから　$x - 2 > 0$

よって　$x > 2$　……①

ここで，与えられた不等式を変形すると

$\log_4(x-2) \leqq \log_4 4$

← $1 = \log_4 4$

底4は1より大きいから　$x - 2 \leqq 4$

← $a > 1$ のとき
$\log_a p < \log_a q$
$\iff p < q$

ゆえに　$x \leqq 6$　……②

①，②より　ア□ $< x \leqq$ イ□

練　習　問　題

TRY
146　次の方程式を解け。　◀例 137

*(1)　$\log_2(x-1)=3$

(2)　$\log_{\frac{1}{5}}(4x-3)=-2$

*(3)　$\log_3(x+2)+\log_3 x=1$

(4)　$\log_{\frac{1}{2}}(x+2)+\log_{\frac{1}{2}}(x-2)=-5$

TRY
147　次の不等式を解け。　◀例 138

*(1)　$\log_2 x>3$

*(2)　$\log_{\frac{1}{2}} x<-2$

(3)　$\log_3(x+1)<2$

(4)　$2\log_{\frac{1}{3}}(x-2)>\log_{\frac{1}{3}} x$

57 常用対数

⇨教 p.169〜p.170

1 常用対数

10 を底とする対数 $\log_{10} N$ を常用対数という。

2 桁数の求め方

$n-1 \leqq \log_{10} N < n \iff 10^{n-1} \leqq N < 10^n$

$\iff$ 正の整数 N は n 桁の数

例 139 常用対数表を用いて，$\log_{10} 38$ と $\log_{10} 0.038$ の値を求めてみよう。

常用対数表より，$\log_{10} 3.8 = 0.5798$ であるから

$$\log_{10} 38 = \log_{10}(3.8 \times 10)$$
$$= \log_{10} 3.8 + \log_{10} 10$$
$$= 0.5798 + 1 = {}^{ア}\boxed{}$$

← $\log_a MN = \log_a M + \log_a N$

また　$\log_{10} 0.038 = \log_{10} \dfrac{3.8}{100}$

$$= \log_{10} 3.8 - \log_{10} 100$$
$$= 0.5798 - 2 = {}^{イ}\boxed{}$$

← $\log_a \dfrac{M}{N} = \log_a M - \log_a N$

例 140 $\log_2 5$ の値を小数第 4 位まで求めてみよう。

常用対数表より，$\log_{10} 2 = 0.3010$，$\log_{10} 5 = 0.6990$ であるから

$$\log_2 5 = \frac{\log_{10} 5}{\log_{10} 2} = \frac{0.6990}{0.3010} \fallingdotseq {}^{ア}\boxed{}$$

← 底の変換公式を用いる

例 141 2^{50} は何桁の数か調べてみよう。ただし，$\log_{10} 2 = 0.3010$ とする。

2^{50} の常用対数をとると

$$\log_{10} 2^{50} = 50 \log_{10} 2$$
$$= 50 \times 0.3010 = 15.05$$

← $\log_a M^r = r \log_a M$

ゆえに　$15 < \log_{10} 2^{50} < 16$

よって　$10^{15} < 2^{50} < 10^{16}$

したがって，2^{50} は ${}^{ア}\boxed{}$ 桁の数である。

練習問題

148 巻末の常用対数表を用いて，次の値を求めよ。 ◀例 139

*(1) $\log_{10} 72$

(2) $\log_{10} 540$

(3) $\log_{10} 0.06$

*(4) $\log_{10} \sqrt{6}$

149 巻末の常用対数表を用いて，$\log_5 3$ の値を小数第 4 位まで求めよ。 ◀例 140

150 次の数は何桁の数か。ただし，$\log_{10} 2 = 0.3010$，$\log_{10} 3 = 0.4771$ とする。 ◀例 141

*(1) 2^{40}

(2) 3^{40}

確 認 問 題 10

*1 次の式を $\log_a M = p$ の形で表せ。

(1) $36 = 6^2$　(2) $1 = 8^0$　(3) $\frac{1}{49} = 7^{-2}$　(4) $2\sqrt{2} = 2^{\frac{3}{2}}$

2 次の式を $M = a^p$ の形で表せ。

*(1) $\log_3 81 = 4$　(2) $\log_4 8 = \frac{3}{2}$　*(3) $\log_2 \frac{1}{8} = -3$

3 次の値を求めよ。

*(1) $\log_4 4$　(2) $\log_3 81$　*(3) $\log_9 1$

(4) $\log_2 \frac{1}{8}$　(5) $\log_{16} 8$　*(6) $\log_{\sqrt{2}} 8$

4 次の式を簡単にせよ。

*(1) $\log_6 3 + \log_6 12$　(2) $\log_7 63 - \log_7 9$

*(3) $\log_{10} 5 + \log_{10} 60 - \log_{10} 3$　(4) $\log_2 \sqrt{3} - \log_2 6 + \frac{1}{2}\log_2 12$

(5) $\log_3 63 - \log_9 49$　(6) $\log_2 7 \times \log_7 4$

5 次の 3 つの数の大小を比較せよ。

*(1) $\log_{\frac{4}{3}} 2$, $\log_{\frac{4}{3}} 5$, $\log_{\frac{4}{3}} 7$

(2) $\log_{\frac{3}{4}} 2\sqrt{2}$, $\log_{\frac{3}{4}} 3$, $\log_{\frac{3}{4}} \sqrt{7}$

6 次の方程式を解け。

*(1) $\log_4 (2x-3) = 0$

(2) $\log_2 (x-1) + \log_2 (x+2) = 2$

7 次の不等式を解け。

*(1) $\log_3 (x+2) > -2$

(2) $\log_{\frac{1}{2}} (x+6) > 2\log_{\frac{1}{2}} x$

8 次の数は何桁の数か。ただし，$\log_{10} 2 = 0.3010$, $\log_{10} 3 = 0.4771$ とする。

*(1) 2^{100}

(2) 9^{25}

第4章 指数関数・対数関数

例題 7　指数関数の最大値・最小値

⇨教 p.173 章末 5

関数 $y=3^{2x}-2\times3^{x+1}+4\quad(0\leqq x\leqq2)$ の最大値と最小値を求めよ。また，そのときのxの値を求めよ。

解　$3^x=t$ とおくと，$0\leqq x\leqq2$ より，$1\leqq t\leqq9$ である。

また　$y=3^{2x}-2\times3^{x+1}+4$

$=(3^x)^2-2\times3\times3^x+4$

$=t^2-6t+4=(t-3)^2-5$

ゆえに，$1\leqq t\leqq9$ において，yは

$t=9$ のとき最大値 31

$t=3$ のとき最小値 -5

をとる。

$t=9$ のとき，$3^x=9$ より　$x=2$

$t=3$ のとき，$3^x=3$ より　$x=1$

よって，$x=2$ **のとき最大値** 31，$x=1$ **のとき最小値** -5 をとる。

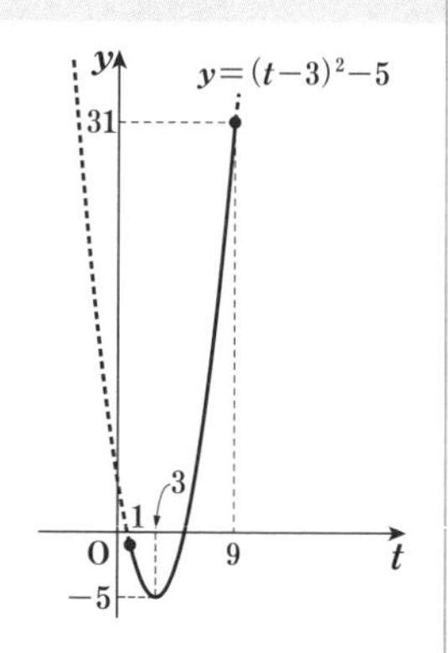

問 7　次の関数の最大値と最小値を求めよ。また，そのときのxの値を求めよ。

(1)　$y=4^x-2^{x+2}\quad(-1\leqq x\leqq3)$

(2)　$y=\left(\frac{1}{9}\right)^x-2\left(\frac{1}{3}\right)^{x-1}+2\quad(-2\leqq x\leqq0)$

例題 8　小数の位

⇨教 p.171 応用例題 3

$\left(\frac{1}{2}\right)^{40}$ を小数で表すとき，小数第何位にはじめて 0 でない数字が現れるか。ただし，$\log_{10}2 = 0.3010$ とする。

[解]　$\left(\frac{1}{2}\right)^{40}$ の常用対数をとると

$$\log_{10}\left(\frac{1}{2}\right)^{40} = \log_{10}2^{-40} = -40\log_{10}2 = -40 \times 0.3010 = -12.04$$

ゆえに　$-13 < \log_{10}\left(\frac{1}{2}\right)^{40} < -12$

よって　$10^{-13} < \left(\frac{1}{2}\right)^{40} < 10^{-12}$

したがって，$\left(\frac{1}{2}\right)^{40}$ を小数で表すと，**小数第 13 位**にはじめて 0 でない数字が現れる。

問 8　次の数を小数で表すとき，小数第何位にはじめて 0 でない数字が現れるか。ただし，$\log_{10}2 = 0.3010$，$\log_{10}3 = 0.4771$ とする。

*(1)　$\left(\frac{1}{2}\right)^{20}$

*(2)　0.6^{20}

(3)　$(\sqrt[3]{0.24})^{10}$

第4章　指数関数・対数関数

58 平均変化率と微分係数

⇨教 p.176〜p.179

1 平均変化率

x の値が a から b まで変化するとき　関数 $f(x)$ の平均変化率は $\dfrac{f(b)-f(a)}{b-a}$

x の値が a から $a+h$ まで変化するとき　関数 $f(x)$ の平均変化率は $\dfrac{f(a+h)-f(a)}{h}$

2 微分係数

関数 $y=f(x)$ の $x=a$ における微分係数 $f'(a)$ は

$$f'(a)=\lim_{h\to 0}\frac{f(a+h)-f(a)}{h}$$

$f'(a)$ は関数 $y=f(x)$ のグラフ上の点 $(a,\ f(a))$ における接線の傾きである。

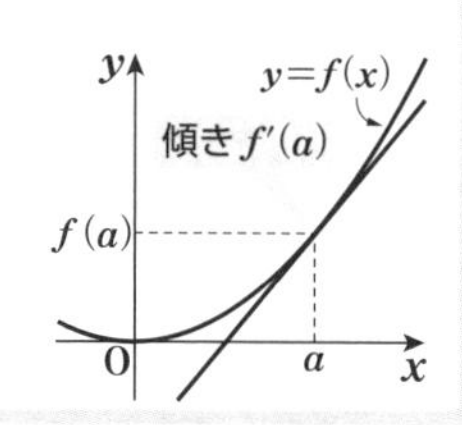

例 142　関数 $f(x)=x^2$ について，x の値が 2 から 5 まで変化するときの平均変化率を求めてみよう。

$$\frac{f(5)-f(2)}{5-2}=\frac{5^2-2^2}{5-2}=\frac{25-4}{3}$$

$$=\frac{21}{3}=\text{ア}\boxed{}$$

← $x=a$ から $x=b$ までの平均変化率 $\dfrac{f(b)-f(a)}{b-a}$

例 143　関数 $f(x)=x^2$ について，x の値が 4 から $4+h$ まで変化するときの平均変化率を求めてみよう。

$$\frac{f(4+h)-f(4)}{h}=\frac{(4+h)^2-4^2}{h}=\frac{8h+h^2}{h}$$

$$=\frac{h(8+h)}{h}=\text{ア}\boxed{}$$

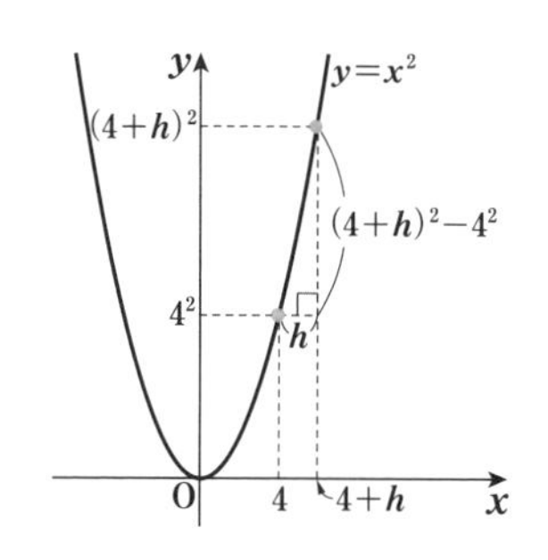

例 144　次の極限値を求めてみよう。

(1) $\displaystyle\lim_{h\to 0}(4-3h)=\text{ア}\boxed{}$

(2) $\displaystyle\lim_{h\to 0}(2-h+4h^2)=\text{イ}\boxed{}$

例 145　関数 $f(x)=x^2$ について，微分係数 $f'(2)$ を求めてみよう。

$$f'(2)=\lim_{h\to 0}\frac{f(2+h)-f(2)}{h}=\lim_{h\to 0}\frac{(2+h)^2-2^2}{h}$$

$$=\lim_{h\to 0}\frac{4h+h^2}{h}=\lim_{h\to 0}\frac{h(4+h)}{h}$$

$$=\lim_{h\to 0}(4+h)=\text{ア}\boxed{}$$

← $f'(a)=\displaystyle\lim_{h\to 0}\frac{f(a+h)-f(a)}{h}$

練　習　問　題

151　関数 $f(x)=x^2+2x$ について，x の値が次のように変化するときの平均変化率を求めよ。　◀例 142

*(1)　$x=0$ から $x=1$ まで　　(2)　$x=-1$ から $x=2$ まで

152　関数 $f(x)=2x^2$ について，x の値が次のように変化するときの平均変化率を求めよ。　◀例 143

*(1)　$x=3$ から $x=3+h$ まで　　(2)　$x=a$ から $x=a+h$ まで

153　次の極限値を求めよ。　◀例 144

(1)　$\lim_{h \to 0}(2+4h)$　　(2)　$\lim_{h \to 0}(1-6h+2h^2)$

*__154__　関数 $f(x)=-x^2$ について，微分係数 $f'(3)$ を求めよ。　◀例 145

59 導関数 (1)

⇨教 p.180〜p.183

1 導関数

関数 $y=f(x)$ の導関数　$f'(x)=\lim_{h\to 0}\frac{f(x+h)-f(x)}{h}$

導関数を求めることを，微分する という。

2 x^n の導関数

- $n=1,\ 2,\ 3,\ \cdots\cdots$ のとき　$(x^n)'=nx^{n-1}$
- c が定数のとき　$(c)'=0$

3 定数倍および和と差の導関数

- $\{kf(x)\}'=kf'(x)$　（k は定数）
- $\{f(x)+g(x)\}'=f'(x)+g'(x)$
  $\{f(x)-g(x)\}'=f'(x)-g'(x)$

例 146　関数 $y=4x^2-3x+2$ を微分してみよう。

$y'=(4x^2-3x+2)'=(4x^2)'-(3x)'+(2)'$　← $(x^n)'=nx^{n-1}$

$=4(x^2)'-3(x)'+(2)'$

$=4\times 2x-3\times 1+0$

$=$ ア［　　　］

例 147　関数 $y=(3x-1)(x+2)$ を微分してみよう。

$(3x-1)(x+2)=3x^2+5x-2$ より　← 展開してから微分する

$y'=(3x^2+5x-2)'$

$=3(x^2)'+5(x)'-(2)'=$ ア［　　　］

練習問題

***155**　次の関数 $f(x)$ の導関数を定義にしたがって求めよ。

(1) $f(x)=3x$　　(2) $f(x)=-x^2$

156 次の関数を微分せよ。 ◀例146

(1) $y=4x-1$

*(2) $y=x^2-2x+2$

*(3) $y=3x^2+6x-5$

(4) $y=x^3-5x^2-6$

(5) $y=-2x^3+6x^2+4x$

*(6) $y=\frac{1}{3}x^3-\frac{1}{2}x^2-\frac{1}{2}x$

157 次の関数を微分せよ。 ◀例147

*(1) $y=(x-1)(x-2)$

(2) $y=(2x-1)(2x+1)$

*(3) $y=(3x+2)^2$

*(4) $y=x^2(x-3)$

(5) $y=x(2x-1)^2$

(6) $y=(x+1)^3$

60 導関数(2)

⇨教 p.184

1 導関数を表す記号

$f'(x)$, y', $\dfrac{dy}{dx}$, $\dfrac{d}{dx}f(x)$

また，関数 x^3 の導関数を $(x^3)'$ のように表すこともある。

例 148 関数 $f(x)=2x^2+3x-5$ について，微分係数 $f'(2)$ を求めてみよう。

$f(x)$ を微分すると $f'(x)=4x+3$ であるから

$f'(2)=4\times2+3=$ ア［　　］

← 導関数を求め，$x=2$ を代入する

例 149 関数 $f(x)=x^2-7x+3$ について，微分係数 $f'(a)$ が 1 となるような a を求めてみよう。

$f(x)$ を微分すると $f'(x)=2x-7$ であるから

$f'(a)=2a-7$

よって，$2a-7=1$ より　$a=$ ア［　　］

例 150 $s=6t^2$ を t で微分してみよう。

$\dfrac{ds}{dt}=$ ア［　　］

練 習 問 題

158 次の問いに答えよ。 ◀例148

*(1) 関数 $f(x)=-x^2+3x-2$ について，微分係数 $f'(2)$，$f'(-1)$ をそれぞれ求めよ。

(2) 関数 $f(x)=x^3+4x^2-2$ について，微分係数 $f'(1)$，$f'(-2)$ をそれぞれ求めよ。

159 関数 $f(x)=2x^2-3x+5$ について，微分係数 $f'(a)$ が 5 となるような a を求めよ。

◀例149

160 次の関数を，[ ] 内の変数で微分せよ。 ◀例150

*(1) $y=5t^2-3t+2$ [t]

(2) $S=4\pi r^2$ [r]

61 接線の方程式

⇨教 p.185〜p.186

1 接線の方程式

関数 $y=f(x)$ のグラフ上の点 $(a,\ f(a))$ における接線の方程式は

$$y-f(a)=f'(a)(x-a)$$

例151 関数 $y=\dfrac{1}{2}x^2+x$ のグラフ上の点 $(2,\ 4)$ における接線の方程式を求めてみよう。

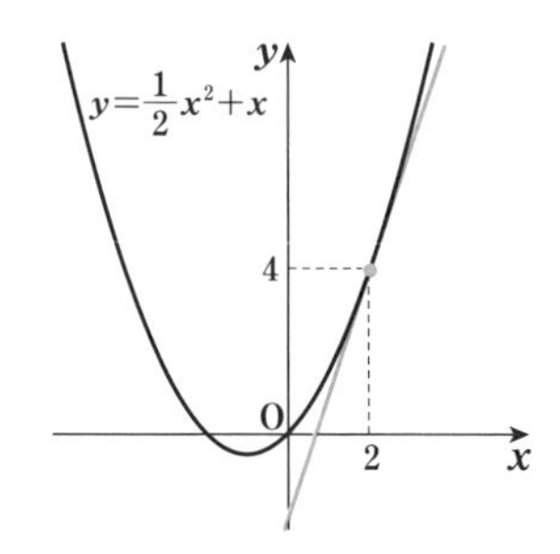

$f(x)=\dfrac{1}{2}x^2+x$ とおくと　$f'(x)=x+1$

ゆえに

$f'(2)=2+1=3$

よって，求める接線の方程式は

$y-4=3(x-2)$

すなわち　$y=$ ア［　　　］

TRY
例152 関数 $y=-x^2+x$ のグラフに，点 $(1,\ 1)$ から引いた接線の方程式を求めてみよう。

$f(x)=-x^2+x$ とおくと　$f'(x)=-2x+1$

よって，接点を $\mathrm{P}(a,\ -a^2+a)$ とすると，接線の傾きは

$f'(a)=-2a+1$

したがって，接線の方程式は

$y-(-a^2+a)=(-2a+1)(x-a)$

この式を整理して

$y=(-2a+1)x+a^2$ ……①

これが点 $(1,\ 1)$ を通ることから

$1=(-2a+1)\times1+a^2$

より　$a(a-2)=0$

よって　$a=0,\ 2$

これらを①に代入して

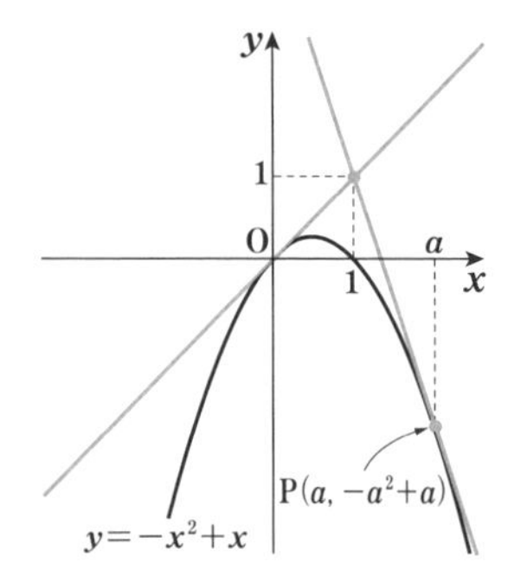

$a=0$ のとき　$y=$ ア［　　　］

$a=2$ のとき　$y=$ イ［　　　］

練 習 問 題

161 関数 $y=x^2+2x$ のグラフ上の次の点における接線の方程式を求めよ。 ◀例 151

*(1) $(1,\ 3)$　　(2) $(-1,\ -1)$

*(3) $(0,\ 0)$

TRY
162 関数 $y=x^2-2x$ のグラフに，点 $(0,\ -4)$ から引いた接線の方程式を求めよ。

◀例 152

確認問題 11

1 次の関数を微分せよ。

(1) $y=6x+5$

*(2) $y=x^2+3x+5$

*(3) $y=2x^2-5x+6$

(4) $y=x^3+3x^2-4$

(5) $y=2x^3-4x^2+5x$

(6) $y=-4x^3+5x^2+7x+6$

*(7) $y=(x+2)(x-3)$

(8) $y=(x+2)(x-2)$

*(9) $y=(2x-3)^2$

*(10) $y=x^2(2x+5)$

2 次の問いに答えよ。

*(1) 関数 $f(x)=-x^2+4x+2$ について，微分係数 $f'(2)$，$f'(-1)$ をそれぞれ求めよ。

(2) 関数 $f(x)=x^3-3x^2+5x+1$ について，微分係数 $f'(1)$，$f'(-2)$ をそれぞれ求めよ。

3 次の関数を，[ ] 内の変数で微分せよ。

*(1) $h=3t-5t^2$ $[t]$

(2) $V=\dfrac{4}{3}\pi r^3$ $[r]$

4 関数 $y=-x^2+3x+1$ のグラフ上の次の点における接線の方程式を求めよ。

*(1) $(1,\ 3)$

(2) $(-1,\ -3)$

*(3) $(0,\ 1)$

検印

62 関数の増減と極大・極小 (1)

⇨教 p.188〜p.192

1 関数の増加・減少

関数 $f(x)$ について，ある区間でつねに

$f'(x)>0$ ならば，$f(x)$ は その区間で増加 する。
$f'(x)<0$ ならば，$f(x)$ は その区間で減少 する。
$f'(x)=0$ ならば，$f(x)$ は その区間で定数 である。

2 関数の極大・極小

関数 $f(x)$ について $f'(a)=0$ となる $x=a$ の前後で，$f'(x)$ の符号が
正から負 に変わるとき，$f(x)$ は $x=a$ で 極大値 $f(a)$ をとる。
負から正 に変わるとき，$f(x)$ は $x=a$ で 極小値 $f(a)$ をとる。

例 153 関数 $f(x)=x^3-6x^2+9x$ の増減を調べてみよう。

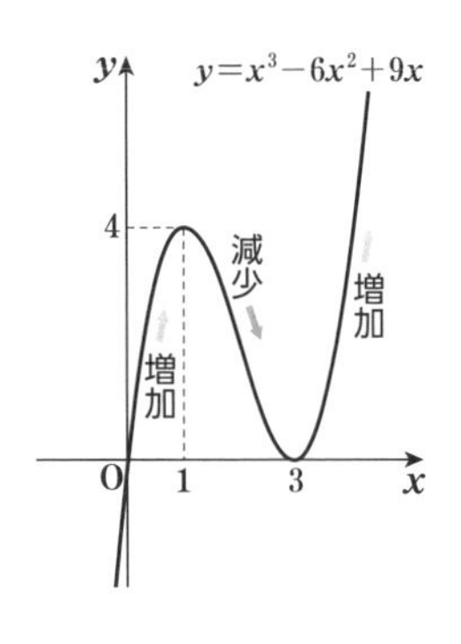

$$f'(x)=3x^2-12x+9=3(x-1)(x-3)$$

$f'(x)=0$ を解くと　$x=1,\ 3$

$f(x)$ の増減表は，次のようになる。

x	$\cdots$	1	$\cdots$	3	$\cdots$
$f'(x)$	$+$	0	$-$	0	$+$
$f(x)$	↗	4	↘	0	↗

よって，関数 $f(x)$ は　区間 $x\leqq$ ア［　　］，イ［　　］$\leqq x$ で増加し，　← $f'(x)>0 \Longrightarrow$ 増加

区間 ウ［　　］$\leqq x\leqq$ エ［　　］で減少する。　← $f'(x)<0 \Longrightarrow$ 減少

例 154 関数 $y=-x^3+3x^2-1$ の増減を調べ，極値を求めてみよう。また，そのグラフをかいてみよう。

$$y'=-3x^2+6x=-3x(x-2)$$

$y'=0$ を解くと　$x=0,\ 2$

y の増減表は，次のようになる。

x	$\cdots$	0	$\cdots$	2	$\cdots$
y'	$-$	0	$+$	0	$-$
y	↘	極小 -1	↗	極大 3	↘

よって，y は　$x=0$ で極小値 ア［　　］をとる。

$x=2$ で極大値 イ［　　］をとる。

また，グラフは右の図のようになる。

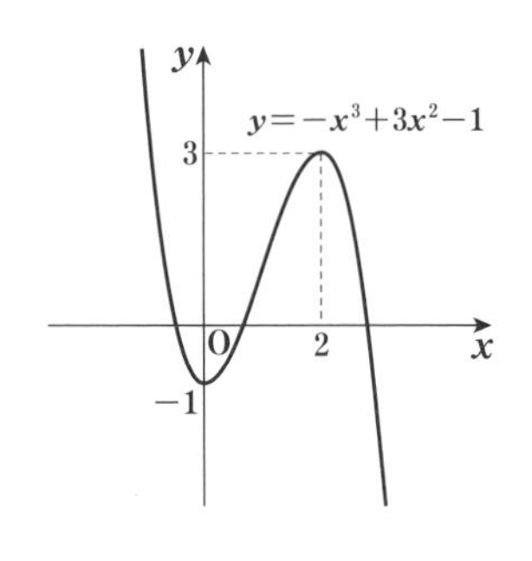

練　習　問　題

163 次の関数の増減を調べよ。 ◀ 例 153

*(1) $f(x)=2x^2-24x$ (2) $f(x)=x^3-3x^2+2$

164 次の関数の増減を調べ，極値を求めよ。また，そのグラフをかけ。 ◀ 例 154

(1) $y=2x^3-12x^2+18x-2$ *(2) $y=-x^3+3x^2+9x$

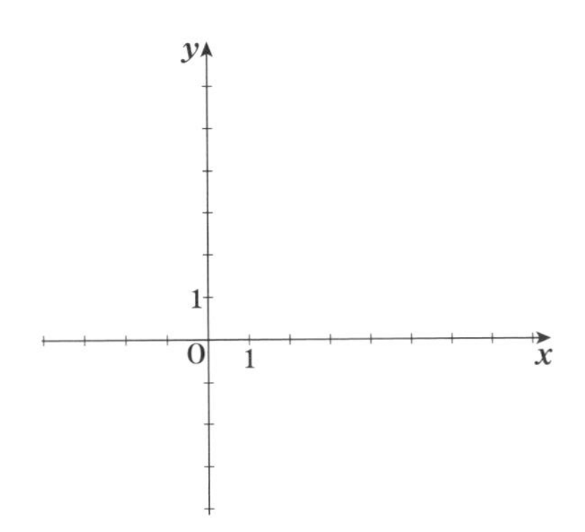

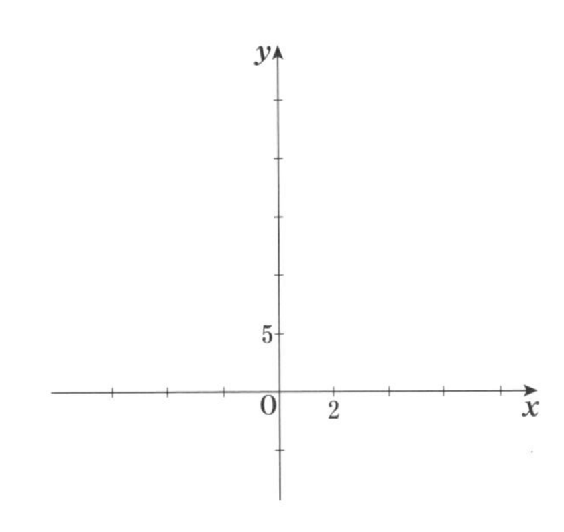

63 関数の増減と極大・極小 (2)

⇨教 p.192〜p.194

1 関数の最大・最小

ある区間における関数 $f(x)$ の最大値・最小値は，
その区間における極値と区間の端点における関数の値
とを比較して求めればよい。

TRY
例 155 関数 $f(x)=x^3+ax^2+b$ が，$x=2$ で極小値 1 をとるような定数 a，b の値を求めてみよう。また，そのときの $f(x)$ の極大値を求めてみよう。

← $x=a$ で極値 b をとる
$f'(a)=0$，$f(a)=b$

関数 $f(x)=x^3+ax^2+b$ を微分すると　$f'(x)=3x^2+2ax$
$f(x)$ が $x=2$ で極小値 1 をとるとき　$f'(2)=0$，$f(2)=1$
ゆえに　$12+4a=0$，$8+4a+b=1$
これを解くと　$a=-3$，$b=5$
よって　$f(x)=x^3-3x^2+5$
このとき　$f'(x)=3x^2-6x=3x(x-2)$
$f'(x)=0$ を解くと　$x=0$，2
$f(x)$ の増減表は，右のようになる。
増減表から，$f(x)$ は $x=2$ で確かに極小値 1 をとる。

x	…	0	…	2	…
$f'(x)$	$+$	0	$-$	0	$+$
$f(x)$	↗	極大 5	↘	極小 1	↗

したがって，$a=$ ア□，$b=$ イ□

また，$x=0$ のとき，極大値 ウ□ をとる。

例 156 関数 $y=2x^3+3x^2-12x-15$ について，区間 $-3\leqq x\leqq 3$ における最大値と最小値を求めてみよう。

← 区間の両端の値と区間内の極値を調べる

$y'=6x^2+6x-12$
$=6(x-1)(x+2)$
$y'=0$ を解くと　$x=1$，-2
区間 $-3\leqq x\leqq 3$ における y の増減表は，右のようになる。

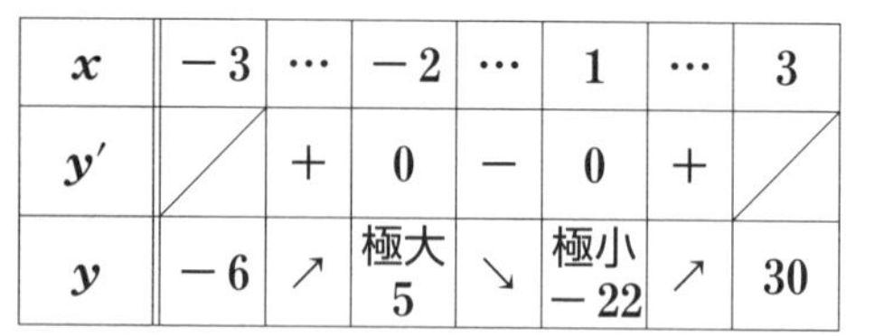

x	-3	…	-2	…	1	…	3
y'	／	$+$	0	$-$	0	$+$	／
y	-6	↗	極大 5	↘	極小 -22	↗	30

よって，y は

$x=3$ のとき 最大値 ア□

$x=1$ のとき 最小値 イ□

をとる。

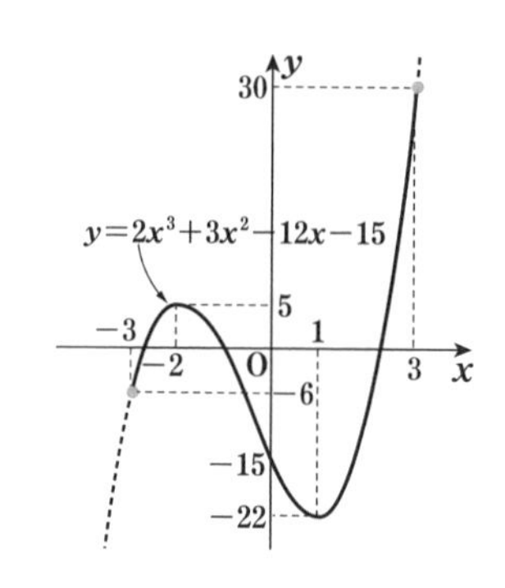

練習問題

TRY
*165　関数 $f(x)=2x^3+ax^2-12x+b$ が，$x=1$ で極小値 -6 をとるような定数 a，b の値を求めよ。また，そのときの $f(x)$ の極大値を求めよ。　◀例155

166　次の関数について，（　）内の区間における最大値と最小値を求めよ。　◀例156

*(1)　$y=-2x^3+3x^2+12x-4$　$(-2\leqq x\leqq 3)$

(2)　$y=x^3-3x^2+5$　$(-2\leqq x\leqq 1)$

64 方程式・不等式への応用

⇨教 p.195〜p.197

1 方程式への応用

方程式 $f(x)=0$ の異なる実数解の個数は，関数 $y=f(x)$ のグラフと x 軸との共有点の個数に一致する。

2 不等式への応用

ある区間において，関数 $y=f(x)$ の最小値が 0 であるとき，その区間で $f(x)\geqq 0$ が成り立つ。
このことを利用して，不等式を証明することができる。

例 157

方程式 $x^3-6x^2+9x-1=0$ の異なる実数解の個数を求めてみよう。

$y=x^3-6x^2+9x-1$ とおくと　$y'=3x^2-12x+9=3(x-1)(x-3)$

$y'=0$ を解くと　　$x=1,\ 3$

y の増減表は，次のようになる。

x	$\cdots$	1	$\cdots$	3	$\cdots$
y'	$+$	0	$-$	0	$+$
y	↗	極大 3	↘	極小 -1	↗

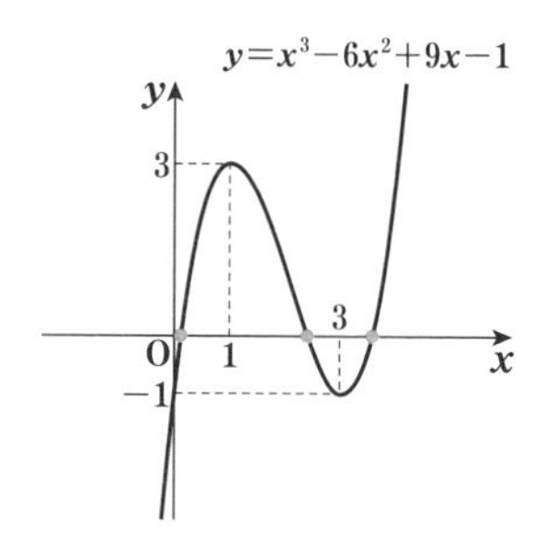

ゆえに，関数 $y=x^3-6x^2+9x-1$ のグラフは右の図のようになり，グラフと x 軸は異なる 3 点で交わる。

よって，方程式 $x^3-6x^2+9x-1=0$ の異なる実数解の個数は

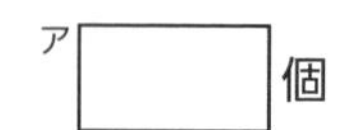
ア □ 個

⇐ グラフと x 軸との共有点の個数 ＝ 実数解の個数

TRY 例 158

$x\geqq 0$ のとき，不等式 $x^3+3x^2\geqq 9x-5$ を証明してみよう。また，等号が成り立つときの x の値を求めてみよう。

証明　$f(x)=(x^3+3x^2)-(9x-5)=x^3+3x^2-9x+5$ とおくと

$f'(x)=3x^2+6x-9=3(x-1)(x+3)$

$f'(x)=0$ を解くと　　$x=-3,\ 1$

区間 $x\geqq 0$ における $f(x)$ の増減表は，次のようになる。

x	0	$\cdots$	1	$\cdots$
$f'(x)$	／	$-$	0	$+$
$f(x)$	5	↘	極小 0	↗

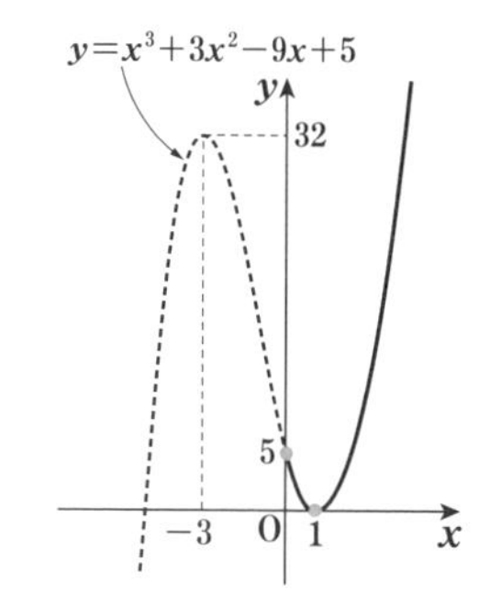

ゆえに，$x\geqq 0$ において，$f(x)$ は $x=1$ で最小値 0 をとる。

よって，$x\geqq 0$ のとき，$f(x)\geqq 0$ であるから

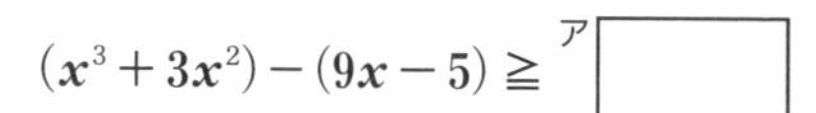
$(x^3+3x^2)-(9x-5)\geqq$ ア □

⇐ $f(x)$ の最小値 0 $\Longleftrightarrow f(x)\geqq 0$

すなわち　　$x^3+3x^2\geqq 9x-5$

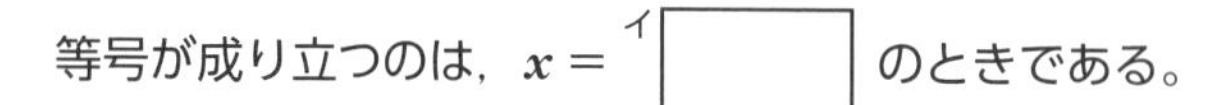
等号が成り立つのは，$x=$ イ □ のときである。　終

練習問題

167 次の方程式の異なる実数解の個数を求めよ。 ◀例 157

(1) $x^3+3x^2-4=0$

(2) $2x^3-3x^2-12x+7=0$

TRY
***168** $x \geqq 0$ のとき，不等式 $x^3+4 \geqq 3x^2$ を証明せよ。また，等号が成り立つときの x の値を求めよ。 ◀例 158

検印

確認問題 12

1 関数 $y=2x^3-9x^2+12x-3$ の増減を調べ，極値を求めよ。また，そのグラフをかけ。

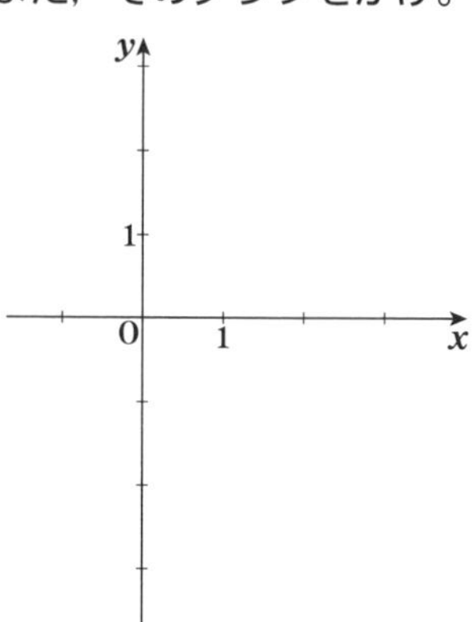

*__2__ 関数 $f(x)=x^3+ax^2+9x+b$ が，$x=1$ で極大値 2 をとるような定数 a，b の値を求めよ。また，そのときの $f(x)$ の極小値を求めよ。

3 関数 $y=x^3-3x^2+2$ について，区間 $-1 \leqq x \leqq 3$ における最大値と最小値を求めよ。

4　底面が正方形で縦，横，高さの和が 12 cm の直方体を考える。直方体の体積 V の最大値を求めよ。また，そのときの底面の正方形の辺の長さ x cm と高さ y cm を求めよ。

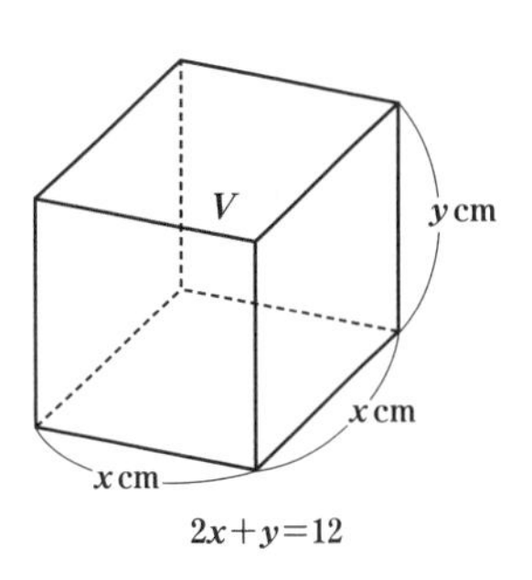

5　方程式 $x^3-3x+4=0$ の異なる実数解の個数を求めよ。

***6**　$x \geqq 0$ のとき，不等式 $x^3 \geqq 6x^2-9x$ を証明せよ。また，等号が成り立つときの x の値を求めよ。

65 不定積分 (1)

⇨教 p.200〜p.202

1 不定積分

$F'(x)=f(x)$ のとき

$$\int f(x)\,dx = F(x)+C \qquad C\text{ は積分定数}$$

2 x^n の不定積分

$n=0,\ 1,\ 2,\ \cdots\cdots$ のとき

$$\int x^n dx = \frac{1}{n+1}x^{n+1}+C \qquad C\text{ は積分定数}$$

3 不定積分の公式

[1] $\int kf(x)\,dx = k\int f(x)\,dx$ ただし，k は定数

[2] $\int \{f(x)+g(x)\}\,dx = \int f(x)\,dx + \int g(x)\,dx$

[3] $\int \{f(x)-g(x)\}\,dx = \int f(x)\,dx - \int g(x)\,dx$

注 今後とくに断らない限り，C は積分定数とする。

例 159 $3x^2$ の不定積分を求めてみよう。

$(x^3)'=3x^2$ であるから，$3x^2$ を積分すると

$$\int 3x^2 dx = {}^{ア}\boxed{}+C$$

← $F'(x)=f(x)$ のとき $\int f(x)\,dx = F(x)+C$

例 160 次の不定積分を求めてみよう。

(1) $\int(-6)\,dx = -6\int dx = {}^{ア}\boxed{}$

← $\int dx = \int 1\,dx = x+C$

(2) $\int 2x\,dx = 2\int x\,dx = 2\times\frac{1}{2}x^2+C = {}^{イ}\boxed{}$

(3) $\int(4x+3)\,dx = 4\int x\,dx + 3\int dx$

$= 4\times\frac{1}{2}x^2+3\times x+C$

$= {}^{ウ}\boxed{}$

(4) $\int(6x^2-4x+1)\,dx = 6\int x^2 dx - 4\int x\,dx + \int dx$

$= 6\times\frac{1}{3}x^3 - 4\times\frac{1}{2}x^2 + x + C$

$= {}^{エ}\boxed{}$

練習問題

169 次の不定積分を求めよ。 ◀例159 例160

(1) $\int(-2)\,dx$

*(2) $\int 3x\,dx$

(3) $3\int x^2dx+\int x\,dx$

*(4) $2\int x^2dx-3\int dx$

(5) $\int(2x-1)\,dx$

*(6) $\int 3(x-1)\,dx$

(7) $\int(x^2+3x)\,dx$

*(8) $\int(-x^2-x+1)\,dx$

66 不定積分 (2)

⇨教 p.203

1 不定積分の計算の工夫

$f(x)$, $g(x)$ が x の整式のとき

$\int f(x)g(x)\,dx$ は $f(x)g(x)$ を展開してから 積分する。

2 不定積分と関数の決定

$F'(x)=f(x)$ が与えられたときは

$\int f(x)\,dx=F(x)+C$ 　によって $F(x)$ を求める。

例 161 不定積分 $\int(x+3)(x-4)\,dx$ を求めてみよう。

$$\int(x+3)(x-4)\,dx=\int(x^2-x-12)\,dx$$

← 展開してから積分する

$$=\int x^2dx-\int x\,dx-12\int dx$$

$=$ ア［　　　　］

例 162 次の条件を満たす関数 $F(x)$ を求めてみよう。

$F'(x)=9x^2+6x-7$, $F(1)=2$

$F(x)=\int(9x^2+6x-7)\,dx=3x^3+3x^2-7x+C$

よって　$F(1)=3\times1^3+3\times1^2-7\times1+C=-1+C$

ここで，$F(1)=2$ であるから，$-1+C=2$ より　$C=3$

したがって，求める関数は　$F(x)=$ ア［　　　　］

練 習 問 題

170 次の不定積分を求めよ。 ◀ 例 161

(1) $\int(x-2)(x+1)\,dx$

*(2) $\int x(3x-1)\,dx$

171 次の不定積分を求めよ。 ◀例 161

(1) $\int (x+1)^2 dx$

*(2) $\int (2x+1)(3x-2)\,dx$

172 次の条件を満たす関数 $F(x)$ を求めよ。 ◀例 162

*(1) $F'(x)=4x+2,\quad F(0)=1$

(2) $F'(x)=-3x^2+2x-1,\quad F(1)=-1$

173 次の不定積分を求めよ。

*(1) $\int (t-2)\,dt$

(2) $\int (3y^2-2y-1)\,dy$

67 定積分 (1)

⇨教 p.204〜p.205

1 定積分

$F'(x) = f(x)$ のとき

$$\int_a^b f(x)\,dx = \Big[F(x)\Big]_a^b = F(b) - F(a)$$

例 163 次の定積分を求めてみよう。

$$\int_1^2 x^2 dx = \left[\frac{1}{3}x^3\right]_1^2$$

$$= \frac{1}{3}\times 2^3 - \frac{1}{3}\times 1^3 = \frac{8}{3} - \frac{1}{3} = {}^{ア}\boxed{}$$

例 164 次の定積分を求めてみよう。

(1) $\displaystyle\int_{-1}^2 (3x^2 - 2x)\,dx = \Big[x^3 - x^2\Big]_{-1}^2$

$$= (2^3 - 2^2) - \{(-1)^3 - (-1)^2\}$$

$$= (8-4) - (-1-1) = {}^{ア}\boxed{}$$

(2) $\displaystyle\int_1^3 (x+1)(x-2)\,dx = \int_1^3 (x^2 - x - 2)\,dx$

$$= \left[\frac{1}{3}x^3 - \frac{1}{2}x^2 - 2x\right]_1^3$$

$$= \left(\frac{1}{3}\times 3^3 - \frac{1}{2}\times 3^2 - 2\times 3\right) - \left(\frac{1}{3}\times 1^3 - \frac{1}{2}\times 1^2 - 2\times 1\right)$$

$$= \left(9 - \frac{9}{2} - 6\right) - \left(\frac{1}{3} - \frac{1}{2} - 2\right)$$

$$= {}^{イ}\boxed{}$$

練 習 問 題

174 次の定積分を求めよ。 ◀ 例 163

*(1) $\displaystyle\int_{-1}^2 3x^2 dx$

(2) $\displaystyle\int_{-2}^2 2x\,dx$

175 次の定積分を求めよ。 ◀例 164

(1) $\int_{-1}^{2}(4x+1)\,dx$

*(2) $\int_{-1}^{1}(x^2-2x-3)\,dx$

(3) $\int_{0}^{3}(3x^2-6x+7)\,dx$

(4) $\int_{-1}^{2}(x+1)(x-1)\,dx$

*(5) $\int_{1}^{4}(x-2)^2dx$

68 定積分 (2)

⇨教 p.206〜p.208

1 定積分の公式

[1] $\int_a^b kf(x)\,dx = k\int_a^b f(x)\,dx$ ただし，k は定数

[2] $\int_a^b \{f(x)+g(x)\}\,dx = \int_a^b f(x)\,dx + \int_a^b g(x)\,dx$

[3] $\int_a^b \{f(x)-g(x)\}\,dx = \int_a^b f(x)\,dx - \int_a^b g(x)\,dx$

2 定積分の性質

[1] $\int_a^a f(x)\,dx = 0$

[2] $\int_b^a f(x)\,dx = -\int_a^b f(x)\,dx$

[3] $\int_a^b f(x)\,dx = \int_a^c f(x)\,dx + \int_c^b f(x)\,dx$

3 定積分と微分

$\frac{d}{dx}\int_a^x f(t)\,dt = f(x)$ ただし，a は定数

例 165 次の定積分を求めてみよう。

$$\int_{-2}^{1}(6x^2+2x+1)\,dx = 6\int_{-2}^{1}x^2dx + 2\int_{-2}^{1}x\,dx + \int_{-2}^{1}dx$$
$$= 6\left[\frac{1}{3}x^3\right]_{-2}^{1} + 2\left[\frac{1}{2}x^2\right]_{-2}^{1} + \left[x\right]_{-2}^{1}$$
$$= 6\times\frac{9}{3} + 2\times\left(-\frac{3}{2}\right) + 3 = {}^{ア}\square$$

← $\int_a^b\{f(x)+g(x)\}dx = \int_a^b f(x)dx + \int_a^b g(x)dx$

例 166 次の定積分を求めてみよう。

$$\int_0^3(x^2+5x)\,dx + \int_0^3(x^2-5x)\,dx = \int_0^3\{(x^2+5x)+(x^2-5x)\}\,dx$$
$$= \int_0^3 2x^2dx$$
$$= 2\left[\frac{1}{3}x^3\right]_0^3 = {}^{ア}\square$$

← $\int_a^b f(x)dx + \int_a^b g(x)dx = \int_a^b\{f(x)+g(x)\}dx$

例 167 次の定積分を求めてみよう。

$$\int_0^1(x^2-2x)\,dx - \int_3^1(x^2-2x)\,dx = \int_0^1(x^2-2x)\,dx + \int_1^3(x^2-2x)\,dx$$
$$= \int_0^3(x^2-2x)\,dx$$
$$= \left[\frac{1}{3}x^3 - x^2\right]_0^3 = {}^{ア}\square$$

← $\int_a^c f(x)dx + \int_c^b f(x)dx = \int_a^b f(x)dx$

例 168 次の計算をしてみよう。

$$\frac{d}{dx}\int_2^x(t^2-5t+2)\,dt = {}^{ア}\square$$

← $\frac{d}{dx}\int_a^x f(t)dt = f(x)$

練習問題

176 次の定積分を求めよ。 ◀例165

*(1) $\int_{1}^{2}(3x^2-2x+5)\,dx$

(2) $\int_{-2}^{1}(-x^2+4x-2)\,dx$

177 次の定積分を求めよ。 ◀例166

*(1) $\int_{0}^{2}(3x+1)\,dx-\int_{0}^{2}(3x-1)\,dx$

(2) $\int_{1}^{3}(3x+5)^2dx-\int_{1}^{3}(3x-5)^2dx$

178 次の定積分を求めよ。 ◀例167

*(1) $\int_{-1}^{0}(x^2+1)\,dx+\int_{0}^{2}(x^2+1)\,dx$

*(2) $\int_{-3}^{-1}(x^2+2x)\,dx-\int_{1}^{-1}(x^2+2x)\,dx$

179 次の計算をせよ。 ◀例168

*(1) $\dfrac{d}{dx}\int_{2}^{x}(t^2+3t+1)\,dt$

(2) $\dfrac{d}{dx}\int_{x}^{-1}(2t-1)^2dt$

確 認 問 題 13

1 次の不定積分を求めよ。

(1) $\int(-5)\,dx$

*(2) $\int 6x\,dx$

(3) $3\int x^2 dx + 4\int x\,dx$

*(4) $2\int x^2 dx - 5\int dx$

(5) $\int(5x-1)\,dx$

(6) $\int(3x^2+4x)\,dx$

(7) $\int(x-2)(x+4)\,dx$

(8) $\int(x-1)^2 dx$

***2** 次の条件を満たす関数 $F(x)$ を求めよ。

$F'(x)=6x+5,\ \ F(0)=1$

3 次の定積分を求めよ。

*(1) $\int_{-1}^{2}(2x+1)\,dx$

(2) $\int_{0}^{3}(3x^2-2x+1)\,dx$

*(3) $\int_{-1}^{1}(x^2-x-1)\,dx$

(4) $\int_{1}^{4}(x-3)^2dx$

*(5) $\int_{1}^{2}(3x-5)(x+1)\,dx$

*(6) $\int_{0}^{2}(4x+3)\,dx-\int_{0}^{2}(4x-3)\,dx$

(7) $\int_{1}^{3}(x+5)^2dx-\int_{1}^{3}(x-5)^2dx$

*(8) $\int_{-2}^{-1}(3x^2-2x)\,dx-\int_{1}^{-1}(3x^2-2x)\,dx$

4 次の計算をせよ。

*(1) $\dfrac{d}{dx}\int_{2}^{x}(2t^2-5t+3)\,dt$

(2) $\dfrac{d}{dx}\int_{x}^{3}(t^2-3t+2)\,dt$

69 定積分と面積(1)

⇨教 p.210〜p.212

1 定積分と面積

区間 $a \leqq x \leqq b$ で $f(x) \geqq 0$ のとき
曲線 $y=f(x)$ と x 軸および 2 直線 $x=a$, $x=b$ で囲まれた部分の面積 S は

$$S=\int_a^b f(x)\,dx$$

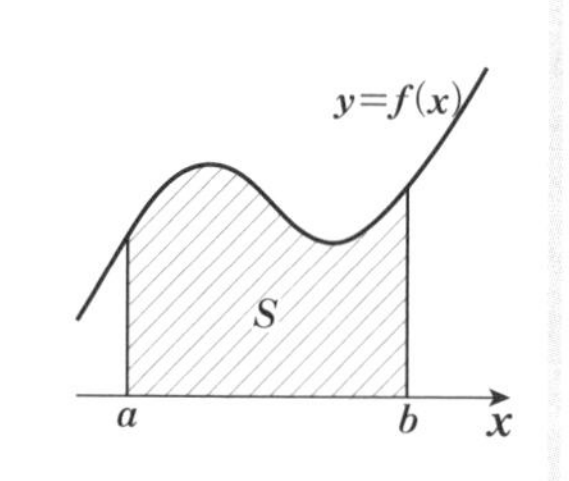

2 x 軸より下側にある図形の面積

区間 $a \leqq x \leqq b$ で $f(x) \leqq 0$ のとき
曲線 $y=f(x)$ と x 軸および 2 直線 $x=a$, $x=b$ で囲まれた部分の面積 S は

$$S=\int_a^b \{-f(x)\}\,dx=-\int_a^b f(x)\,dx$$

例 169 直線 $y=-2x+4$ と x 軸および 2 直線 $x=-2$, $x=1$ で囲まれた部分の面積 S を求めてみよう。

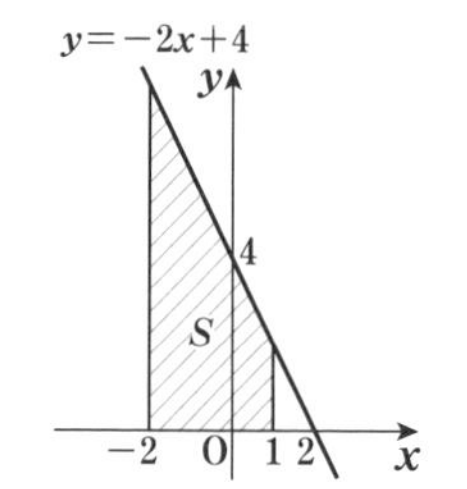

$$S=\int_{-2}^{1}(-2x+4)\,dx=\Big[-x^2+4x\Big]_{-2}^{1}$$

$$=(-1^2+4\times1)-\{-(-2)^2+4\times(-2)\}=\ ^{ア}\boxed{}$$

例 170 放物線 $y=x^2+1$ と x 軸および 2 直線 $x=-1$, $x=2$ で囲まれた部分の面積 S を求めてみよう。

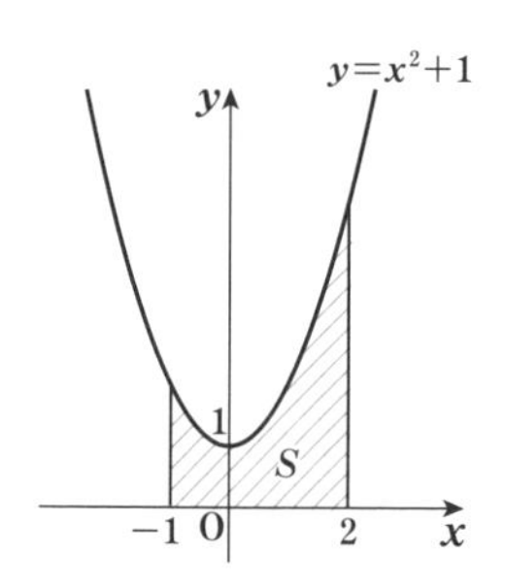

$$S=\int_{-1}^{2}(x^2+1)\,dx=\left[\frac{1}{3}x^3+x\right]_{-1}^{2}$$

$$=\left(\frac{1}{3}\times2^3+2\right)-\left\{\frac{1}{3}\times(-1)^3+(-1)\right\}=\ ^{ア}\boxed{}$$

例 171 放物線 $y=x^2-4x$ と x 軸で囲まれた部分の面積 S を求めてみよう。

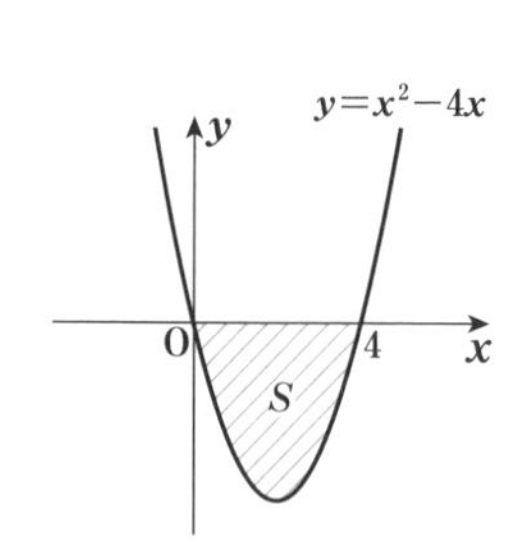

放物線 $y=x^2-4x$ と x 軸の共有点の x 座標は

$x^2-4x=0$ より　$x=0,\ 4$

ここで，区間 $0 \leqq x \leqq 4$ では　$x^2-4x \leqq 0$

よって，求める面積 S は

$$S=-\int_0^4(x^2-4x)\,dx$$

$$=-\left[\frac{1}{3}x^3-2x^2\right]_0^4$$

$$=-\left\{\left(\frac{1}{3}\times4^3-2\times4^2\right)-\left(\frac{1}{3}\times0^3-2\times0^2\right)\right\}=\ ^{ア}\boxed{}$$

練習問題

180 直線 $y=-2x+3$ と x 軸および 2 直線 $x=-2,\ x=1$ で囲まれた部分の面積 S を求めよ。 ◀例 169

181 放物線 $y=3x^2+1$ と x 軸および 2 直線 $x=-1,\ x=2$ で囲まれた部分の面積 S を求めよ。 ◀例 170

182 放物線 $y=-x^2+4x$ と x 軸および 2 直線 $x=1,\ x=3$ で囲まれた部分の面積 S を求めよ。 ◀例 170

183 放物線 $y=x^2-3x$ と x 軸で囲まれた部分の面積 S を求めよ。 ◀例 171

70 定積分と面積 (2)

⇨教 p.213〜p.214

1 2曲線間の面積

区間 $a \leqq x \leqq b$ で，$f(x) \geqq g(x)$ のとき，
2曲線 $y = f(x)$，$y = g(x)$ と
2直線 $x = a$，$x = b$
で囲まれた部分の面積 S は

$$S = \int_a^b \{f(x) - g(x)\}\,dx$$

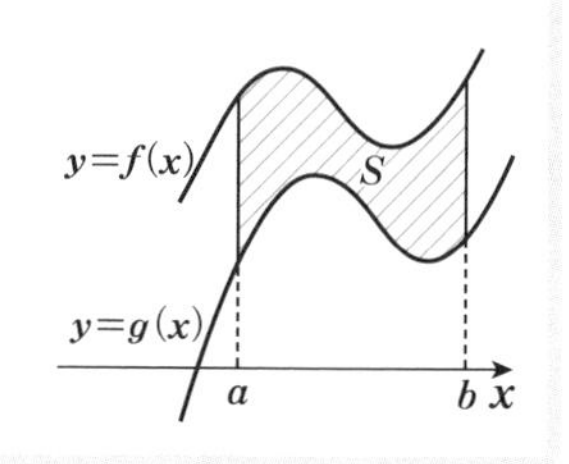

例 172 2つの放物線 $y = 2x^2$，$y = -x^2 + 2x + 2$ と2直線 $x = 0$，$x = 1$ で囲まれた部分の面積 S を求めてみよう。

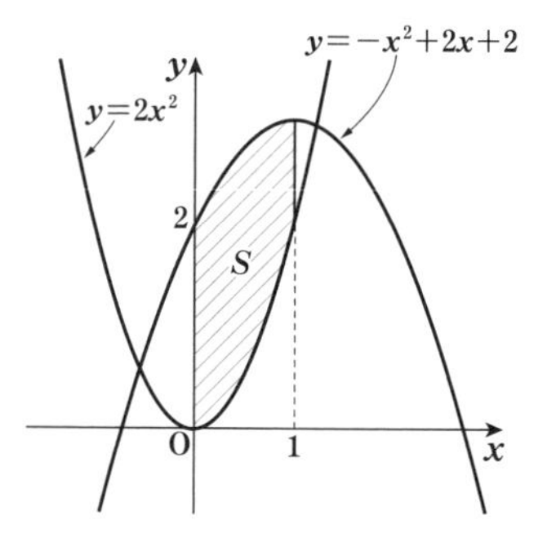

区間 $0 \leqq x \leqq 1$ では

$$-x^2 + 2x + 2 \geqq 2x^2$$

よって，求める面積 S は

$$S = \int_0^1 \{(-x^2 + 2x + 2) - 2x^2\}\,dx$$

$$= \int_0^1 (-3x^2 + 2x + 2)\,dx = \Big[-x^3 + x^2 + 2x\Big]_0^1$$

$$= (-1^3 + 1^2 + 2 \times 1) - 0 = {}^{ア}\boxed{}$$

例 173 放物線 $y = x^2$ と直線 $y = 2x + 3$ で囲まれた部分の面積 S を求めてみよう。

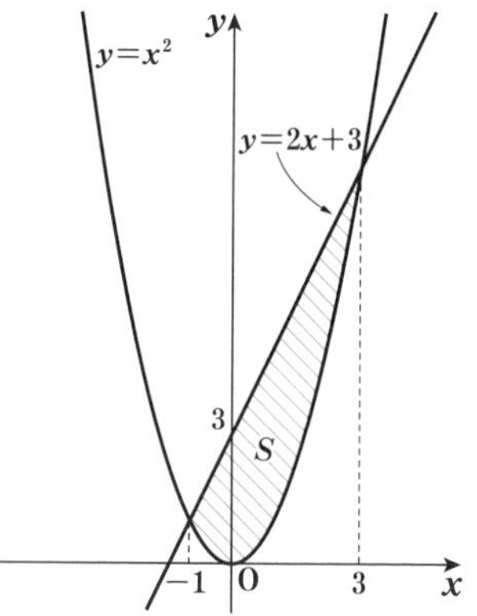

放物線 $y = x^2$ と直線 $y = 2x + 3$ の共有点の x 座標は

$x^2 = 2x + 3$　より　　$x = -1,\ 3$

区間 $-1 \leqq x \leqq 3$ では　　$2x + 3 \geqq x^2$

よって，求める面積 S は

$$S = \int_{-1}^3 \{(2x + 3) - x^2\}\,dx$$

$$= \int_{-1}^3 (-x^2 + 2x + 3)\,dx$$

$$= \left[-\frac{1}{3}x^3 + x^2 + 3x\right]_{-1}^3$$

$$= \left(-\frac{1}{3} \times 3^3 + 3^2 + 3 \times 3\right) - \left\{-\frac{1}{3} \times (-1)^3 + (-1)^2 + 3 \times (-1)\right\}$$

$$= {}^{ア}\boxed{}$$

練　習　問　題

184　次の放物線と直線で囲まれた部分の面積 S を求めよ。　◀例 172

*(1)　$y=x^2$,　$y=\dfrac{1}{2}x^2+4$,　$x=-2$,　$x=1$

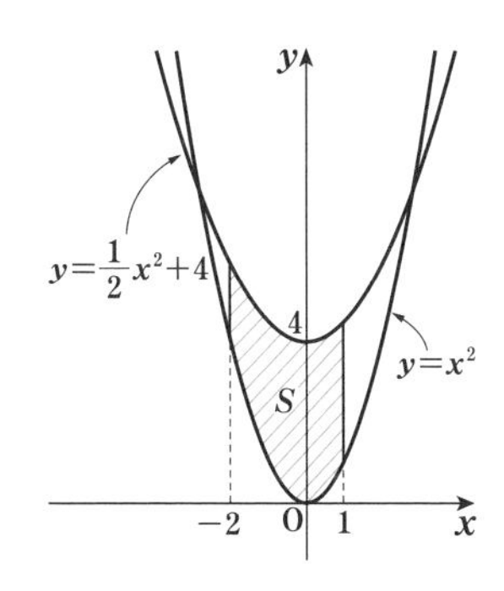

(2)　$y=x^2-6x+4$,　$y=-x^2+4x-4$,　$x=2$,　$x=3$

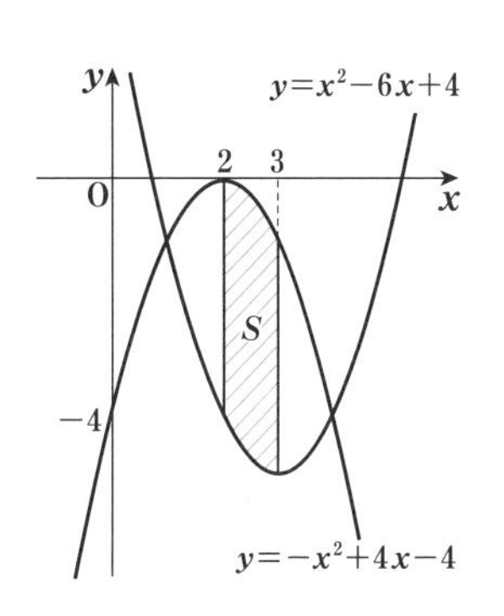

185　放物線 $y=x^2-2x-1$ と直線 $y=x-1$ で囲まれた部分の面積 S を求めよ。
◀例 173

第5章 微分法と積分法

確認問題 14

1 直線 $y=3x+5$ と x 軸および 2 直線 $x=-1$，$x=2$ で囲まれた部分の面積 S を求めよ。

2 次の放物線と直線で囲まれた部分の面積 S を求めよ。

*(1) $y=x^2-2x+1$，x 軸，$x=-1$，$x=2$

(2) $y=-x^2+6x$，x 軸，$x=1$，$x=3$

3 次の放物線と x 軸で囲まれた部分の面積 S を求めよ。

*(1) $y=x^2-4$

(2) $y=x^2-2x-3$

4　2 つの放物線 $y=x^2$, $y=2x^2-2$ と 2 直線 $x=-1$, $x=1$ で囲まれた部分の面積 S を求めよ。

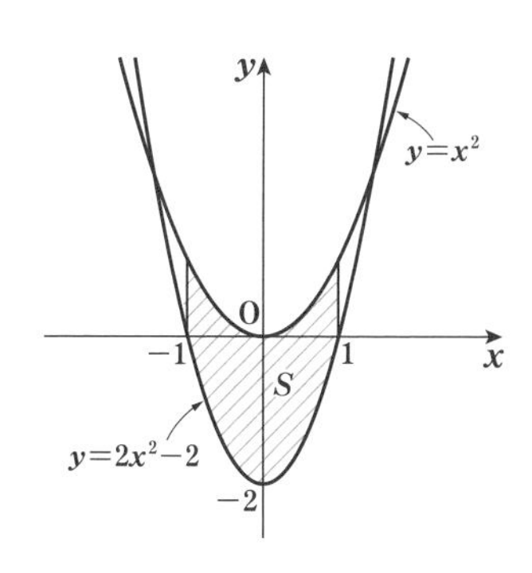

5　放物線 $y=-x^2-x+4$ と直線 $y=-3x+1$ で囲まれた部分の面積 S を求めよ。

TRY PLUS

例題 9　方程式の実数解の個数

⇨教 p.196 応用例題 3

3 次方程式 $x^3 - 12x - a = 0$ の異なる実数解の個数は，定数 a の値によってどのように変わるか。

解　与えられた方程式を

$$x^3 - 12x = a \quad \cdots\cdots ①$$

と変形し，$f(x) = x^3 - 12x$　とおくと

$$f'(x) = 3x^2 - 12 = 3(x+2)(x-2)$$

$f'(x) = 0$ を解くと　$x = -2,\ 2$

$f(x)$ の増減表は，次のようになる。

x	$\cdots$	-2	$\cdots$	2	$\cdots$
$f'(x)$	$+$	0	$-$	0	$+$
$f(x)$	↗	極大 16	↘	極小 -16	↗

ゆえに，$y = f(x)$ のグラフは右の図のようになる。

方程式①の異なる実数解の個数は，このグラフと直線 $y = a$ の共有点の個数に一致する。

よって，方程式①の異なる実数解の個数は，次のようになる。

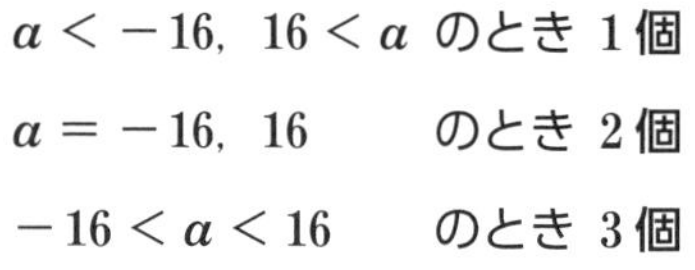

$a < -16,\ 16 < a$ のとき 1 個

$a = -16,\ 16$ のとき 2 個

$-16 < a < 16$ のとき 3 個

問 9　3 次方程式 $2x^3 + 3x^2 + 1 - a = 0$ の異なる実数解の個数は，定数 a の値によってどのように変わるか。

例題 10 定積分と微分

⇨教 p.209 応用例題 1

次の等式を満たす関数 $f(x)$ と定数 a の値を求めよ。

(1) $\int_1^x f(t)\,dt = 2x^3 - x^2 + ax$　　(2) $\int_a^x f(t)\,dt = x^2 + 2x - 8$

解

(1) 等式の両辺の関数を x で微分すると

$$f(x) = 6x^2 - 2x + a$$

また，与えられた等式に $x=1$ を代入すると

$$\int_1^1 f(t)\,dt = 2\times 1^3 - 1^2 + a\times 1$$

より　$0 = 1 + a$　　← $\int_1^1 f(t)\,dt = 0$

よって　$a = -1$

したがって　$f(x) = 6x^2 - 2x - 1$,　$a = -1$

(2) 等式の両辺の関数を x で微分すると

$$f(x) = 2x + 2$$

また，与えられた等式に $x=a$ を代入すると

$$\int_a^a f(t)\,dt = a^2 + 2a - 8$$

より　$0 = a^2 + 2a - 8$　　← $\int_a^a f(t)\,dt = 0$

これを解くと　$(a+4)(a-2) = 0$

よって　$a = -4,\ 2$

したがって　$f(x) = 2x + 2$,　$a = -4,\ 2$

問10 次の等式を満たす関数 $f(x)$ と定数 a の値を求めよ。

(1) $\int_1^x f(t)\,dt = x^2 - 3x - a$　　(2) $\int_a^x f(t)\,dt = 2x^2 + 3x - 5$

略　解

第1章　方程式・式と証明

1　整式の乗法

例1　ア　$x^3+9x^2+27x+27$

　　イ　$8x^3-12x^2y+6xy^2-y^3$

例2　ア　x^3+125　　イ　$8x^3-27y^3$

例3　ア　$(2x+3)(4x^2-6x+9)$

　　イ　$(3x-4y)(9x^2+12xy+16y^2)$

1 (1) $x^3+12x^2+48x+64$
(2) $x^3-15x^2+75x-125$
(3) $27x^3-27x^2+9x-1$
(4) $8x^3+36x^2+54x+27$
(5) $27x^3+54x^2y+36xy^2+8y^3$
(6) $-x^3+6x^2y-12xy^2+8y^3$

2 (1) x^3+64　(2) x^3-27
(3) $27x^3+8y^3$　(4) $8x^3-125y^3$

3 (1) $(x+1)(x^2-x+1)$
(2) $(x-2y)(x^2+2xy+4y^2)$
(3) $(3x+2)(9x^2-6x+4)$
(4) $(4x-5y)(16x^2+20xy+25y^2)$

2　二項定理

例4　ア　$a^4+4a^3b+6a^2b^2+4ab^3+b^4$

例5　ア　$x^4-8x^3+24x^2-32x+16$

例6　ア　40

4 (1) $a^6+6a^5b+15a^4b^2+20a^3b^3+15a^2b^4+6ab^5+b^6$
(2) $x^7+7x^6y+21x^5y^2+35x^4y^3$
$+35x^3y^4+21x^2y^5+7xy^6+y^7$

5 (1) $x^6+6x^5+15x^4+20x^3+15x^2+6x+1$
(2) $x^5-10x^4+40x^3-80x^2+80x-32$
(3) $32x^5+80x^4y+80x^3y^2+40x^2y^3+10xy^4+y^5$
(4) $81x^4-216x^3y+216x^2y^2-96xy^3+16y^4$

6 (1) 135　(2) 720
(3) -160　(4) 84

3　整式の除法 (1)

例7　ア　$x-3$　　イ　10

例8　ア　$3x+6$　　イ　$17x+2$

7 (1) 商は $2x-1$，余りは -3
(2) 商は $x+1$，余りは -7

8 (1) 商は x^2-x+2，余りは 5
(2) 商は x^2-2x+1，余りは 0

9 (1) 商は $3x+4$，余りは $15x+7$
(2) 商は $x-2$，余りは $3x+1$
(3) 商は $2x+3$，余りは $-4x$

4　整式の除法 (2)

例9　ア　x^3-16

例10　ア　x^2+4x+2

10 (1) x^3+11　(2) $2x^3-x^2+3x-1$

11 (1) x^2+x+2　(2) $3x+2$

5　分数式 (1)

例11　ア　$\dfrac{2x^2}{3y^3}$　　イ　$\dfrac{2x-3}{x^2-x+1}$

例12　ア　$\dfrac{x+1}{x+4}$　　イ　$\dfrac{x-3}{x-1}$

12 (1) $\dfrac{3x}{4y^2}$　(2) $\dfrac{7y^2}{5x^2}$

13 (1) $\dfrac{3}{x+2}$　(2) $\dfrac{x+2}{x-1}$
(3) $\dfrac{x-3}{2x-1}$　(4) $\dfrac{x-3}{3x+2}$

14 (1) $\dfrac{1}{4(x+1)}$　(2) $\dfrac{1}{x(x-2)}$
(3) $\dfrac{x(x+3)}{2}$　(4) $\dfrac{(x-1)(x-2)}{(x+1)(x^2+x+1)}$

6　分数式 (2)

例13　ア　$x-3$

例14　ア　$\dfrac{x^2-2x-1}{(x+1)(x-1)}$

例15　ア　$\dfrac{x+1}{x(x-3)}$

15 (1) 2
(2) $\dfrac{x}{x-3}$

16 (1) $\dfrac{8x}{(x+3)(x-5)}$　(2) $\dfrac{2x-1}{(x-2)(x+1)}$

17 (1) $\dfrac{x-4}{x(x-1)(x-2)}$　(2) $\dfrac{x+7}{(x+2)(x-3)}$
(3) $\dfrac{2(x-4)}{(x-3)(x-7)}$　(4) $\dfrac{2}{(x+2)(x+1)}$

確認問題 1

1 (1) $x^3-9x^2+27x-27$
(2) $8x^3+36x^2y+54xy^2+27y^3$
(3) x^3+1
(4) x^3-8y^3

2 (1) $(x+2)(x^2-2x+4)$
(2) $(2x-3y)(4x^2+6xy+9y^2)$

3 (1) $x^5+15x^4+90x^3+270x^2+405x+243$
(2) $16x^4-96x^3y+216x^2y^2-216xy^3+81y^4$

4 (1) 24　(2) -560

5 (1) 商は $3x+5$，余りは 22
(2) 商は $x+3$，余りは $-x-7$

6 x^4+x^2-3x+2

7 (1) $\dfrac{1}{3(x+2)}$　(2) $\dfrac{2x(x-1)}{x^2-x+1}$

8 (1) $x+5$　(2) $\dfrac{2}{(x+1)(2x+3)}$
(3) $\dfrac{4}{(x+1)(x-3)}$　(4) $\dfrac{4}{(x+2)(x+4)}$

7 複素数 (1)

例16 ア 3　イ -4　ウ 0　エ 2
例17 ア 1　イ -2
例18 ア $4-2i$　イ $2+6i$

18 (1) 実部は 3，虚部は 7
(2) 実部は -2，虚部は -1
(3) 実部は 0，虚部は -6
(4) 実部は $1+\sqrt{2}$，虚部は 0
純虚数は (3)

19 (1) $x=-4$，$y=1$　(2) $x=4$，$y=-2$
(3) $x=-2$，$y=3$　(4) $x=-8$，$y=-4$

20 (1) $5+7i$　(2) $1-i$
(3) $-1-i$　(4) $-4+9i$

8 複素数 (2)

例19 ア $11+2i$
例20 ア $2-5i$
例21 ア $4-3i$

21 (1) $-10+11i$　(2) $11+7i$
(3) $-8+6i$　(4) 25

22 (1) $3-i$　(2) $2i$
(3) -6　(4) $\dfrac{-1-\sqrt{5}\,i}{2}$

23 (1) $\dfrac{7}{13}+\dfrac{4}{13}i$　(2) $-\dfrac{1}{5}+\dfrac{8}{5}i$
(3) $-i$　(4) $\dfrac{6}{5}-\dfrac{2}{5}i$
(5) $-1+i$　(6) $-1-2i$

9 複素数 (3)

例22 ア $\sqrt{3}\,i$　イ $\pm 6i$
例23 ア $-\sqrt{10}$　イ $-2i$
例24 ア $\pm\sqrt{3}\,i$

24 (1) $\sqrt{7}\,i$　(2) $5i$
(3) $\pm 8i$

25 (1) $-\sqrt{6}$　(2) $-2+2\sqrt{3}\,i$
(3) $-\dfrac{\sqrt{3}}{2}i$　(4) $-\sqrt{2}\,i$
(5) $5i$

26 (1) $x=\pm\sqrt{2}\,i$　(2) $x=\pm 4i$
(3) $x=\pm\dfrac{1}{3}i$　(4) $x=\pm\dfrac{3}{2}i$

10 2次方程式 (1)

例25 ア $\dfrac{2\pm\sqrt{6}}{2}$　イ $-\dfrac{1}{3}$
ウ $\dfrac{1\pm\sqrt{23}\,i}{6}$　エ $\sqrt{5}\pm 3$

27 (1) $x=\dfrac{-5\pm\sqrt{17}}{4}$　(2) $x=2\pm\sqrt{3}$
(3) $x=-\dfrac{2}{3}$　(4) $x=\dfrac{2\pm\sqrt{6}\,i}{2}$
(5) $x=\dfrac{1\pm\sqrt{3}\,i}{2}$　(6) $x=1,\ -\dfrac{1}{3}$
(7) $x=-\sqrt{3}\pm 2$　(8) $x=\pm\dfrac{\sqrt{14}}{2}i$

11 2次方程式 (2)

例26 ア 実数解　イ 重解　ウ 虚数解
例27 ア 2　イ 6

28 (1) 異なる 2 つの実数解
(2) 異なる 2 つの虚数解
(3) 重解
(4) 異なる 2 つの実数解
(5) 重解
(6) 異なる 2 つの虚数解

29 (1) $m<-4$，$8<m$　(2) $-4<m<8$

12 2次方程式 (3)

例28 ア $\dfrac{4}{3}$　イ -2
例29 ア -3　イ $\dfrac{3}{2}$　ウ $\dfrac{23}{2}$　エ 6
例30 ア 4　イ 32　ウ $4,\ 8$

30 (1) 和 $\alpha+\beta=-\dfrac{5}{2}$　積 $\alpha\beta=\dfrac{1}{2}$
(2) 和 $\alpha+\beta=\dfrac{8}{3}$　積 $\alpha\beta=\dfrac{7}{3}$

31 (1) $\dfrac{17}{2}$　(2) $\dfrac{25}{4}$　(3) $\dfrac{25}{8}$

32 (1) $m=3$，2 つの解は $x=1,\ 3$
(2) $m=0$，2 つの解は $x=0,\ 4$

13 2次方程式 (4)

例31 ア $(x-2-\sqrt{3})(x-2+\sqrt{3})$
イ $2\left(x-\dfrac{3+\sqrt{7}\,i}{4}\right)\left(x-\dfrac{3-\sqrt{7}\,i}{4}\right)$
例32 ア $x^2-4x+5=0$
例33 ア $x^2-4x+8=0$

33 (1) $2\left(x-\dfrac{2+\sqrt{6}}{2}\right)\left(x-\dfrac{2-\sqrt{6}}{2}\right)$
(2) $\left(x-\dfrac{1+\sqrt{3}\,i}{2}\right)\left(x-\dfrac{1-\sqrt{3}\,i}{2}\right)$
(3) $3\left(x-\dfrac{3+\sqrt{6}\,i}{3}\right)\left(x-\dfrac{3-\sqrt{6}\,i}{3}\right)$

(4) $(x+2i)(x-2i)$

34 (1) $x^2+x-12=0$ (2) $x^2-4x-1=0$
(3) $x^2-2x+17=0$

35 (1) $x^2-x-4=0$ (2) $x^2-2x-16=0$

確 認 問 題 2

1 (1) $x=-1,\ y=-4$ (2) $x=-6,\ y=-2$

2 (1) $-2-i$ (2) $10-3i$
(3) $-2+23i$ (4) $-5-12i$

3 (1) $2+i$ (2) $\dfrac{12}{13}+\dfrac{8}{13}i$

4 (1) $-2i$ (2) $2\sqrt{10}+3i$

5 (1) $x=\pm5i$ (2) $x=\pm\dfrac{3}{4}i$

6 (1) $x=\dfrac{3\pm\sqrt{15}}{2}$ (2) $x=\dfrac{-1\pm\sqrt{2}\,i}{3}$

7 (1) 異なる 2 つの実数解
(2) 異なる 2 つの虚数解

8 (1) 和 $\alpha+\beta=3$ 積 $\alpha\beta=5$
(2) 和 $\alpha+\beta=-4$ 積 $\alpha\beta=-\dfrac{3}{2}$

9 (1) $-\dfrac{1}{3}$ (2) $\dfrac{4}{3}$

10 (1) $(x+1-\sqrt{2})(x+1+\sqrt{2})$
(2) $2\left(x-\dfrac{2+\sqrt{6}\,i}{2}\right)\left(x-\dfrac{2-\sqrt{6}\,i}{2}\right)$

11 $3x^2-8x+2=0$

14 剰余の定理

例 34 ア 6

例 35 ア 28 イ 0

例 36 ア -2

36 (1) -5 (2) -4
(3) 16 (4) $5-4\sqrt{3}$

37 (1) -4 (2) 9 (3) 0 (4) -36

38 (1) 6 (2) -18

39 (1) $k=7$ (2) $k=-4$

15 因数定理

例 37 ア $x-2$

例 38 ア -1

例 39 ア $(x+1)(x-2)(x+3)$

40 (1) $x-2$ (2) $x+1$ と $x+3$

41 (1) $m=2$ (2) $m=-2$

42 (1) $(x+1)(x-2)(x-3)$
(2) $(x-2)(x+3)^2$
(3) $(x-2)^3$
(4) $(x+2)(x-3)(2x-1)$

16 高次方程式

例 40 ア $-4,\ 2\pm2\sqrt{3}\,i$

例 41 ア $\pm\sqrt{2},\ \pm3i$

例 42 ア $-3,\ \dfrac{3\pm\sqrt{11}\,i}{2}$

43 (1) $x=3,\ \dfrac{-3\pm3\sqrt{3}\,i}{2}$
(2) $x=-5,\ \dfrac{5\pm5\sqrt{3}\,i}{2}$

44 (1) $x=\pm2i,\ \pm1$
(2) $x=\pm\sqrt{5}\,i,\ \pm\sqrt{6}$
(3) $x=\pm2i,\ \pm2$
(4) $x=\pm\dfrac{1}{3}i,\ \pm\dfrac{1}{3}$

45 (1) $x=-2,\ -1\pm\sqrt{5}$
(2) $x=-1,\ \dfrac{3\pm\sqrt{7}\,i}{2}$

確 認 問 題 3

1 (1) 40 (2) -15

2 (1) 30 (2) -16

3 $k=-5$

4 (1) $x-3$ (2) $x-1$ と $x+2$

5 (1) $(x+1)(x+4)(x-3)$
(2) $(x+2)(2x+1)(2x-1)$

6 (1) $x=-2,\ 1\pm\sqrt{3}\,i$
(2) $x=\dfrac{1}{3},\ \dfrac{-1\pm\sqrt{3}\,i}{6}$

7 (1) $x=\pm\sqrt{2}\,i,\ \pm\sqrt{7}$
(2) $x=\pm i,\ \pm\sqrt{3}\,i$
(3) $x=\pm3i,\ \pm3$
(4) $x=\pm\dfrac{1}{2}i,\ \pm\dfrac{1}{2}$

8 (1) $x=2,\ 1\pm\sqrt{6}$
(2) $x=-2,\ \dfrac{1\pm\sqrt{11}\,i}{2}$

17 等式の証明 (1)

例 43 ア 4 イ 3 ウ 2

例 44 ア $a^2x^2-a^2y^2-b^2x^2+b^2y^2$

46 $a=1,\ b=2,\ c=3$

47 (1) (左辺)$=a^2+4ab+4b^2-(a^2-4ab+4b^2)$
$=8ab=$(右辺)
よって $(a+2b)^2-(a-2b)^2=8ab$
(2) (左辺)$=a^2x^2+2abx+b^2+a^2-2abx+b^2x^2$
$=a^2x^2+a^2+b^2x^2+b^2$
(右辺)$=a^2x^2+a^2+b^2x^2+b^2$
よって $(ax+b)^2+(a-bx)^2=(a^2+b^2)(x^2+1)$
(3) (左辺)$=a^2b^2+a^2+b^2+1$
(右辺)$=a^2b^2-2ab+1+a^2+2ab+b^2$
$=a^2b^2+a^2+b^2+1$

よって　$(a^2+1)(b^2+1)=(ab-1)^2+(a+b)^2$

18　等式の証明 (2)

例45　ア　a^2-3a+9

例46　ア　k^2

48 (1)　$a+b=1$ であるから，$b=1-a$

このとき　(左辺)$=a^2+(1-a)^2$

$=2a^2-2a+1$

(右辺)$=1-2a(1-a)$

$=1-2a+2a^2$

$=2a^2-2a+1$

よって　$a^2+b^2=1-2ab$

(2)　$a+b=1$ であるから，$b=1-a$

このとき　(左辺)$=a^2+2(1-a)$

$=a^2-2a+2$

(右辺)$=(1-a)^2+1$

$=a^2-2a+2$

よって　$a^2+2b=b^2+1$

49 (1)　$\dfrac{x}{a}=\dfrac{y}{b}=k$ とおくと $x=ak$，$y=bk$ と表せる。

このとき

(左辺)$=\dfrac{x+y}{a+b}=\dfrac{ak+bk}{a+b}=\dfrac{k(a+b)}{a+b}=k$

(右辺)$=\dfrac{bx+ay}{2ab}=\dfrac{b\times ak+a\times bk}{2ab}=\dfrac{2abk}{2ab}=k$

よって　$\dfrac{x+y}{a+b}=\dfrac{bx+ay}{2ab}$

(2)　$\dfrac{x}{a}=\dfrac{y}{b}=k$ とおくと $x=ak$，$y=bk$ と表せる。

このとき

(右辺)$=\dfrac{xy}{x^2-y^2}=\dfrac{ak\times bk}{(ak)^2-(bk)^2}=\dfrac{abk^2}{(a^2-b^2)k^2}$

$=\dfrac{ab}{a^2-b^2}=$(左辺)

よって　$\dfrac{ab}{a^2-b^2}=\dfrac{xy}{x^2-y^2}$

19　不等式の証明 (1)

例47　ア　0

例48　ア　0

例49　ア　0

50 (1)　(左辺)−(右辺)$=3a-b-(a+b)$

$=2a-2b=2(a-b)$

ここで，$a>b$ のとき，$a-b>0$ であるから

$2(a-b)>0$

ゆえに　$3a-b-(a+b)>0$

よって　$3a-b>a+b$

(2)　(左辺)−(右辺)$=\dfrac{a+3b}{4}-\dfrac{a+4b}{5}$

$=\dfrac{5(a+3b)-4(a+4b)}{20}$

$=\dfrac{a-b}{20}$

ここで，$a>b$ のとき，$a-b>0$ であるから

$\dfrac{a-b}{20}>0$

ゆえに　$\dfrac{a+3b}{4}-\dfrac{a+4b}{5}>0$

よって　$\dfrac{a+3b}{4}>\dfrac{a+4b}{5}$

51 (1)　(左辺)−(右辺)$=x^2+9-6x$

$=(x-3)^2\geqq 0$

よって　$x^2+9\geqq 6x$

等号が成り立つのは，$x-3=0$ より $x=3$ のときである。

(2)　(左辺)−(右辺)$=9x^2+4y^2-12xy$

$=(3x-2y)^2\geqq 0$

よって　$9x^2+4y^2\geqq 12xy$

等号が成り立つのは，$3x-2y=0$ より $3x=2y$ のときである。

52 (1)　(左辺)−(右辺)$=a^2+10b^2-6ab$

$=a^2-6ab+10b^2$

$=(a-3b)^2-9b^2+10b^2$

$=(a-3b)^2+b^2\geqq 0$

よって　$a^2+10b^2\geqq 6ab$

等号が成り立つのは，$a-3b=0$，$b=0$ より

$a=b=0$ のときである。

(2)　$x^2+4x+y^2-6y+13$

$=(x+2)^2-4+(y-3)^2-9+13$

$=(x+2)^2+(y-3)^2\geqq 0$

よって　$x^2+4x+y^2-6y+13\geqq 0$

等号が成り立つのは，$x+2=0$，$y-3=0$ より

$x=-2$，$y=3$ のときである。

20　不等式の証明 (2)

例50　ア　0

例51　ア　3

53 (1)　両辺の平方の差を考えると

$(a+1)^2-(2\sqrt{a})^2=a^2+2a+1-4a$

$=a^2-2a+1$

$=(a-1)^2\geqq 0$

よって　$(a+1)^2\geqq(2\sqrt{a})^2$

$a+1>0$，$2\sqrt{a}\geqq 0$ であるから

$a+1\geqq 2\sqrt{a}$

等号が成り立つのは，$a-1=0$ より $a=1$ のときである。

(2)　両辺の平方の差を考えると

$(\sqrt{a}+2\sqrt{b})^2-(\sqrt{a+4b})^2$

$=a+4\sqrt{ab}+4b-(a+4b)$

$=4\sqrt{ab}\geqq 0$

よって　$(\sqrt{a}+2\sqrt{b})^2\geqq(\sqrt{a+4b})^2$

$\sqrt{a}+2\sqrt{b}\geqq 0$，$\sqrt{a+4b}\geqq 0$ であるから

$\sqrt{a}+2\sqrt{b}\geqq\sqrt{a+4b}$

等号が成り立つのは，$\sqrt{ab}=0$ より $a=0$ または $b=0$ のときである。

54 (1) $a>0$ より，$2a>0$，$\frac{1}{a}>0$ であるから，
相加平均と相乗平均の大小関係より

$2a+\frac{1}{a}\geqq 2\sqrt{2a\times\frac{1}{a}}=2\sqrt{2}$

ゆえに　$2a+\frac{1}{a}\geqq 2\sqrt{2}$

等号が成り立つのは $2a=\frac{1}{a}$，すなわち $2a^2=1$ のときである。ここで，$a>0$ であるから，
$a=\frac{\sqrt{2}}{2}$ のときである。

(2) $a>0$，$b>0$ より，$\frac{b}{2a}>0$，$\frac{a}{2b}>0$ であるから，
相加平均と相乗平均の大小関係より

$\frac{b}{2a}+\frac{a}{2b}\geqq 2\sqrt{\frac{b}{2a}\times\frac{a}{2b}}=1$

よって　$\frac{b}{2a}+\frac{a}{2b}\geqq 1$ より　$\frac{b}{2a}+\frac{a}{2b}-1\geqq 0$

等号が成り立つのは $\frac{b}{2a}=\frac{a}{2b}$，すなわち $a^2=b^2$ のときである。ここで，$a>0$，$b>0$ であるから，
$a=b$ のときである。

TRY PLUS

問1　$3x-7$

問2　$p=0$，$q=6$，他の解は　$x=-2$，$1+3i$

第2章　図形と方程式

21　直線上の点

例52　ア　6

例53　ア　1

例54　ア　14　　イ　-11

55 (1) 5　(2) 3　(3) 4

56 (1) C(0)　(2) D(-2)　(3) E(1)　(4) F(-1)

57 (1) C(8)　(2) D(-4)　(3) E(18)　(4) F(-14)

22　平面上の点 (1)

例55　ア　$(2,\ -3)$　　イ　4

例56　ア　5　　イ　$\sqrt{13}$

例57　ア　$6,\ -4$

58 点Aは第4象限の点である。
B(3, 4)，C(-3, -4)，D(-3, 4)

59 (1) 5　(2) 5　(3) 13　(4) 1

60 (1) $x=\pm4$　(2) $y=5,\ 1$

23　平面上の点 (2)

例58　ア　$(0,\ 2)$　　イ　$(6,\ 5)$

例59　ア　$(1,\ 1)$

61 (1) $(3,\ 0)$　(2) $(0,\ 3)$　(3) $(2,\ 1)$　(4) $(-5,\ 8)$

62 (1) $(3,\ 1)$　(2) $(2,\ -2)$

24　直線の方程式 (1)

例60　ア　$\frac{3}{2}$　　イ　1

例61　ア　$2x+1$

例62　ア　$-2x+1$　　イ　3　　ウ　-3

63 右の図のようになる。
(1) $y=3x-2$
(2) $y=-x+2$

64 (1) $y=2x-5$
(2) $y=-3x+2$
(3) $y=-x-2$
(4) $y=\frac{1}{3}x$

65 (1) $y=4x-14$　(2) $y=-4x$　(3) $y=-1$　(4) $x=2$

25　直線の方程式 (2)

例63　ア　$\frac{2}{3}$　　イ　$\frac{4}{3}$

例64　ア　3　　イ　11

66 (1) 傾きは -2，y 切片は -3
(2) 傾きは $-\frac{1}{2}$，y 切片は $\frac{2}{3}$
(3) 傾きは $\frac{1}{3}$，y 切片は 2
(4) 傾きは $-\frac{2}{3}$，y 切片は 2

67 $x+y-2=0$

26　2直線の関係

例65　ア　3

例66　ア　-1

例67　ア　$2x-5y-25=0$　　イ　$5x+2y-19=0$

例68　ア　$\sqrt{10}$　　イ　2

68 互いに平行であるものは　①と⑦
互いに垂直であるものは　③と⑥，⑤と⑧

69 (1) 平行な直線は $3x-y-1=0$
垂直な直線は $x+3y-7=0$
(2) 平行な直線は $2x+y-4=0$
垂直な直線は $x-2y+3=0$

70 (1) $\frac{3\sqrt{5}}{5}$　(2) $\frac{\sqrt{10}}{2}$

71 (1) $\frac{6\sqrt{5}}{5}$　(2) 2

確認問題4

1 (1) 6　(2) 1　(3) 2

2 (1) C(4)　(2) D(−2)
(3) E(15)　(4) F(−13)

3 (1) 5　(2) $\sqrt{10}$

4 $x=7,\ -1$

5 (1) (0, 2)　(2) (−4, 10)

6 (2, −1)

7 (1) $y=3x+11$　(2) $y=-\dfrac{2}{3}x+3$

8 (1) $y=-3x-5$　(2) $x=-2$

9 (1) 平行な直線は $3x-y-11=0$
垂直な直線は $x+3y+3=0$
(2) 平行な直線は $x+2y+1=0$
垂直な直線は $2x-y-8=0$

10 (1) 原点との距離は 1
点 (−1, 2) との距離は $\dfrac{6}{5}$
(2) 原点との距離は $\dfrac{\sqrt{5}}{5}$
点 (−1, 2) との距離は $\sqrt{5}$

27 円の方程式 (1)

例69 ア 9

例70 ア 13

例71 ア $(x-2)^2+(y-1)^2=18$

72 (1) $(x+2)^2+(y-1)^2=16$
(2) $x^2+y^2=16$
(3) $(x-3)^2+(y+2)^2=1$
(4) $(x+3)^2+(y-4)^2=5$

73 (1) $(x-2)^2+(y-1)^2=5$
(2) $(x-1)^2+(y+3)^2=25$

74 (1) $(x+1)^2+(y-4)^2=25$
(2) $(x-1)^2+(y-3)^2=5$

28 円の方程式 (2)

例72 ア (−4, 1)　イ 5

例73 ア $x^2+y^2+2x-6y-15=0$

75 (1) 中心が点 (3, −5) で，半径 $3\sqrt{2}$ の円
(2) 中心が点 (2, 3) で，半径 3 の円
(3) 中心が点 (0, 1) で，半径 1 の円
(4) 中心が点 (−4, 0) で，半径 5 の円

76 (1) $x^2+y^2+8x-6y=0$
(2) $x^2+y^2-6x-4y+9=0$

29 円と直線 (1)

例74 ア −2　イ −1

例75 ア −2　イ −1

77 (−4, −3), (3, 4)

78 (3, 1)

30 円と直線 (2)

例76 ア −4　イ 4

例77 ア $\dfrac{\sqrt{5}}{2}$

79 (1) $-5 \leqq m \leqq 5$　(2) $-10 \leqq m \leqq 10$

80 (1) $r=\sqrt{2}$　(2) $r=3$

31 円と直線 (3)

例78 ア $3x-y=10$

例79 ア $3x+y=10$

81 (1) $-3x+4y=25$　(2) $2x-y=5$
(3) $x=3$　(4) $y=-4$

82 $y=1,\ 4x-3y=5$

確認問題5

1 (1) $(x+3)^2+(y+2)^2=25$
(2) $x^2+y^2=4$
(3) $(x+2)^2+(y-3)^2=10$
(4) $(x-2)^2+(y+2)^2=10$

2 (1) 中心が点 (−6, 2) で，半径 $2\sqrt{10}$ の円
(2) 中心が点 (0, 7) で，半径 $2\sqrt{6}$ の円

3 $x^2+y^2-4y-21=0$

4 (1) (−5, 0), (−3, 4)　(2) (3, 3)

5 $-2\sqrt{5} \leqq m \leqq 2\sqrt{5}$

6 (1) $3x-y=10$　(2) $-2x-3y=13$

7 $-3x-2y=13,\ -2x+3y=13$

32 軌跡と方程式

例80 ア $y=-2x+3$

例81 ア (5, 0)　イ 3

83 (1) 直線 $2x-y-3=0$
(2) 直線 $x+7y+12=0$
(3) 直線 $2x-y-1=0$

84 (1) 点 (−3, 0) を中心とする半径 3 の円
(2) 点 (0, 4) を中心とする半径 4 の円

33 不等式の表す領域 (1)

例82 ア 上

例83 ア 下

例84 ア 左

85 (1)

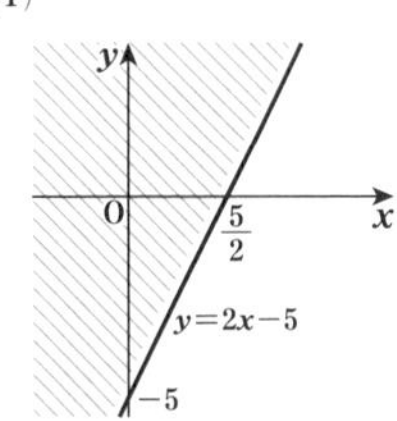

ただし，境界線を含まない。

(2)

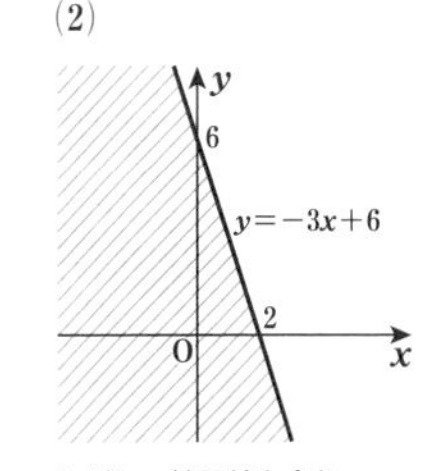

ただし，境界線を含む。

略解

86 (1)

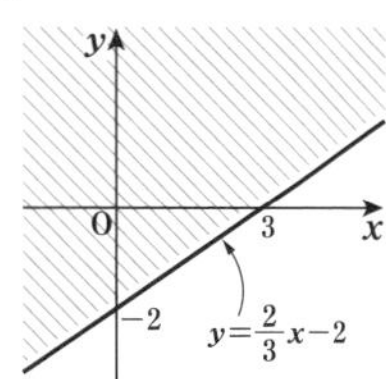

ただし，境界線を含まない。

(2)

y x -2 0 $y=-3x-6$ -6

ただし，境界線を含む。

87 (1)

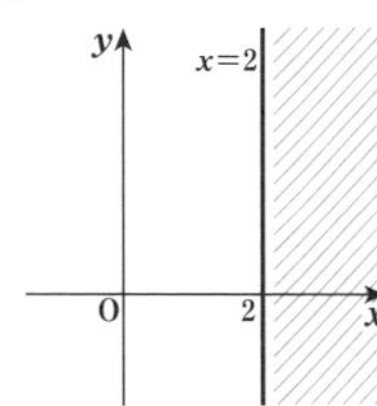

ただし，境界線を含まない。

(2)

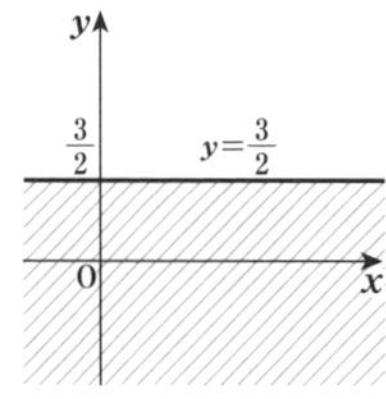

ただし，境界線を含む。

34 不等式の表す領域 (2)

例85 ア 外

例86 ア 内

88 (1)

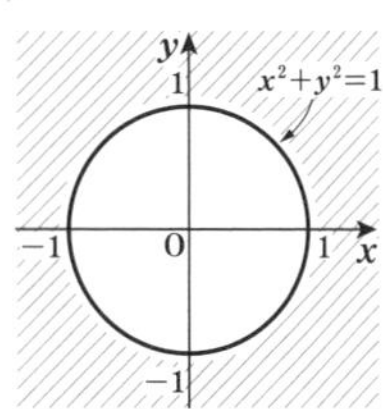

ただし，境界線を含まない。

(2)

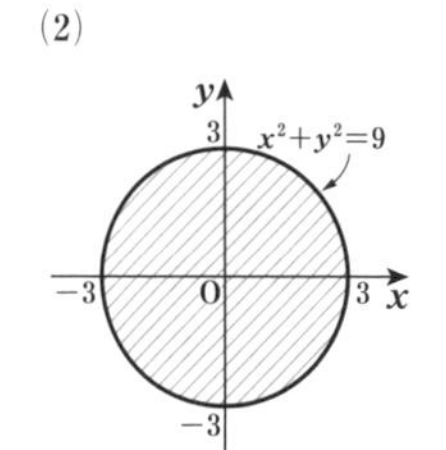

ただし，境界線を含む。

89 (1)

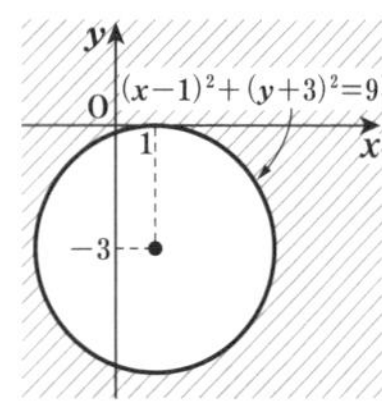

ただし，境界線を含む。

(2)

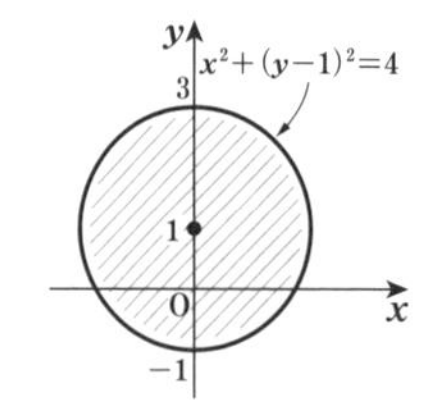

ただし，境界線を含まない。

(3)

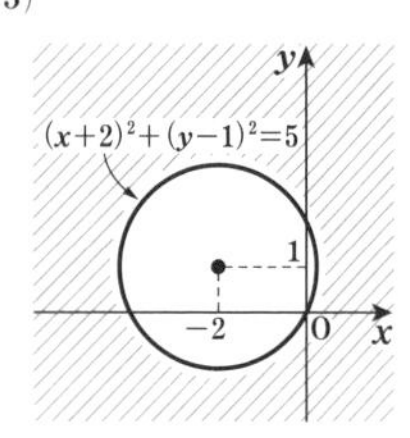

ただし，境界線を含まない。

(4)

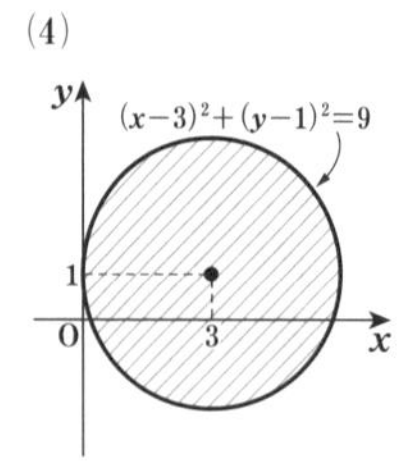

ただし，境界線を含む。

35 連立不等式の表す領域 (1)

例87 ア 下　　イ 上　　ウ 含まない

例88 ア 外　　イ 下　　ウ 含む

90 (1)

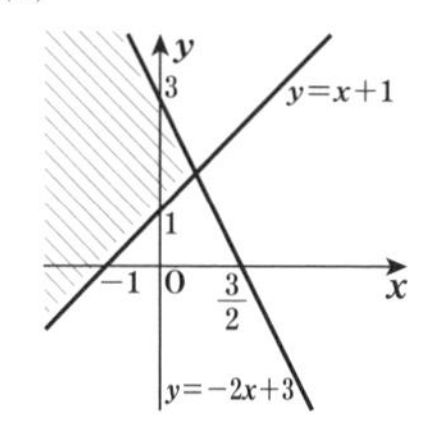

ただし，境界線を含まない。

(2)

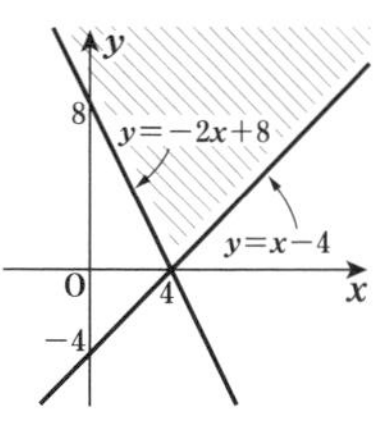

ただし，境界線を含まない。

91 (1)

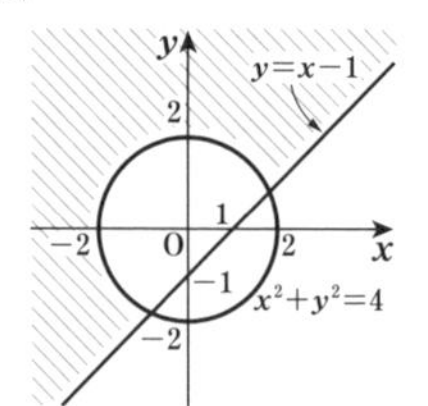

ただし，境界線を含まない。

(2)

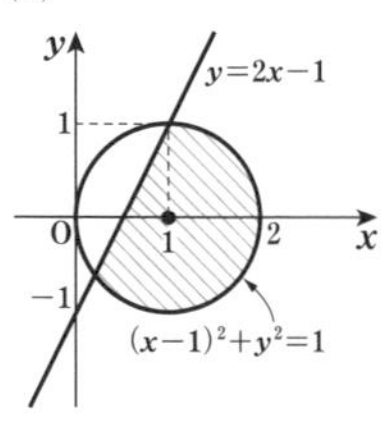

ただし，境界線を含む。

36 連立不等式の表す領域 (2)

例89ア 含まない

例90ア 16　　イ 0

92 (1)

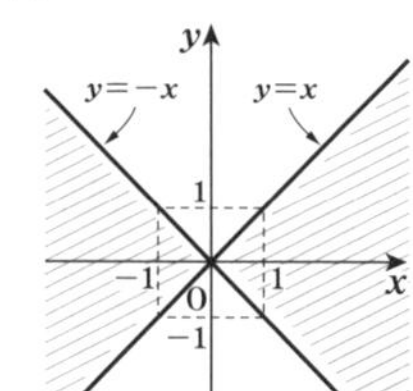

ただし，境界線を含まない。

(2)

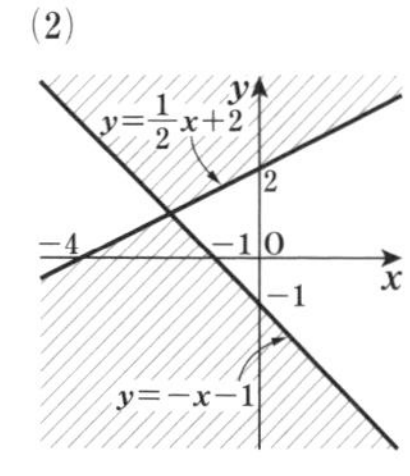

ただし，境界線を含む。

93 $x=y=2$ のとき　最大値 10 をとり，
$x=y=0$ のとき　最小値 0 をとる。

確認問題 6

1 (1) 直線 $3x-5y-8=0$

(2) 直線 $2x-y+2=0$

(3) 点 $(-1,\ 1)$ を中心とする半径 $2\sqrt{5}$ の円

2 (1)

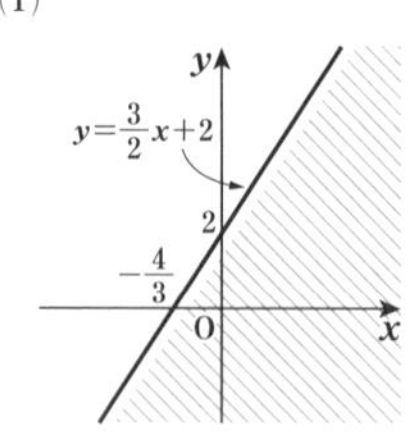

ただし，境界線を含まない。

(2)

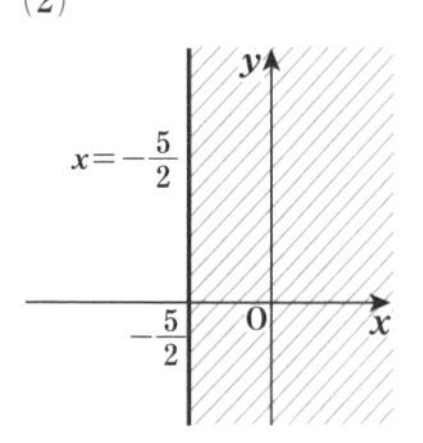

ただし，境界線を含む。

3 (1)

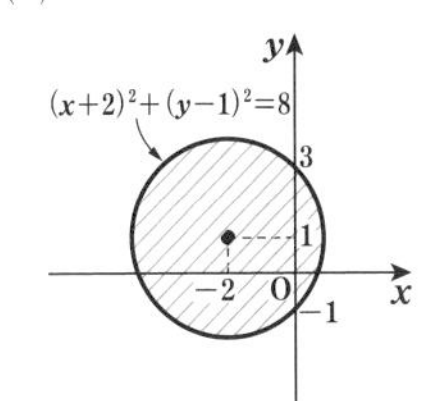

ただし，境界線を含む。

(2)

$(x-3)^2+(y+4)^2=12$

ただし，境界線を含まない。

4 (1)

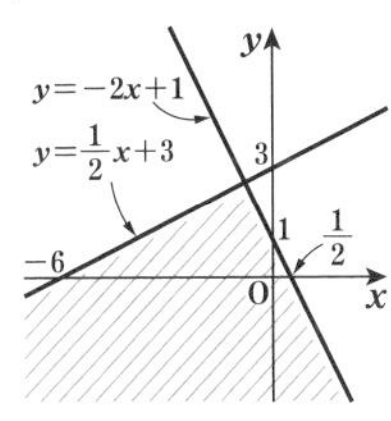

ただし，境界線を含まない。

(2)

$y=-x+2$

$(x-3)^2+(y+1)^2=9$

ただし，境界線を含む。

5 (1)

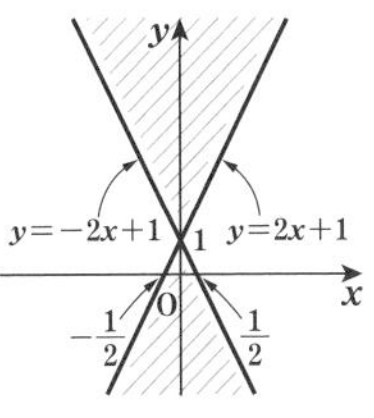

ただし，境界線を含まない。

(2)

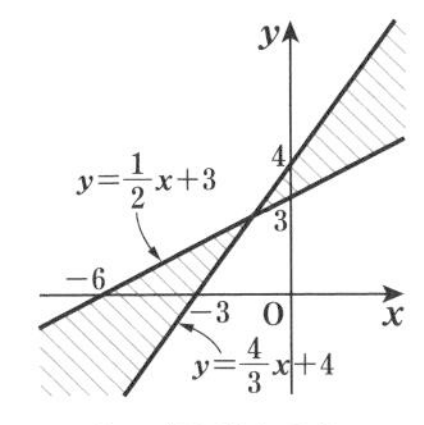

ただし，境界線を含む。

6 (1) $x=6$，$y=0$ のとき　**最大値** 12 をとり，
$x=y=0$ のとき　**最小値** 0 をとる。

(2) $x=y=3$ のとき　**最大値** 9 をとり，
$x=y=0$ のとき　**最小値** 0 をとる。

TRY PLUS

問3　$(-2,\ 2)$

問4　点 $(2,\ 0)$ を中心とする半径 3 の円

第3章　三角関数

37　一般角・弧度法

例91　ア　240°　　イ　−320°

例92　ア　−640°

例93　ア　$-\frac{\pi}{4}$　　イ　−270°

例94　ア　4π　　イ　4π　　ウ　24π

94 (1)

(2)

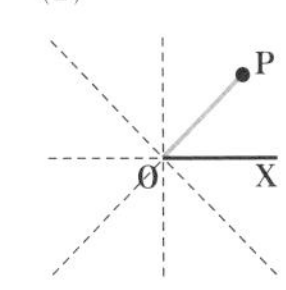

(3)

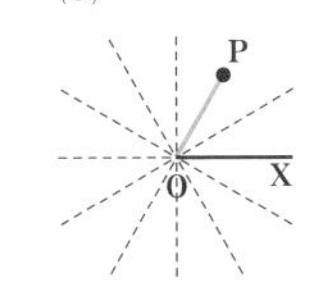

95 420° と −300°

96 (1) $-\frac{\pi}{6}$　(2) $\frac{3}{4}\pi$　(3) $-\frac{5}{6}\pi$

97 (1) 150°　(2) 300°　(3) −135°

98 (1) 弧の長さは 3π，面積は 6π

(2) 弧の長さは 5π，面積は 15π

38　三角関数 (1)

例95　ア　$-\sqrt{3}$　イ　$-\frac{\sqrt{3}}{2}$　ウ　-1　エ　$\frac{1}{\sqrt{3}}$

例96　ア　$-\frac{4}{5}$　　イ　$\frac{4}{3}$

例97　ア　$-\frac{1}{\sqrt{10}}$　　イ　$\frac{3}{\sqrt{10}}$

99 (1) $\sin\frac{5}{4}\pi=-\frac{1}{\sqrt{2}}$

$\cos\frac{5}{4}\pi=-\frac{1}{\sqrt{2}}$

$\tan\frac{5}{4}\pi=1$

(2) $\sin\frac{11}{6}\pi=-\frac{1}{2}$

$\cos\frac{11}{6}\pi=\frac{\sqrt{3}}{2}$

$\tan\frac{11}{6}\pi=-\frac{1}{\sqrt{3}}$

100 $\cos\theta=-\frac{4}{5}$，$\tan\theta=\frac{3}{4}$

101 $\sin\theta=-\frac{2\sqrt{2}}{3}$，$\tan\theta=-2\sqrt{2}$

102 $\sin\theta=-\frac{2}{\sqrt{5}}$，$\cos\theta=-\frac{1}{\sqrt{5}}$

39　三角関数 (2)

例98　ア　$\frac{7}{9}$　　イ　$\frac{7}{18}$

103 $\frac{12}{25}$

40　三角関数の性質

例99　ア　$-\frac{1}{2}$　　イ　$-\frac{1}{2}$

例100　ア　$\sin\theta$　　イ　0

104 (1) $\frac{\sqrt{3}}{2}$　(2) $\sqrt{3}$　(3) $\frac{1}{\sqrt{2}}$

105 (1) $-\frac{1}{\sqrt{2}}$　(2) $\frac{\sqrt{3}}{2}$　(3) -1

106 1

41　三角関数のグラフ (1)

例101　ア　1　イ　$\frac{1}{2}$　ウ　$-\frac{\sqrt{3}}{2}$

エ　$\frac{\pi}{3}$　オ　$\frac{\pi}{2}$　カ　$\frac{3}{2}\pi$

例102　ア　2　　イ　2π

107 $a=\frac{\sqrt{3}}{2}$，$b=-1$

$\theta_1=\frac{\pi}{2}$，$\theta_2=\frac{5}{6}\pi$，$\theta_3=\pi$，$\theta_4=\frac{4}{3}\pi$

略解

108 (1) 周期は 2π

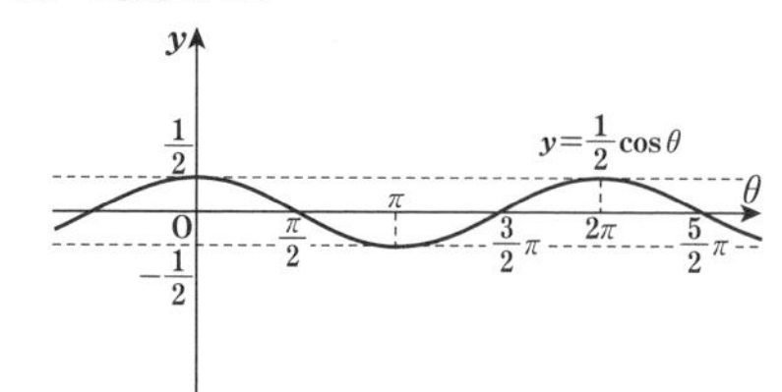

(2) 周期は 2π

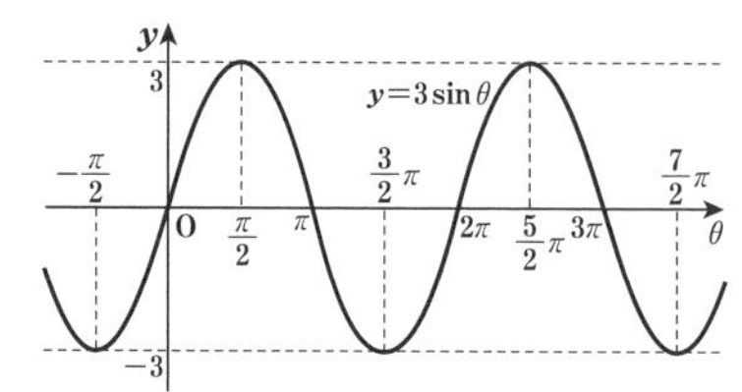

42 三角関数のグラフ (2)

例 103　ア $\frac{1}{3}$　イ $\frac{1}{3}$　ウ $\frac{2}{3}\pi$

例 104　ア $\frac{\pi}{4}$　イ 2π

109 (1)

θ	0	$\frac{\pi}{3}$	$\frac{\pi}{2}$	$\frac{2}{3}\pi$	π	$\frac{4}{3}\pi$	$\frac{3}{2}\pi$	$\frac{5}{3}\pi$	2π
$\frac{\theta}{2}$	0	$\frac{\pi}{6}$	$\frac{\pi}{4}$	$\frac{\pi}{3}$	$\frac{\pi}{2}$	$\frac{2}{3}\pi$	$\frac{3}{4}\pi$	$\frac{5}{6}\pi$	π
$\sin\frac{\theta}{2}$	0	$\frac{1}{2}$	$\frac{1}{\sqrt{2}}$	$\frac{\sqrt{3}}{2}$	1	$\frac{\sqrt{3}}{2}$	$\frac{1}{\sqrt{2}}$	$\frac{1}{2}$	0

(2) 周期は 4π

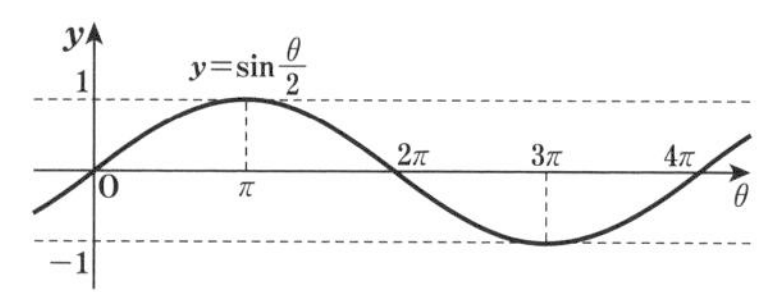

110 (1) 周期は 2π

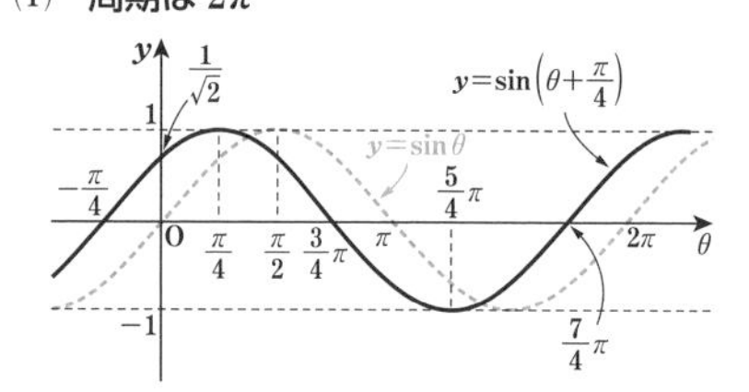

(2) 周期は 2π

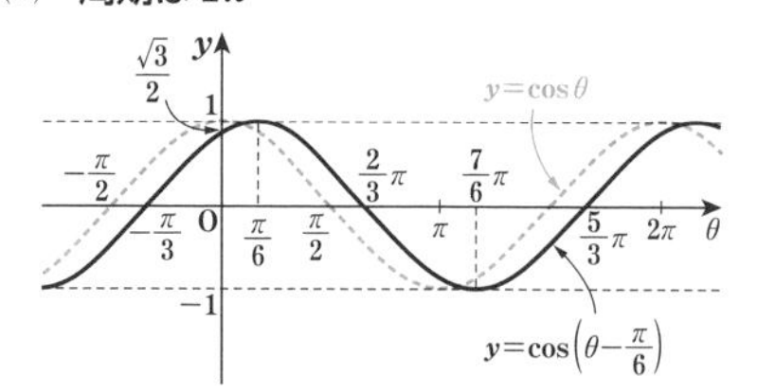

43 三角関数を含む方程式・不等式

例 105　ア $\frac{2}{3}\pi$

例 106　ア $\frac{7}{4}\pi$

例 107　ア $\frac{\pi}{4}$　イ $\frac{3}{4}\pi$

111 (1) $\theta=\frac{\pi}{4},\ \frac{3}{4}\pi$　(2) $\theta=\frac{\pi}{6},\ \frac{11}{6}\pi$

(3) $\theta=\frac{7}{6}\pi,\ \frac{11}{6}\pi$　(4) $\theta=\frac{2}{3}\pi,\ \frac{4}{3}\pi$

112 (1) $\theta=\frac{\pi}{4},\ \frac{5}{4}\pi$　(2) $\theta=\frac{5}{6}\pi,\ \frac{11}{6}\pi$

113 (1) $\frac{\pi}{6}<\theta<\frac{5}{6}\pi$　(2) $\frac{\pi}{6}<\theta<\frac{11}{6}\pi$

確認問題 7

1 (1) $\frac{4}{3}\pi$　(2) $-\frac{\pi}{2}$　(3) $\frac{5}{4}\pi$

2 (1) 270°　(2) 315°　(3) 210°

3 (1) 弧の長さは 9π，面積は $\frac{135}{2}\pi$

(2) 弧の長さは $\frac{5}{2}\pi$，面積は $\frac{15}{2}\pi$

4 (1) $\sin\frac{9}{4}\pi=\frac{1}{\sqrt{2}}$

$\cos\frac{9}{4}\pi=\frac{1}{\sqrt{2}}$

$\tan\frac{9}{4}\pi=1$

(2) $\sin\left(-\frac{\pi}{6}\right)=-\frac{1}{2}$

$\cos\left(-\frac{\pi}{6}\right)=\frac{\sqrt{3}}{2}$

$\tan\left(-\frac{\pi}{6}\right)=-\frac{1}{\sqrt{3}}$

5 $\cos\theta=-\frac{2\sqrt{2}}{3}$，$\tan\theta=\frac{\sqrt{2}}{4}$

6 $\sin\theta=\frac{\sqrt{5}}{5}$，$\cos\theta=-\frac{2\sqrt{5}}{5}$

7 (1) 周期は 2π

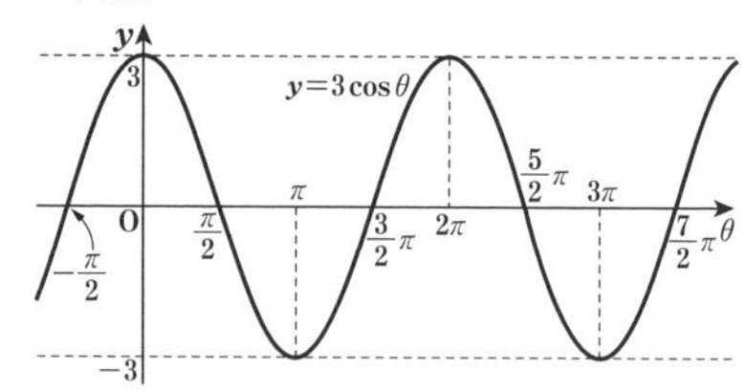

(2) 周期は π

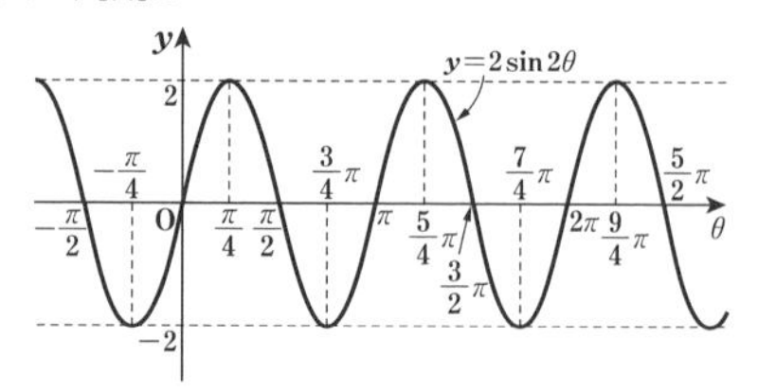

(3) 周期は 2π

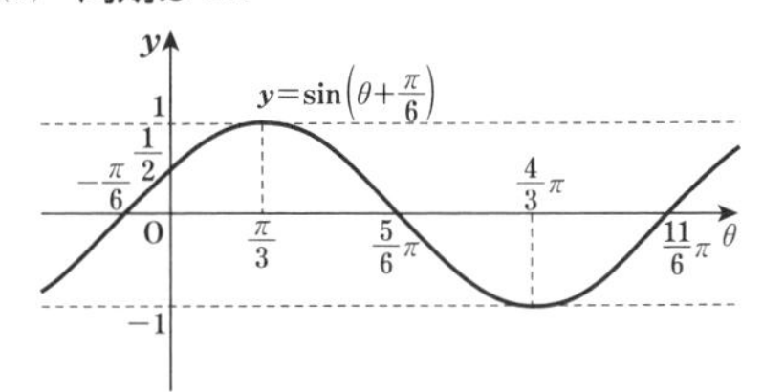

8 (1) $\theta=\frac{3}{4}\pi,\ \frac{5}{4}\pi$　(2) $\frac{5}{4}\pi\leqq\theta\leqq\frac{7}{4}\pi$

44 加法定理 (1)

例 108 ア $-\frac{\sqrt{6}+\sqrt{2}}{4}$　イ $\frac{\sqrt{2}+\sqrt{6}}{4}$

例 109 ア $-\frac{33}{65}$

114 (1) $\frac{\sqrt{2}-\sqrt{6}}{4}$　(2) $\frac{\sqrt{2}-\sqrt{6}}{4}$

115 $\sin(\alpha+\beta)=\frac{3-8\sqrt{2}}{15}$

$\cos(\alpha-\beta)=\frac{4-6\sqrt{2}}{15}$

45 加法定理 (2)

例 110 ア $2-\sqrt{3}$

例 111 ア 1　イ $\frac{\pi}{4}$

116 $-2+\sqrt{3}$

117 $\frac{\pi}{4}$

46 加法定理の応用

例 112 ア $\frac{3}{5}$　イ $\frac{24}{25}$

例 113 ア $\frac{2+\sqrt{2}}{4}$　イ $\frac{\sqrt{2+\sqrt{2}}}{2}$

118 $\sin 2\alpha=-\frac{4\sqrt{2}}{9}$

$\cos 2\alpha=-\frac{7}{9}$

$\tan 2\alpha=\frac{4\sqrt{2}}{7}$

119 $\sin 2\alpha=\frac{3\sqrt{7}}{8}$

$\cos 2\alpha=-\frac{1}{8}$

$\tan 2\alpha=-3\sqrt{7}$

120 (1) $\frac{\sqrt{2-\sqrt{2}}}{2}$　(2) $\frac{\sqrt{2+\sqrt{2}}}{2}$

47 三角関数の合成

例 114 ア $\frac{\pi}{3}$

例 115 ア $\sqrt{5}$　イ $-\sqrt{5}$

121 (1) $2\sqrt{3}\sin\left(\theta+\frac{\pi}{6}\right)$　(2) $2\sin\left(\theta-\frac{\pi}{6}\right)$

(3) $2\sqrt{3}\sin\left(\theta-\frac{\pi}{3}\right)$　(4) $\sqrt{2}\sin\left(\theta+\frac{3}{4}\pi\right)$

122 (1) 最大値は $\sqrt{5}$，最小値は $-\sqrt{5}$

(2) 最大値は 3，最小値は -3

確認問題 8

1 (1) $\frac{\sqrt{6}-\sqrt{2}}{4}$　(2) $-\frac{\sqrt{6}+\sqrt{2}}{4}$

(3) $-2-\sqrt{3}$　(4) $-\frac{\sqrt{2}+\sqrt{6}}{4}$

(5) $-\frac{\sqrt{6}-\sqrt{2}}{4}$　(6) $2+\sqrt{3}$

2 $\cos(\alpha+\beta)=\frac{4+6\sqrt{2}}{15}$

$\sin(\alpha-\beta)=-\frac{3+8\sqrt{2}}{15}$

3 $\sin 2\alpha=\frac{4\sqrt{2}}{9}$

$\cos 2\alpha=\frac{7}{9}$

$\tan 2\alpha=\frac{4\sqrt{2}}{7}$

4 (1) $2\sqrt{3}\sin\left(\theta+\frac{\pi}{3}\right)$　(2) $\sqrt{2}\sin\left(\theta-\frac{\pi}{4}\right)$

5 (1) 最大値は 5，最小値は -5

(2) 最大値は 3，最小値は -3

TRY *PLUS*

問 5 $\theta=\frac{\pi}{2},\ \frac{2}{3}\pi,\ \frac{4}{3}\pi,\ \frac{3}{2}\pi$

問 6 $\theta=\frac{5}{12}\pi,\ \frac{11}{12}\pi$

第4章 指数関数・対数関数

48 指数の拡張 (1)

例 116 ア a^7　イ a^{10}　ウ a^6b^8

例 117 ア 1　イ $\frac{1}{8}$

例 118 ア a^2　イ $\frac{b^6}{a^4}$

例 119 ア $\frac{1}{36}$　イ $\frac{1}{3}$

123 (1) a^8　(2) a^{12}　(3) a^{10}　(4) a^6b^2

124 (1) 1　(2) $\frac{1}{36}$　(3) $\frac{1}{10}$

125 (1) a^3　(2) a　(3) a^8

(4) $\frac{1}{a^5}$　(5) a^4b^6　(6) a^3

126 (1) 10　(2) 49　(3) 1

(4) $\frac{1}{8}$　(5) $\frac{1}{5}$　(6) 1

略解

49　指数の拡張 (2)

例 120　ア　-2　イ　-3　ウ　-5

例 121　ア　3　イ　2　ウ　5　エ　2

127 (1) -2
(2) 5と-5
(3) 2と-2

128 (1) 4　(2) 10
(3) -2　(4) $-\frac{1}{3}$

129 (1) 7　(2) 3
(3) 2　(4) 2

50　指数の拡張 (3)

例 122　ア　$\sqrt[3]{4}$　イ　$\frac{1}{\sqrt[3]{5}}$

例 123　ア　27

例 124　ア　a　イ　4　ウ　$\frac{1}{81}$　エ　1

130 (1) $\sqrt[3]{7}$　(2) $\sqrt[5]{27}$　(3) $\frac{1}{\sqrt[3]{36}}$

131 (1) 32　(2) 16　(3) $\frac{1}{27}$

132 (1) a^2　(2) a

133 (1) 9　(2) 2
(3) $\frac{1}{3}$　(4) 1

51　指数関数 (1)

例 125　ア　(0, 1)　イ　(0, 1)

例 126　ア　$\sqrt{2}$　イ　$\sqrt[4]{8}$

134 (1)

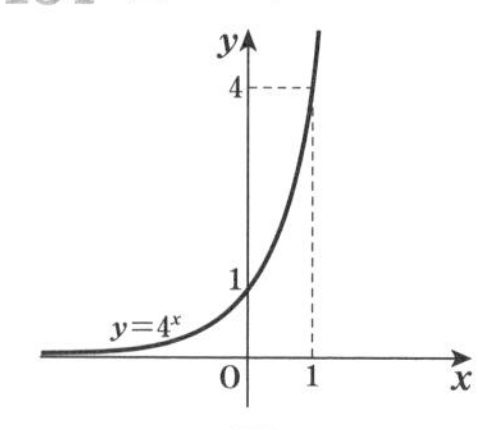

(2)

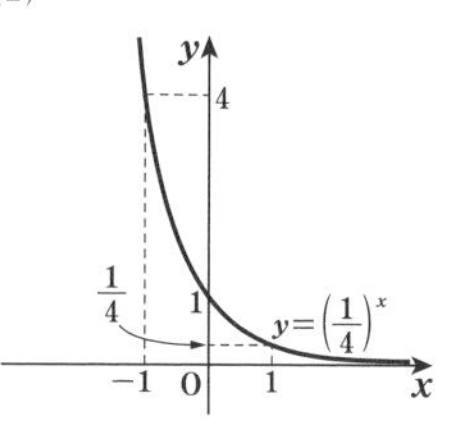

135 (1) $\sqrt[5]{3^6}<\sqrt[4]{3^5}<\sqrt[3]{3^4}$
(2) $\sqrt[4]{32}<\sqrt[3]{16}<\sqrt{8}$
(3) $\frac{1}{27}<\left(\frac{1}{3}\right)^2<\left(\frac{1}{9}\right)^{\frac{1}{2}}$
(4) $\sqrt[4]{\frac{1}{125}}<\sqrt[3]{\frac{1}{25}}<\sqrt{\frac{1}{5}}$

52　指数関数 (2)

例 127　ア　$\frac{2}{3}$

例 128　ア　$\frac{5}{4}$　イ　$\frac{1}{2}$

136 (1) $x=6$　(2) $x=2$
(3) $x=-3$　(4) $x=-1$
(5) $x=\frac{2}{3}$　(6) $x=-\frac{5}{3}$

137 (1) $x<3$　(2) $x>-2$
(3) $x\leqq\frac{3}{2}$　(4) $x\geqq4$

確認問題 9

1 (1) a^6　(2) a^8　(3) a^2
(4) a^2　(5) a^8　(6) a^3

2 (1) 6　(2) $\frac{1}{9}$　(3) 1
(4) $\frac{1}{3}$　(5) 1　(6) $\frac{1}{4}$

3 (1) -4　(2) 3　(3) $-\frac{1}{2}$

4 (1) a^3　(2) $\frac{1}{a}$　(3) a

5 (1) 4　(2) 3　(3) $2\sqrt{2}$

6 (1) $2<\sqrt{8}<\sqrt[3]{32}$　(2) $1<\left(\frac{4}{3}\right)^{\frac{1}{2}}<\left(\frac{16}{9}\right)^{\frac{1}{3}}$

7 (1) $x=3$　(2) $x=2$

8 (1) $x<3$　(2) $x\leqq-\frac{4}{3}$

53　対数とその性質 (1)

例 129　ア　2　イ　$\log_2\frac{1}{8}$

例 130　ア　2

例 131　ア　$\frac{5}{2}$

138 (1) $\log_3 9=2$　(2) $\log_5 1=0$
(3) $\log_4\frac{1}{64}=-3$　(4) $\log_7\sqrt{7}=\frac{1}{2}$

139 (1) 2　(2) 1　(3) 0
(4) 3　(5) 4　(6) -1

140 (1) $\frac{3}{2}$　(2) $\frac{2}{3}$
(3) $-\frac{3}{2}$　(4) $-\frac{1}{4}$

54　対数とその性質 (2)

例 132　ア　$\log_7 3$　イ　$\log_7 4$　ウ　$\log_2 7$
エ　$\log_2 3$　オ　$5\log_{10}6$　カ　$\frac{1}{2}\log_5 3$

例 133　ア　2　イ　1　ウ　2

例 134　ア　$\frac{2}{3}$　イ　2

141 (1) 7　(2) 5　(3) 3

142 (1) 2　(2) 2
(3) $\frac{5}{2}$　(4) 1

143 (1) $\frac{3}{2}$　(2) $\frac{1}{4}$

(3) $-\frac{5}{3}$　　(4) 1

55　対数関数 (1)

例 135　ア (2, 1)　イ (1, 0)
　ウ $\left(\frac{1}{2}, 1\right)$　エ (1, 0)

例 136　ア $\log_5 2$　イ $\log_5 4$
　ウ $\log_{\frac{1}{5}} 4$　エ $\log_{\frac{1}{5}} 2$

144 (1)　(2)

145 (1) $\log_3 2 < \log_3 4 < \log_3 5$
(2) $\log_{\frac{1}{4}} 4 < \log_{\frac{1}{4}} 3 < \log_{\frac{1}{4}} 1$
(3) $\log_2 \sqrt{7} < \log_2 3 < \log_2 \frac{7}{2}$
(4) $\frac{5}{2} \log_{\frac{1}{3}} 4 < 3 \log_{\frac{1}{3}} 3 < 2 \log_{\frac{1}{3}} 5$

56　対数関数 (2)

例 137　ア 9
例 138　ア 2　イ 6

146 (1) $x=9$　(2) $x=7$
(3) $x=1$　(4) $x=6$

147 (1) $x>8$　(2) $x>4$
(3) $-1<x<8$　(4) $2<x<4$

57　常用対数

例 139　ア 1.5798　イ −1.4202
例 140　ア 2.3223
例 141　ア 16

148 (1) 1.8573　(2) 2.7324
(3) −1.2218　(4) 0.3891

149 0.6825

150 (1) 13 桁　(2) 20 桁

確認問題 10

1 (1) $\log_6 36=2$　(2) $\log_8 1=0$
(3) $\log_7 \frac{1}{49}=-2$　(4) $\log_2 2\sqrt{2}=\frac{3}{2}$

2 (1) $81=3^4$　(2) $8=4^{\frac{3}{2}}$　(3) $\frac{1}{8}=2^{-3}$

3 (1) 1　(2) 4　(3) 0
(4) −3　(5) $\frac{3}{4}$　(6) 6

4 (1) 2　(2) 1　(3) 2
(4) 0　(5) 2　(6) 2

5 (1) $\log_{\frac{4}{3}} 2 < \log_{\frac{4}{3}} 5 < \log_{\frac{4}{3}} 7$
(2) $\log_{\frac{3}{4}} 3 < \log_{\frac{3}{4}} 2\sqrt{2} < \log_{\frac{3}{4}} \sqrt{7}$

6 (1) $x=2$　(2) $x=2$

7 (1) $x>-\frac{17}{9}$　(2) $x>3$

8 (1) 31 桁　(2) 24 桁

TRY *PLUS*

問 7 (1) $x=3$ のとき最大値 32,
$x=1$ のとき最小値 -4 をとる。
(2) $x=-2$ のとき最大値 29,
$x=-1$ のとき最小値 -7 をとる。

問 8 (1) 小数第 7 位
(2) 小数第 5 位
(3) 小数第 3 位

第5章　微分法と積分法

58　平均変化率と微分係数

例 142　ア 7
例 143　ア $8+h$
例 144　ア 4　イ 2
例 145　ア 4

151 (1) 3　(2) 3

152 (1) $12+2h$　(2) $4a+2h$

153 (1) 2　(2) 1

154 −6

59　導関数 (1)

例 146　ア $8x-3$
例 147　ア $6x+5$

155 (1) 3　(2) $-2x$

156 (1) $y'=4$　(2) $y'=2x-2$
(3) $y'=6x+6$　(4) $y'=3x^2-10x$
(5) $y'=-6x^2+12x+4$　(6) $y'=x^2-x-\frac{1}{2}$

157 (1) $y'=2x-3$　(2) $y'=8x$
(3) $y'=18x+12$　(4) $y'=3x^2-6x$
(5) $y'=12x^2-8x+1$　(6) $y'=3x^2+6x+3$

60　導関数 (2)

例 148　ア 11
例 149　ア 4
例 150　ア $12t$

158 (1) $f'(2)=-1$
$f'(-1)=5$
(2) $f'(1)=11$
$f'(-2)=-4$

159 $a=2$

160 (1) $10t-3$　　(2) $8\pi r$

61 接線の方程式

例151　ア　$3x-2$

例152　ア　x　　イ　$-3x+4$

161 (1) $y=4x-1$

(2) $y=-1$

(3) $y=2x$

162 $y=2x-4$, $y=-6x-4$

確認問題 11

1 (1) $y'=6$　　(2) $y'=2x+3$

(3) $y'=4x-5$　　(4) $y'=3x^2+6x$

(5) $y'=6x^2-8x+5$　　(6) $y'=-12x^2+10x+7$

(7) $y'=2x-1$　　(8) $y'=2x$

(9) $y'=8x-12$　　(10) $y'=6x^2+10x$

2 (1) $f'(2)=0$

$f'(-1)=6$

(2) $f'(1)=2$

$f'(-2)=29$

3 (1) $-10t+3$　　(2) $4\pi r^2$

4 (1) $y=x+2$

(2) $y=5x+2$

(3) $y=3x+1$

62 関数の増減と極大・極小 (1)

例153　ア　1　イ　3　ウ　1　エ　3

例154　ア　-1　　イ　3

163 (1) $x\leqq 6$ で減少し，$x\geqq 6$ で増加する。

(2) $x\leqq 0$, $2\leqq x$ で増加し，$0\leqq x\leqq 2$ で減少する。

164 (1) $x=1$ で　極大値 6　をとり，

$x=3$ で　極小値 -2 をとる。

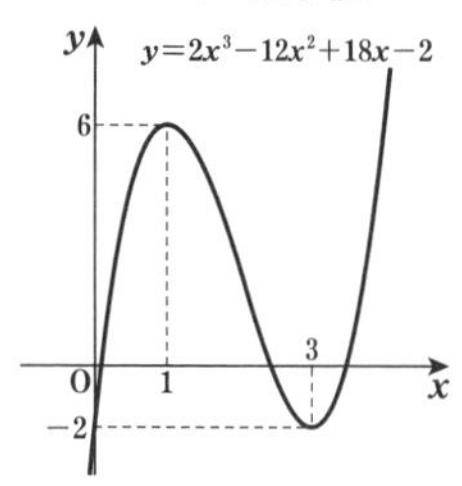

(2) $x=-1$ で　極小値 -5 をとり，

$x=3$ で　極大値 27　をとる。

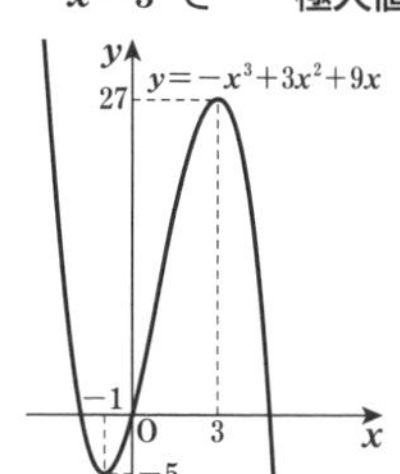

63 関数の増減と極大・極小 (2)

例155　ア　-3　イ　5　ウ　5

例156　ア　30　　イ　-22

165 $a=3$, $b=1$

$x=-2$ のとき，極大値 21 をとる。

166 (1) $x=2$　のとき 最大値 16　をとり，

$x=-1$ のとき 最小値 -11 をとる。

(2) $x=0$　のとき 最大値 5　をとり，

$x=-2$ のとき 最小値 -15 をとる。

64 方程式・不等式への応用

例157　ア　3

例158　ア　0　　イ　1

167 (1) 2個　　(2) 3個

168 $f(x)=(x^3+4)-3x^2=x^3-3x^2+4$ とおくと

$f'(x)=3x^2-6x=3x(x-2)$

$f'(x)=0$ を解くと　$x=0$, 2

区間 $x\geqq 0$ における $f(x)$ の増減表は，次のようになる。

x	0	…	2	…
$f'(x)$	／	$-$	0	$+$
$f(x)$	4	↘	極小 0	↗

ゆえに，$x\geqq 0$ において $f(x)$ は $x=2$ で最小値 0 をとる。

よって，$x\geqq 0$ のとき，$f(x)\geqq 0$ であるから

$(x^3+4)-3x^2\geqq 0$

すなわち　$x^3+4\geqq 3x^2$

等号が成り立つのは $x=2$ のときである。

確認問題 12

1 $x=1$ で　極大値 2 をとり，

$x=2$ で　極小値 1 をとる。

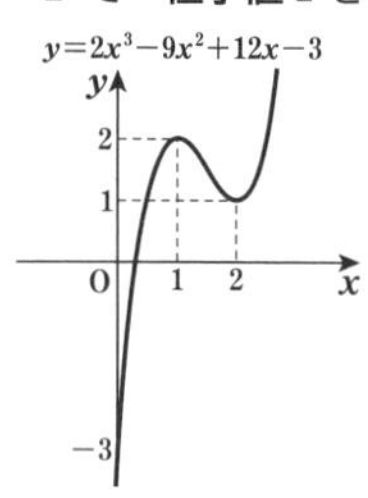

2 $a=-6$, $b=-2$

$x=3$ のとき，極小値 -2 をとる。

3 $x=0$, 3　のとき 最大値 2　をとり，

$x=-1$, 2 のとき 最小値 -2 をとる。

4 $x=4\,(\text{cm})$, $y=4\,(\text{cm})$ のとき

最大値 64 cm^3

5 1個

6 $f(x)=x^3-(6x^2-9x)=x^3-6x^2+9x$ とおくと

$f'(x)=3x^2-12x+9=3(x-1)(x-3)$

$f'(x)=0$ を解くと　$x=1$, 3

区間 $x \geqq 0$ における $f(x)$ の増減表は，次のようになる。

x	0	$\cdots$	1	$\cdots$	3	$\cdots$
$f'(x)$	／	$+$	0	$-$	0	$+$
$f(x)$	0	↗	極大 4	↘	極小 0	↗

よって，$x \geqq 0$ のとき，$f(x) \geqq 0$ であるから

$x^3-(6x^2-9x) \geqq 0$

すなわち　$x^3 \geqq 6x^2-9x$

等号が成り立つのは $x=0$，3 のときである。

65　不定積分 (1)

例 159　ア　x^3

例 160　ア　$-6x+C$　　イ　x^2+C

ウ　$2x^2+3x+C$　　エ　$2x^3-2x^2+x+C$

169 (1)　$-2x+C$

(2)　$\frac{3}{2}x^2+C$

(3)　$x^3+\frac{1}{2}x^2+C$

(4)　$\frac{2}{3}x^3-3x+C$

(5)　x^2-x+C

(6)　$\frac{3}{2}x^2-3x+C$

(7)　$\frac{1}{3}x^3+\frac{3}{2}x^2+C$

(8)　$-\frac{1}{3}x^3-\frac{1}{2}x^2+x+C$

66　不定積分 (2)

例 161　ア　$\frac{1}{3}x^3-\frac{1}{2}x^2-12x+C$

例 162　ア　$3x^3+3x^2-7x+3$

170 (1)　$\frac{1}{3}x^3-\frac{1}{2}x^2-2x+C$

(2)　$x^3-\frac{1}{2}x^2+C$

171 (1)　$\frac{1}{3}x^3+x^2+x+C$

(2)　$2x^3-\frac{1}{2}x^2-2x+C$

172 (1)　$F(x)=2x^2+2x+1$

(2)　$F(x)=-x^3+x^2-x$

173 (1)　$\frac{1}{2}t^2-2t+C$　　(2)　y^3-y^2-y+C

67　定積分 (1)

例 163　ア　$\frac{7}{3}$

例 164　ア　6　　イ　$\frac{2}{3}$

174 (1)　9　　(2)　0

175 (1)　9　　(2)　$-\frac{16}{3}$

(3)　21　　(4)　0

(5)　3

68　定積分 (2)

例 165　ア　18

例 166　ア　18

例 167　ア　0

例 168　ア　x^2-5x+2

176 (1)　9　　(2)　-15

177 (1)　4　　(2)　240

178 (1)　6　　(2)　$\frac{4}{3}$

179 (1)　x^2+3x+1　　(2)　$-(2x-1)^2$

確認問題 13

1 (1)　$-5x+C$　　(2)　$3x^2+C$

(3)　x^3+2x^2+C　　(4)　$\frac{2}{3}x^3-5x+C$

(5)　$\frac{5}{2}x^2-x+C$　　(6)　x^3+2x^2+C

(7)　$\frac{1}{3}x^3+x^2-8x+C$　　(8)　$\frac{1}{3}x^3-x^2+x+C$

2　$F(x)=3x^2+5x+1$

3 (1)　6　　(2)　21

(3)　$-\frac{4}{3}$　　(4)　3

(5)　-1　　(6)　12

(7)　80　　(8)　12

4 (1)　$2x^2-5x+3$　　(2)　$-x^2+3x-2$

69　定積分と面積 (1)

例 169　ア　15

例 170　ア　6

例 171　ア　$\frac{32}{3}$

180　12

181　12

182　$\frac{22}{3}$

183　$\frac{9}{2}$

70　定積分と面積 (2)

例 172　ア　2

例 173　ア　$\frac{32}{3}$

184 (1)　$\frac{21}{2}$　　(2)　$\frac{13}{3}$

185　$\frac{9}{2}$

確認問題 14

1 $\frac{39}{2}$

2 (1) 3　　(2) $\frac{46}{3}$

3 (1) $\frac{32}{3}$　　(2) $\frac{32}{3}$

4 $\frac{10}{3}$

5 $\frac{32}{3}$

TRY *PLUS*

問9 $a<1$，$2<a$ のとき　1個
$a=1$，$a=2$ のとき　2個
$1<a<2$　のとき　3個

問10 (1) $f(x)=2x-3$，$a=-2$

(2) $f(x)=4x+3$，$a=1$，$-\frac{5}{2}$

ステージノート数学Ⅱ

●編　者　実教出版編修部
●発行者　小田　良次
●印刷所　寿印刷株式会社

●発行所　実教出版株式会社
〒102-8377
東京都千代田区五番町5
電話<営業>(03)3238-7777
<編修>(03)3238-7785
<総務>(03)3238-7700
https://www.jikkyo.co.jp/

002402023　ISBN 978-4-407-35156-9

●常用対数表(1)●

数	0	1	2	3	4	5	6	7	8	9
1.0	.0000	.0043	.0086	.0128	.0170	.0212	.0253	.0294	.0334	.0374
1.1	.0414	.0453	.0492	.0531	.0569	.0607	.0645	.0682	.0719	.0755
1.2	.0792	.0828	.0864	.0899	.0934	.0969	.1004	.1038	.1072	.1106
1.3	.1139	.1173	.1206	.1239	.1271	.1303	.1335	.1367	.1399	.1430
1.4	.1461	.1492	.1523	.1553	.1584	.1614	.1644	.1673	.1703	.1732
1.5	.1761	.1790	.1818	.1847	.1875	.1903	.1931	.1959	.1987	.2014
1.6	.2041	.2068	.2095	.2122	.2148	.2175	.2201	.2227	.2253	.2279
1.7	.2304	.2330	.2355	.2380	.2455	.2430	.2455	.2480	.2504	.2529
1.8	.2553	.2577	.2601	.2625	.2648	.2672	.2695	.2718	.2742	.2765
1.9	.2788	.2810	.2833	.2856	.2878	.2900	.2923	.2945	.2967	.2989
2.0	.3010	.3032	.3054	.3075	.3096	.3118	.3139	.3160	.3181	.3201
2.1	.3222	.3243	.3263	.3284	.3304	.3324	.3345	.3365	.3385	.3404
2.2	.3424	.3444	.3464	.3483	.3502	.3522	.3541	.3560	.3579	.3598
2.3	.3617	.3636	.3655	.3674	.3692	.3711	.3729	.3747	.3766	.3784
2.4	.3802	.3820	.3838	.3856	.3874	.3892	.3909	.3927	.3945	.3962
2.5	.3979	.3997	.4014	.4031	.4048	.4065	.4082	.4099	.4116	.4133
2.6	.4150	.4166	.4183	.4200	.4216	.4232	.4249	.4265	.4281	.4298
2.7	.4314	.4330	.4346	.4362	.4378	.4393	.4409	.4425	.4440	.4456
2.8	.4472	.4487	.4502	.4518	.4533	.4548	.4564	.4579	.4594	.4609
2.9	.4624	.4639	.4654	.4669	.4683	.4698	.4713	.4728	.4742	.4757
3.0	.4771	.4786	.4800	.4814	.4829	.4843	.4857	.4871	.4886	.4900
3.1	.4914	.4928	.4942	.4955	.4969	.4983	.4997	.5011	.5024	.5038
3.2	.5051	.5065	.5079	.5092	.5105	.5119	.5132	.5145	.5159	.5172
3.3	.5185	.5198	.5211	.5224	.5237	.5250	.5263	.5276	.5289	.5302
3.4	.5315	.5328	.5340	.5353	.5366	.5378	.5391	.5403	.5416	.5428
3.5	.5441	.5453	.5465	.5478	.5490	.5502	.5514	.5527	.5539	.5551
3.6	.5563	.5575	.5587	.5599	.5611	.5623	.5635	.5647	.5658	.5670
3.7	.5682	.5694	.5705	.5717	.5729	.5740	.5752	.5763	.5775	.5786
3.8	.5798	.5809	.5821	.5832	.5843	.5855	.5866	.5877	.5888	.5899
3.9	.5911	.5922	.5933	.5944	.5955	.5966	.5977	.5988	.5999	.6010
4.0	.6021	.6031	.6042	.6053	.6064	.6075	.6085.	.6096	.6107	.6117
4.1	.6128	.6138	.6149	.6160	.6170	.6180	.6191	.6201	.6212	.6222
4.2	.6232	.6243	.6253	.6263	.6274	.6284	.6294	.6304	.6314	.6325
4.3	.6335	.6345	.6355	.6365	.6375	.6385	.6395	.6405	.6415	.6425
4.4	.6435	.6444	.6454	.6464	.6474	.6484	.6493	.6503	.6513	.6522
4.5	.6532	.6542	.6551	.6561	.6571	.6580	.6590	.6599	.6609	.6618
4.6	.6628	.6637	.6646	.6656	.6665	.6675	.6684	.6693	.6702	.6712
4.7	.6721	.6730	.6739	.6749	.6758	.6767	.6776	.6785	.6794	.6803
4.8	.6812	.6821	.6830	.6839	.6848	.6857	.6866	.6875	.6884	.6893
4.9	.6902	.6911	.6920	.6928	.6937	.6946	.6955	.6964	.6972	.6981
5.0	.6990	.6998	.7007	.7016	.7024	.7033	.7042	.7050	.7059	.7067
5.1	.7076	.7084	.7093	.7101	.7110	.7118	.7126	.7135	.7143	.7152
5.2	.7160	.7168	.7177	.7185	.7193	.7202	.7210	.7218	.7226	.7235
5.3	.7243	.7251	.7259	.7267	.7275	.7284	.7292	.7300	.7308	.7316
5.4	.7324	.7332	.7340	.7348	.7356	.7364	.7372	.7380	.7388	.7396

ステージノート 数学Ⅱ　解答編

実教出版編修部 編

第１章　方程式・式と証明

1　整式の乗法（p.2）

例１

ア　$\boldsymbol{x^3+9x^2+27x+27}$　　イ　$\boldsymbol{8x^3-12x^2y+6xy^2-y^3}$

例２

ア　$\boldsymbol{x^3+125}$　　イ　$\boldsymbol{8x^3-27y^3}$

例３

ア　$\boldsymbol{(2x+3)(4x^2-6x+9)}$

イ　$\boldsymbol{(3x-4y)(9x^2+12xy+16y^2)}$

1

(1)　$(x+4)^3$
$=x^3+3\times x^2\times 4+3\times x\times 4^2+4^3$
$=\boldsymbol{x^3+12x^2+48x+64}$

(2)　$(x-5)^3$
$=x^3-3\times x^2\times 5+3\times x\times 5^2-5^3$
$=\boldsymbol{x^3-15x^2+75x-125}$

(3)　$(3x-1)^3$
$=(3x)^3-3\times(3x)^2\times 1+3\times 3x\times 1^2-1^3$
$=\boldsymbol{27x^3-27x^2+9x-1}$

(4)　$(2x+3)^3$
$=(2x)^3+3\times(2x)^2\times 3+3\times 2x\times 3^2+3^3$
$=\boldsymbol{8x^3+36x^2+54x+27}$

(5)　$(3x+2y)^3$
$=(3x)^3+3\times(3x)^2\times 2y+3\times 3x\times(2y)^2+(2y)^3$
$=\boldsymbol{27x^3+54x^2y+36xy^2+8y^3}$

(6)　$(-x+2y)^3$
$=(-x)^3+3\times(-x)^2\times 2y+3\times(-x)\times(2y)^2+(2y)^3$
$=\boldsymbol{-x^3+6x^2y-12xy^2+8y^3}$

2

(1)　$(x+4)(x^2-4x+16)$
$=(x+4)(x^2-x\times 4+4^2)$
$=x^3+4^3=\boldsymbol{x^3+64}$

(2)　$(x-3)(x^2+3x+9)$
$=(x-3)(x^2+x\times 3+3^2)$
$=x^3-3^3=\boldsymbol{x^3-27}$

(3)　$(3x+2y)(9x^2-6xy+4y^2)$
$=(3x+2y)\{(3x)^2-3x\times 2y+(2y)^2\}$
$=(3x)^3+(2y)^3=\boldsymbol{27x^3+8y^3}$

(4)　$(2x-5y)(4x^2+10xy+25y^2)$
$=(2x-5y)\{(2x)^2+2x\times 5y+(5y)^2\}$
$=(2x)^3-(5y)^3=\boldsymbol{8x^3-125y^3}$

3

(1)　x^3+1
$=x^3+1^3$
$=(x+1)(x^2-x\times 1+1^2)$
$=\boldsymbol{(x+1)(x^2-x+1)}$

(2)　x^3-8y^3
$=x^3-(2y)^3$
$=(x-2y)\{x^2+x\times 2y+(2y)^2\}$
$=\boldsymbol{(x-2y)(x^2+2xy+4y^2)}$

(3)　$27x^3+8$
$=(3x)^3+2^3$
$=(3x+2)\{(3x)^2-3x\times 2+2^2\}$
$=\boldsymbol{(3x+2)(9x^2-6x+4)}$

(4)　$64x^3-125y^3$
$=(4x)^3-(5y)^3$
$=(4x-5y)\{(4x)^2+4x\times 5y+(5y)^2\}$
$=\boldsymbol{(4x-5y)(16x^2+20xy+25y^2)}$

2　二項定理（p.4）

例４

ア　$\boldsymbol{a^4+4a^3b+6a^2b^2+4ab^3+b^4}$

例５

ア　$\boldsymbol{x^4-8x^3+24x^2-32x+16}$

例６

ア　**40**

4

(1)　$(a+b)^6$
$=\boldsymbol{a^6+6a^5b+15a^4b^2+20a^3b^3+15a^2b^4+6ab^5+b^6}$

(2)　$(x+y)^7=\boldsymbol{x^7+7x^6y+21x^5y^2+35x^4y^3}$
$\boldsymbol{+35x^3y^4+21x^2y^5+7xy^6+y^7}$

1　1
1　2　1
1　3　3　1
1　4　6　4　1
1　5　10　10　5　1
1　6　15　20　15　6　1
1　7　21　35　35　21　7　1

5

(1)　$(x+1)^6$
$={}_6\mathrm{C}_0x^6+{}_6\mathrm{C}_1x^5\cdot 1+{}_6\mathrm{C}_2x^4\cdot 1^2+{}_6\mathrm{C}_3x^3\cdot 1^3$
$+{}_6\mathrm{C}_4x^2\cdot 1^4+{}_6\mathrm{C}_5x\cdot 1^5+{}_6\mathrm{C}_6\cdot 1^6$
$=\boldsymbol{x^6+6x^5+15x^4+20x^3+15x^2+6x+1}$

(2)　$(x-2)^5=\{x+(-2)\}^5$
$={}_5\mathrm{C}_0x^5+{}_5\mathrm{C}_1x^4\cdot(-2)+{}_5\mathrm{C}_2x^3\cdot(-2)^2$
$+{}_5\mathrm{C}_3x^2\cdot(-2)^3+{}_5\mathrm{C}_4x\cdot(-2)^4+{}_5\mathrm{C}_5\cdot(-2)^5$
$=1\cdot x^5+5\cdot x^4\cdot(-2)+10\cdot x^3\cdot 4$

$+10\cdot x^2\cdot(-8)+5\cdot x\cdot 16+1\cdot(-32)$

$=\boldsymbol{x^5-10x^4+40x^3-80x^2+80x-32}$

(3) $(2x+y)^5$

$={}_5C_0(2x)^5+{}_5C_1(2x)^4y+{}_5C_2(2x)^3y^2$

$+{}_5C_3(2x)^2y^3+{}_5C_4(2x)y^4+{}_5C_5y^5$

$=1\cdot 32x^5+5\cdot 16x^4\cdot y+10\cdot 8x^3\cdot y^2$

$+10\cdot 4x^2\cdot y^3+5\cdot 2x\cdot y^4+1\cdot y^5$

$=\boldsymbol{32x^5+80x^4y+80x^3y^2+40x^2y^3+10xy^4+y^5}$

(4) $(3x-2y)^4=\{3x+(-2y)\}^4$

$={}_4C_0(3x)^4+{}_4C_1(3x)^3(-2y)$

$+{}_4C_2(3x)^2(-2y)^2+{}_4C_3(3x)(-2y)^3+{}_4C_4(-2y)^4$

$=1\cdot 81x^4+4\cdot 27x^3\cdot(-2y)$

$+6\cdot 9x^2\cdot 4y^2+4\cdot 3x\cdot(-8y^3)+1\cdot 16y^4$

$=\boldsymbol{81x^4-216x^3y+216x^2y^2-96xy^3+16y^4}$

6

(1) $(3x+y)^6$ の展開式の一般項は

${}_6C_r(3x)^{6-r}y^r={}_6C_r\times 3^{6-r}\times x^{6-r}y^r$

ここで，$x^{6-r}y^r$ の項が x^2y^4 となるのは，$r=4$ のときである。

よって，求める係数は

$${}_6C_4\times 3^{6-4}=\frac{6\times 5\times 4\times 3}{4\times 3\times 2\times 1}\times 9=\mathbf{135}$$

(2) $(2x+3y)^5$ の展開式の一般項は

${}_5C_r(2x)^{5-r}(3y)^r={}_5C_r\times 2^{5-r}\times 3^r\times x^{5-r}y^r$

ここで，$x^{5-r}y^r$ の項が x^3y^2 となるのは，$r=2$ のときである。

よって，求める係数は

$${}_5C_2\times 2^{5-2}\times 3^2=\frac{5\times 4}{2\times 1}\times 8\times 9=\mathbf{720}$$

(3) $(4x-y)^5$ の展開式の一般項は

${}_5C_r(4x)^{5-r}(-y)^r={}_5C_r\times 4^{5-r}\times(-1)^r\times x^{5-r}y^r$

ここで，$x^{5-r}y^r$ の項が x^2y^3 となるのは，$r=3$ のときである。

よって，求める係数は

$${}_5C_3\times 4^{5-3}\times(-1)^3=\frac{5\times 4\times 3}{3\times 2\times 1}\times 16\times(-1)=\mathbf{-160}$$

(4) $(x-2y)^7$ の展開式の一般項は

${}_7C_rx^{7-r}(-2y)^r={}_7C_r\times(-2)^r\times x^{7-r}y^r$

ここで，$x^{7-r}y^r$ の項が x^5y^2 となるのは，$r=2$ のときである。

よって，求める係数は

$${}_7C_2\times(-2)^2=\frac{7\times 6}{2\times 1}\times 4=\mathbf{84}$$

3　整式の除法 (1) (p.6)

例 7

ア　$\boldsymbol{x-3}$　　**イ**　$\mathbf{10}$

例 8

ア　$\boldsymbol{3x+6}$　　**イ**　$\boldsymbol{17x+2}$

7

(1)

$$\begin{array}{r} 2x-1 \\ x+3\,\overline{)\,2x^2+5x-6} \\ \underline{2x^2+6x} \\ -x-6 \\ \underline{-x-3} \\ -3 \end{array}$$

商は $\boldsymbol{2x-1}$，余りは $\mathbf{-3}$

(2)

$$\begin{array}{r} x+1 \\ 3x+1\,\overline{)\,3x^2+4x-6} \\ \underline{3x^2+x} \\ 3x-6 \\ \underline{3x+1} \\ -7 \end{array}$$

商は $\boldsymbol{x+1}$，余りは $\mathbf{-7}$

8

(1)

$$\begin{array}{r} x^2-x+2 \\ x-2\,\overline{)\,x^3-3x^2+4x+1} \\ \underline{x^3-2x^2} \\ -x^2+4x \\ \underline{-x^2+2x} \\ 2x+1 \\ \underline{2x-4} \\ 5 \end{array}$$

商は $\boldsymbol{x^2-x+2}$，余りは $\mathbf{5}$

(2)

$$\begin{array}{r} x^2-2x+1 \\ 4x+3\,\overline{)\,4x^3-5x^2-2x+3} \\ \underline{4x^3+3x^2} \\ -8x^2-2x \\ \underline{-8x^2-6x} \\ 4x+3 \\ \underline{4x+3} \\ 0 \end{array}$$

商は $\boldsymbol{x^2-2x+1}$，余りは $\mathbf{0}$

9

(1)

$$\begin{array}{r} 3x+4 \\ x^2-2x-2\,\overline{)\,3x^3-2x^2+x-1} \\ \underline{3x^3-6x^2-6x} \\ 4x^2+7x-1 \\ \underline{4x^2-8x-8} \\ 15x+7 \end{array}$$

商は $\boldsymbol{3x+4}$，余りは $\boldsymbol{15x+7}$

(2)

$$\begin{array}{r} x-2 \\ 2x^2+4x-3\,\overline{)\,2x^3-8x+7} \\ \underline{2x^3+4x^2-3x} \\ -4x^2-5x+7 \\ \underline{-4x^2-8x+6} \\ 3x+1 \end{array}$$

商は $\boldsymbol{x-2}$，余りは $\boldsymbol{3x+1}$

(3)

$$\begin{array}{r} 2x+3 \\ x^2+2\,\overline{)\,2x^3+3x^2+6} \\ \underline{2x^3+4x} \\ 3x^2-4x+6 \\ \underline{3x^2+6} \\ -4x \end{array}$$

商は $\boldsymbol{2x+3}$，余りは $\boldsymbol{-4x}$

4 整式の除法 (2) (p.8)

例 9

ア x^3-16

例 10

ア x^2+4x+2

10

(1) 整式の除法の関係式より

$A=(x+2)(x^2-2x+4)+3$

$=(x^3+8)+3$

$=\boldsymbol{x^3+11}$

(2) 整式の除法の関係式より

$A=(x^2-x+2)(2x+1)-3$

$=(2x^3+x^2-2x^2-x+4x+2)-3$

$=\boldsymbol{2x^3-x^2+3x-1}$

11

(1) 整式の除法の関係式より

$x^3-x^2-3x+1=B\times(x-2)+(-3x+5)$

$x^3-x^2-4=B(x-2)$

よって，x^3-x^2-4 を $x-2$ で割って

$B=\boldsymbol{x^2+x+2}$

$$\begin{array}{r|l} & x^2+x+2 \\ x-2 & x^3-x^2-4 \\ & x^3-2x^2 \\ & \phantom{x^3-{}}x^2 \\ & \phantom{x^3-{}}x^2-2x \\ & \phantom{x^3-x^2-{}}2x-4 \\ & \phantom{x^3-x^2-{}}2x-4 \\ & \phantom{x^3-x^2-2x-{}}0 \end{array}$$

(2) 整式の除法の関係式より

$6x^3-5x^2-3x+7=B\times(2x^2-3x+1)+5$

$6x^3-5x^2-3x+2=B(2x^2-3x+1)$

よって，$6x^3-5x^2-3x+2$ を $2x^2-3x+1$ で割って

$B=\boldsymbol{3x+2}$

$$\begin{array}{r|l} & 3x+2 \\ 2x^2-3x+1 & 6x^3-5x^2-3x+2 \\ & 6x^3-9x^2+3x \\ & \phantom{6x^3-{}}4x^2-6x+2 \\ & \phantom{6x^3-{}}4x^2-6x+2 \\ & \phantom{6x^3-4x^2-6x+{}}0 \end{array}$$

5 分数式 (1) (p.10)

例 11

ア $\boldsymbol{\dfrac{2x^2}{3y^3}}$　　イ $\boldsymbol{\dfrac{2x-3}{x^2-x+1}}$

例 12

ア $\boldsymbol{\dfrac{x+1}{x+4}}$　　イ $\boldsymbol{\dfrac{x-3}{x-1}}$

12

(1) $\dfrac{6x^3y}{8x^2y^3}=\dfrac{2x^2y\times3x}{2x^2y\times4y^2}=\boldsymbol{\dfrac{3x}{4y^2}}$

(2) $\dfrac{21x^2y^5}{15x^4y^3}=\dfrac{3x^2y^3\times7y^2}{3x^2y^3\times5x^2}=\boldsymbol{\dfrac{7y^2}{5x^2}}$

13

(1) $\dfrac{3x+6}{x^2+4x+4}=\dfrac{3(x+2)}{(x+2)^2}=\boldsymbol{\dfrac{3}{x+2}}$

(2) $\dfrac{x^2-4}{x^2-3x+2}=\dfrac{(x+2)(x-2)}{(x-1)(x-2)}=\boldsymbol{\dfrac{x+2}{x-1}}$

(3) $\dfrac{x^2-2x-3}{2x^2+x-1}=\dfrac{(x+1)(x-3)}{(x+1)(2x-1)}=\boldsymbol{\dfrac{x-3}{2x-1}}$

(4) $\dfrac{x^2-9}{3x^2+11x+6}=\dfrac{(x+3)(x-3)}{(x+3)(3x+2)}=\boldsymbol{\dfrac{x-3}{3x+2}}$

14

(1) $\dfrac{5x-3}{4(x+2)}\times\dfrac{x+2}{(x+1)(5x-3)}$

$=\boldsymbol{\dfrac{1}{4(x+1)}}$

(2) $\dfrac{x+4}{x^2-4}\times\dfrac{x+2}{x^2+4x}$

$=\dfrac{x+4}{(x+2)(x-2)}\times\dfrac{x+2}{x(x+4)}$

$=\boldsymbol{\dfrac{1}{x(x-2)}}$

(3) $\dfrac{x^2-9}{x+2}\div\dfrac{2x-6}{x^2+2x}$

$=\dfrac{x^2-9}{x+2}\times\dfrac{x^2+2x}{2x-6}$

$=\dfrac{(x+3)(x-3)}{x+2}\times\dfrac{x(x+2)}{2(x-3)}$

$=\boldsymbol{\dfrac{x(x+3)}{2}}$

(4) $\dfrac{x^2-2x+1}{3x^2+5x+2}\div\dfrac{x^3-1}{3x^2-4x-4}$

$=\dfrac{x^2-2x+1}{3x^2+5x+2}\times\dfrac{3x^2-4x-4}{x^3-1}$

$=\dfrac{(x-1)^2}{(x+1)(3x+2)}\times\dfrac{(x-2)(3x+2)}{(x-1)(x^2+x+1)}$

$=\boldsymbol{\dfrac{(x-1)(x-2)}{(x+1)(x^2+x+1)}}$

6 分数式 (2) (p.12)

例 13

ア $\boldsymbol{x-3}$

例 14

ア $\boldsymbol{\dfrac{x^2-2x-1}{(x+1)(x-1)}}$

例 15

ア $\boldsymbol{\dfrac{x+1}{x(x-3)}}$

15

(1) $\dfrac{x+2}{x+3}+\dfrac{x+4}{x+3}$

$=\dfrac{x+2+x+4}{x+3}$

$=\dfrac{2x+6}{x+3}$

$=\dfrac{2(x+3)}{x+3}$

$=\mathbf{2}$

(2) $\dfrac{x^2}{x^2-x-6}+\dfrac{2x}{x^2-x-6}$

$=\dfrac{x^2+2x}{x^2-x-6}$

$=\dfrac{x(x+2)}{(x+2)(x-3)}$

$=\boldsymbol{\dfrac{x}{x-3}}$

16

(1) $\dfrac{3}{x+3}+\dfrac{5}{x-5}$

$=\dfrac{3(x-5)}{(x+3)(x-5)}+\dfrac{5(x+3)}{(x+3)(x-5)}$

$=\dfrac{3x-15+5x+15}{(x+3)(x-5)}$

$=\boldsymbol{\dfrac{8x}{(x+3)(x-5)}}$

(2) $\dfrac{x-1}{x-2}-\dfrac{x}{x+1}$

$=\dfrac{(x-1)(x+1)}{(x-2)(x+1)}-\dfrac{x(x-2)}{(x-2)(x+1)}$

$=\dfrac{x^2-1-(x^2-2x)}{(x-2)(x+1)}$

$=\boldsymbol{\dfrac{2x-1}{(x-2)(x+1)}}$

17

(1) $\dfrac{2}{x(x-1)}-\dfrac{1}{(x-1)(x-2)}$

$=\dfrac{2(x-2)}{x(x-1)(x-2)}-\dfrac{x}{x(x-1)(x-2)}$

$=\dfrac{2(x-2)-x}{x(x-1)(x-2)}$

$=\boldsymbol{\dfrac{x-4}{x(x-1)(x-2)}}$

(2) $\dfrac{1}{x^2+3x+2}+\dfrac{x+5}{x^2-2x-3}$

$=\dfrac{1}{(x+1)(x+2)}+\dfrac{x+5}{(x+1)(x-3)}$

$=\dfrac{x-3}{(x+1)(x+2)(x-3)}+\dfrac{(x+5)(x+2)}{(x+1)(x+2)(x-3)}$

$=\dfrac{x-3+(x+5)(x+2)}{(x+1)(x+2)(x-3)}$

$=\dfrac{x^2+8x+7}{(x+1)(x+2)(x-3)}$

$=\dfrac{(x+1)(x+7)}{(x+1)(x+2)(x-3)}$

$=\boldsymbol{\dfrac{x+7}{(x+2)(x-3)}}$

(3) $\dfrac{x-1}{x^2-2x-3}+\dfrac{x+5}{x^2-6x-7}$

$=\dfrac{x-1}{(x+1)(x-3)}+\dfrac{x+5}{(x+1)(x-7)}$

$=\dfrac{(x-1)(x-7)}{(x+1)(x-3)(x-7)}+\dfrac{(x+5)(x-3)}{(x+1)(x-3)(x-7)}$

$=\dfrac{(x-1)(x-7)+(x+5)(x-3)}{(x+1)(x-3)(x-7)}$

$=\dfrac{2x^2-6x-8}{(x+1)(x-3)(x-7)}$

$=\dfrac{2(x+1)(x-4)}{(x+1)(x-3)(x-7)}$

$=\boldsymbol{\dfrac{2(x-4)}{(x-3)(x-7)}}$

(4) $\dfrac{x+8}{x^2+x-2}-\dfrac{x+5}{x^2-1}$

$=\dfrac{x+8}{(x-1)(x+2)}-\dfrac{x+5}{(x+1)(x-1)}$

$=\dfrac{(x+8)(x+1)}{(x-1)(x+2)(x+1)}-\dfrac{(x+5)(x+2)}{(x-1)(x+2)(x+1)}$

$=\dfrac{(x+8)(x+1)-(x+5)(x+2)}{(x-1)(x+2)(x+1)}$

$=\dfrac{2x-2}{(x-1)(x+2)(x+1)}$

$=\dfrac{2(x-1)}{(x-1)(x+2)(x+1)}$

$=\boldsymbol{\dfrac{2}{(x+2)(x+1)}}$

確認問題 1 (p.14)

1

(1) $(x-3)^3$

$=x^3-3\times x^2\times 3+3\times x\times 3^2-3^3$

$=\boldsymbol{x^3-9x^2+27x-27}$

(2) $(2x+3y)^3$

$=(2x)^3+3\times(2x)^2\times 3y+3\times 2x\times(3y)^2+(3y)^3$

$=\boldsymbol{8x^3+36x^2y+54xy^2+27y^3}$

(3) $(x+1)(x^2-x+1)$

$=(x+1)(x^2-x\times 1+1^2)$

$=x^3+1^3=\boldsymbol{x^3+1}$

(4) $(x-2y)(x^2+2xy+4y^2)$

$=(x-2y)\{x^2+x\times 2y+(2y)^2\}$

$=x^3-(2y)^3=\boldsymbol{x^3-8y^3}$

2

(1) x^3+8

$=x^3+2^3$

$=(x+2)(x^2-x\times 2+2^2)$

$=\boldsymbol{(x+2)(x^2-2x+4)}$

(2) $8x^3-27y^3$

$=(2x)^3-(3y)^3$

$=(2x-3y)\{(2x)^2+2x\times 3y+(3y)^2\}$

$=\boldsymbol{(2x-3y)(4x^2+6xy+9y^2)}$

3

(1) $(x+3)^5$

$={}_5C_0x^5+{}_5C_1x^4\cdot 3+{}_5C_2x^3\cdot 3^2+{}_5C_3x^2\cdot 3^3+{}_5C_4x\cdot 3^4+{}_5C_5\cdot 3^5$

$=1\cdot x^5+5\cdot x^4\cdot 3+10\cdot x^3\cdot 9+10\cdot x^2\cdot 27+5\cdot x\cdot 81+1\cdot 243$

$=\boldsymbol{x^5+15x^4+90x^3+270x^2+405x+243}$

(2) $(2x-3y)^4=\{2x+(-3y)\}^4$

$={}_4C_0(2x)^4+{}_4C_1(2x)^3(-3y)+{}_4C_2(2x)^2(-3y)^2$

$\quad+{}_4C_3(2x)(-3y)^3+{}_4C_4(-3y)^4$

$=1\cdot 16x^4+4\cdot 8x^3\cdot(-3y)+6\cdot 4x^2\cdot 9y^2$
$\quad+4\cdot 2x\cdot(-27y^3)+1\cdot 81y^4$
$=\boldsymbol{16x^4-96x^3y+216x^2y^2-216xy^3+81y^4}$

4

(1) $(x+4y)^6$ の展開式の一般項は
$\quad {}_6\mathrm{C}_r x^{6-r}(4y)^r={}_6\mathrm{C}_r\times 4^r\times x^{6-r}y^r$
ここで，$x^{6-r}y^r$ の項が x^5y となるのは，$r=1$ のときである。
よって，求める係数は
$\quad {}_6\mathrm{C}_1\times 4^1=6\times 4=\mathbf{24}$

(2) $(2x-y)^7$ の展開式の一般項は
$\quad {}_7\mathrm{C}_r(2x)^{7-r}(-y)^r={}_7\mathrm{C}_r\times 2^{7-r}\times(-1)^r\times x^{7-r}y^r$
ここで，$x^{7-r}y^r$ の項が x^4y^3 となるのは，$r=3$ のときである。
よって，求める係数は
$\quad {}_7\mathrm{C}_3\times 2^{7-3}\times(-1)^3=\dfrac{7\times 6\times 5}{3\times 2\times 1}\times 16\times(-1)=\mathbf{-560}$

5

(1)
```
          3x  +5
     x-3) 3x²-4x+ 7
          3x²-9x
               5x+ 7
               5x-15
                   22
```
商は $\mathbf{3x+5}$，余りは $\mathbf{22}$

(2)
```
              x  +3
     2x²+1) 2x³+6x²    -4
            2x³     +x
                6x²-x-4
                6x²  +3
                   -x-7
```
商は $\boldsymbol{x+3}$，余りは $\boldsymbol{-x-7}$

6

A を $x-1$ で割ると，商が Q で余りが 1 であるから，整式の除法の関係式より
$\quad A=(x-1)Q+1$ ……①
Q を x^2+1 で割ると，商が $x+1$ で余りが $x-2$ であるから，整式の除法の関係式より
$\quad Q=(x^2+1)(x+1)+(x-2)$
$\quad\quad =x^3+x^2+2x-1$
よって，①より
$\quad A=(x-1)(x^3+x^2+2x-1)+1$
$\quad\quad =\boldsymbol{x^4+x^2-3x+2}$

7

(1) $\dfrac{3x-1}{6(x+4)}\times\dfrac{2(x+4)}{(x+2)(3x-1)}$
$=\dfrac{\mathbf{1}}{\mathbf{3(x+2)}}$

(2) $\dfrac{2x^2-2}{x+3}\div\dfrac{x^3+1}{x^2+3x}$
$=\dfrac{2x^2-2}{x+3}\times\dfrac{x^2+3x}{x^3+1}$
$=\dfrac{2(x+1)(x-1)}{x+3}\times\dfrac{x(x+3)}{(x+1)(x^2-x+1)}$
$=\dfrac{\boldsymbol{2x(x-1)}}{\boldsymbol{x^2-x+1}}$

8

(1) $\dfrac{x^2+2x}{x-2}+\dfrac{x-10}{x-2}$
$=\dfrac{x^2+2x+x-10}{x-2}$
$=\dfrac{x^2+3x-10}{x-2}$
$=\dfrac{(x+5)(x-2)}{x-2}=\boldsymbol{x+5}$

(2) $\dfrac{2}{x+1}-\dfrac{4}{2x+3}$
$=\dfrac{2(2x+3)}{(x+1)(2x+3)}-\dfrac{4(x+1)}{(x+1)(2x+3)}$
$=\dfrac{4x+6-(4x+4)}{(x+1)(2x+3)}$
$=\dfrac{\mathbf{2}}{\boldsymbol{(x+1)(2x+3)}}$

(3) $\dfrac{3}{(x+1)(x-2)}+\dfrac{1}{(x-2)(x-3)}$
$=\dfrac{3(x-3)}{(x+1)(x-2)(x-3)}+\dfrac{x+1}{(x+1)(x-2)(x-3)}$
$=\dfrac{3(x-3)+x+1}{(x+1)(x-2)(x-3)}$
$=\dfrac{4x-8}{(x+1)(x-2)(x-3)}$
$=\dfrac{4(x-2)}{(x+1)(x-2)(x-3)}$
$=\dfrac{\mathbf{4}}{\boldsymbol{(x+1)(x-3)}}$

(4) $\dfrac{x-4}{x^2+x-2}-\dfrac{x-6}{x^2+3x-4}$
$=\dfrac{x-4}{(x+2)(x-1)}-\dfrac{x-6}{(x+4)(x-1)}$
$=\dfrac{(x-4)(x+4)}{(x-1)(x+2)(x+4)}-\dfrac{(x-6)(x+2)}{(x-1)(x+2)(x+4)}$
$=\dfrac{(x-4)(x+4)-(x-6)(x+2)}{(x-1)(x+2)(x+4)}$
$=\dfrac{4x-4}{(x-1)(x+2)(x+4)}$
$=\dfrac{4(x-1)}{(x-1)(x+2)(x+4)}$
$=\dfrac{\mathbf{4}}{\boldsymbol{(x+2)(x+4)}}$

7 複素数 (1) (p.16)

例 16

ア 3　　イ -4　　ウ 0　　エ 2

例 17

ア 1　　イ -2

例 18

ア $4-2i$　　イ $2+6i$

18

(1) 実部は **3**，虚部は **7**

(2) 実部は **−2**，虚部は **−1**

(3) 実部は **0**，虚部は **−6**

(4) 実部は $\mathbf{1+\sqrt{2}}$，虚部は **0**

純虚数は (3)

19

(1) $2x$, $3y+1$ は実数であるから

$2x=-8$ かつ $3y+1=4$

これを解いて $\boldsymbol{x=-4,\ y=1}$

(2) $3(x-2)$, $y+4$, $-y$ は実数であるから

$3(x-2)=6$ かつ $y+4=-y$

これを解いて $\boldsymbol{x=4,\ y=-2}$

(3) $x+2y$, $-(2x-y)$ は実数であるから

$x+2y=4$ かつ $-(2x-y)=7$

これを解いて $\boldsymbol{x=-2,\ y=3}$

(4) $x-2y$, $y+4$ は実数であるから

$x-2y=0$ かつ $y+4=0$

これを解いて $\boldsymbol{x=-8,\ y=-4}$

20

(1) $(2+5i)+(3+2i)=(2+3)+(5+2)i=\boldsymbol{5+7i}$

(2) $(4-3i)+(-3+2i)=(4-3)+(-3+2)i=\boldsymbol{1-i}$

(3) $(3+8i)-(4+9i)=(3-4)+(8-9)i=\boldsymbol{-1-i}$

(4) $(5i-4)-(-4i)=-4+(5+4)i=\boldsymbol{-4+9i}$

8 複素数 (2) (p.18)

例 19

ア $11+2i$

例 20

ア $2-5i$

例 21

ア $4-3i$

21

(1) $(2+3i)(1+4i)$

$=2+8i+3i+12i^2$

$=2+8i+3i+12\times(-1)$

$=2+11i-12$

$=\boldsymbol{-10+11i}$

(2) $(3+5i)(2-i)$

$=6-3i+10i-5i^2$

$=6-3i+10i-5\times(-1)$

$=6+7i+5=\boldsymbol{11+7i}$

(3) $(1+3i)^2$

$=1+6i+9i^2$

$=1+6i+9\times(-1)$

$=1+6i-9$

$=\boldsymbol{-8+6i}$

(4) $(4+3i)(4-3i)$

$=16-9i^2$

$=16-9\times(-1)$

$=16+9$

$=\boldsymbol{25}$

22

(1) $\boldsymbol{3-i}$

(2) $\boldsymbol{2i}$

(3) $\boldsymbol{-6}$

(4) $\boldsymbol{\dfrac{-1-\sqrt{5}\,i}{2}}$

23

(1) $\dfrac{1+2i}{3+2i}=\dfrac{(1+2i)(3-2i)}{(3+2i)(3-2i)}$

$=\dfrac{3-2i+6i-4i^2}{9-4i^2}$

$=\dfrac{7+4i}{13}$

$=\boldsymbol{\dfrac{7}{13}+\dfrac{4}{13}i}$

(2) $\dfrac{3+2i}{1-2i}=\dfrac{(3+2i)(1+2i)}{(1-2i)(1+2i)}$

$=\dfrac{3+6i+2i+4i^2}{1-4i^2}$

$=\dfrac{-1+8i}{5}$

$=\boldsymbol{-\dfrac{1}{5}+\dfrac{8}{5}i}$

(3) $\dfrac{1-i}{1+i}=\dfrac{(1-i)^2}{(1+i)(1-i)}$

$=\dfrac{1-2i+i^2}{1-i^2}$

$=\dfrac{-2i}{2}$

$=\boldsymbol{-i}$

(4) $\dfrac{4}{3+i}=\dfrac{4(3-i)}{(3+i)(3-i)}$

$=\dfrac{12-4i}{9-i^2}$

$=\dfrac{12-4i}{10}$

$=\boldsymbol{\dfrac{6}{5}-\dfrac{2}{5}i}$

(5) $\dfrac{2i}{1-i}=\dfrac{2i(1+i)}{(1-i)(1+i)}$

$=\dfrac{2i+2i^2}{1-i^2}$

$=\dfrac{2i-2}{2}$

$=\boldsymbol{-1+i}$

(6) $\dfrac{2-i}{i}=\dfrac{(2-i)\times i}{i\times i}$

$=\dfrac{2i-i^2}{i^2}$

$=\dfrac{1+2i}{-1}$

$=\boldsymbol{-1-2i}$

9　複素数 (3) (p.20)

例22

ア　$\sqrt{3}\,i$　　イ　$\pm 6i$

例23

ア　$-\sqrt{10}$　　イ　$-2i$

例24

ア　$\pm\sqrt{3}\,i$

24

(1)　$\sqrt{-7}=\boldsymbol{\sqrt{7}\,i}$

(2)　$\sqrt{-25}=\sqrt{25}\,i=\boldsymbol{5i}$

(3)　$\pm\sqrt{-64}=\pm\sqrt{64}\,i=\boldsymbol{\pm 8i}$

25

(1)　$\sqrt{-2}\times\sqrt{-3}=\sqrt{2}\,i\times\sqrt{3}\,i$
$=\sqrt{6}\,i^2$
$=\boldsymbol{-\sqrt{6}}$

(2)　$(\sqrt{-3}+1)^2=(\sqrt{3}\,i+1)^2$
$=3i^2+2\sqrt{3}\,i+1$
$=-3+2\sqrt{3}\,i+1$
$=\boldsymbol{-2+2\sqrt{3}\,i}$

(3)　$\dfrac{\sqrt{3}}{\sqrt{-4}}=\dfrac{\sqrt{3}}{2i}=\dfrac{\sqrt{3}\times i}{2i\times i}$
$=\dfrac{\sqrt{3}\,i}{2i^2}$
$=\boldsymbol{-\dfrac{\sqrt{3}}{2}i}$

(4)　$\dfrac{\sqrt{6}}{\sqrt{-3}}=\dfrac{\sqrt{6}}{\sqrt{3}\,i}=\dfrac{\sqrt{2}}{i}$
$=\dfrac{\sqrt{2}\times i}{i\times i}$
$=\dfrac{\sqrt{2}\,i}{i^2}$
$=\boldsymbol{-\sqrt{2}\,i}$

(5)　$(\sqrt{2}-\sqrt{-3})(\sqrt{-2}-\sqrt{3})$
$=(\sqrt{2}-\sqrt{3}\,i)(\sqrt{2}\,i-\sqrt{3})$
$=2i-\sqrt{6}-\sqrt{6}\,i^2+3i$
$=2i-\sqrt{6}+\sqrt{6}+3i$
$=\boldsymbol{5i}$

26

(1)　$\boldsymbol{x}=\pm\sqrt{-2}=\boldsymbol{\pm\sqrt{2}\,i}$

(2)　$\boldsymbol{x}=\pm\sqrt{-16}=\pm\sqrt{16}\,i=\boldsymbol{\pm 4i}$

(3)　$9x^2=-1$
$x^2=-\dfrac{1}{9}$
$\boldsymbol{x}=\pm\sqrt{-\dfrac{1}{9}}=\pm\sqrt{\dfrac{1}{9}}\,i=\boldsymbol{\pm\dfrac{1}{3}i}$

(4)　$4x^2+9=0$
$x^2=-\dfrac{9}{4}$
$\boldsymbol{x}=\pm\sqrt{-\dfrac{9}{4}}=\pm\sqrt{\dfrac{9}{4}}\,i=\boldsymbol{\pm\dfrac{3}{2}i}$

10　2次方程式 (1) (p.22)

例25

ア　$\dfrac{2\pm\sqrt{6}}{2}$　イ　$-\dfrac{1}{3}$　ウ　$\dfrac{1\pm\sqrt{23}\,i}{6}$　エ　$\sqrt{5}\pm 3$

27

(1)　$\boldsymbol{x}=\dfrac{-5\pm\sqrt{5^2-4\times 2\times 1}}{2\times 2}=\boldsymbol{\dfrac{-5\pm\sqrt{17}}{4}}$

(2)　$\boldsymbol{x}=\dfrac{-(-4)\pm\sqrt{(-4)^2-4\times 1\times 1}}{2\times 1}=\dfrac{4\pm 2\sqrt{3}}{2}$
$=\boldsymbol{2\pm\sqrt{3}}$

(3)　$\boldsymbol{x}=\dfrac{-12\pm\sqrt{12^2-4\times 9\times 4}}{2\times 9}=\dfrac{-12}{18}=\boldsymbol{-\dfrac{2}{3}}$

(4)　$\boldsymbol{x}=\dfrac{-(-4)\pm\sqrt{(-4)^2-4\times 2\times 5}}{2\times 2}$
$=\dfrac{4\pm 2\sqrt{6}\,i}{4}=\boldsymbol{\dfrac{2\pm\sqrt{6}\,i}{2}}$

(5)　$\boldsymbol{x}=\dfrac{-(-1)\pm\sqrt{(-1)^2-4\times 1\times 1}}{2\times 1}=\boldsymbol{\dfrac{1\pm\sqrt{3}\,i}{2}}$

(6)　$x=\dfrac{-(-2)\pm\sqrt{(-2)^2-4\times 3\times(-1)}}{2\times 3}=\dfrac{2\pm 4}{6}$
$\dfrac{2+4}{6}=1$，$\dfrac{2-4}{6}=-\dfrac{1}{3}$　より
$\boldsymbol{x=1,\ -\dfrac{1}{3}}$

(7)　$\boldsymbol{x}=\dfrac{-2\sqrt{3}\pm\sqrt{(2\sqrt{3})^2-4\times 1\times(-1)}}{2\times 1}$
$=\dfrac{-2\sqrt{3}\pm 4}{2}=\boldsymbol{-\sqrt{3}\pm 2}$

(8)　$\boldsymbol{x}=\dfrac{-0\pm\sqrt{0^2-4\times 2\times 7}}{2\times 2}=\pm\dfrac{2\sqrt{14}\,i}{4}$
$=\boldsymbol{\pm\dfrac{\sqrt{14}}{2}i}$

11　2次方程式 (2) (p.24)

例26

ア　実数解　　イ　重解　　ウ　虚数解

例27

ア　2　　イ　6

28

2次方程式の判別式をDとする。

(1)　$D=5^2-4\times 2\times 3=1>0$
よって，**異なる2つの実数解**をもつ。

(2)　$D=(-4)^2-4\times 3\times 2=-8<0$
よって，**異なる2つの虚数解**をもつ。

(3)　$D=(-10)^2-4\times 25\times 1=0$
よって，**重解**をもつ。

(4)　$D=1^2-4\times 1\times(-1)=5>0$
よって，**異なる2つの実数解**をもつ。

(5)　$D=(2\sqrt{5})^2-4\times 1\times 5=0$
よって，**重解**をもつ。

(6)　$D=0^2-4\times 4\times 3=-48<0$

よって，**異なる2つの虚数解**をもつ。

29

この2次方程式の判別式をDとすると

$D=(m+2)^2-4\times1\times(2m+9)$
$\quad=m^2-4m-32$

(1) $D>0$ であればよいから

$m^2-4m-32>0$

$(m+4)(m-8)>0$

よって $\boldsymbol{m<-4,\ 8<m}$

(2) $D<0$ であればよいから

$m^2-4m-32<0$

$(m+4)(m-8)<0$

よって $\boldsymbol{-4<m<8}$

12 2次方程式 (3) (p.26)

例28

ア $\frac{4}{3}$　　**イ** -2

例29

ア -3　　**イ** $\frac{3}{2}$　　**ウ** $\frac{23}{2}$　　**エ** 6

例30

ア 4　　**イ** 32　　**ウ** 4, 8

30

(1) 和 $\alpha+\beta=\boldsymbol{-\frac{5}{2}}$　　積 $\alpha\beta=\boldsymbol{\frac{1}{2}}$

(2) 和 $\alpha+\beta=-\frac{-8}{3}=\boldsymbol{\frac{8}{3}}$　　積 $\alpha\beta=\boldsymbol{\frac{7}{3}}$

31

解と係数の関係より　$\alpha+\beta=-\frac{-1}{2}=\frac{1}{2}$, $\alpha\beta=\frac{-4}{2}=-2$

(1) $(\alpha+3)(\beta+3)$

$=\alpha\beta+3(\alpha+\beta)+9$

$=-2+3\times\frac{1}{2}+9$

$=\boldsymbol{\frac{17}{2}}$

(2) $\alpha^2-\alpha\beta+\beta^2$

$=(\alpha+\beta)^2-3\alpha\beta$

$=\left(\frac{1}{2}\right)^2-3\times(-2)$

$=\boldsymbol{\frac{25}{4}}$

(3) $\alpha^3+\beta^3=(\alpha+\beta)(\alpha^2-\alpha\beta+\beta^2)$

であるから，(2)より

$\alpha^3+\beta^3=\frac{1}{2}\times\frac{25}{4}=\boldsymbol{\frac{25}{8}}$

別解　$(\alpha+\beta)^3=\alpha^3+3\alpha^2\beta+3\alpha\beta^2+\beta^3$

より

$\alpha^3+\beta^3=(\alpha+\beta)^3-3\alpha\beta(\alpha+\beta)$

よって

$\alpha^3+\beta^3=\left(\frac{1}{2}\right)^3-3\times(-2)\times\frac{1}{2}=\boldsymbol{\frac{25}{8}}$

32

(1) 2つの解は，α，3α と表せる。

解と係数の関係から

$\alpha+3\alpha=4$, $\alpha\times3\alpha=m$

よって　$\alpha+3\alpha=4$　より　$\alpha=1$

また　$\alpha\times3\alpha=m$　より　$m=3\alpha^2=3$

したがって，$\boldsymbol{m=3}$，2つの解は $\boldsymbol{x=1,\ 3}$

(2) 2つの解は，α，$\alpha+4$ と表せる。

解と係数の関係から

$\alpha+(\alpha+4)=4$

$\alpha(\alpha+4)=m$

よって　$\alpha+(\alpha+4)=4$　より　$\alpha=0$

また　$\alpha(\alpha+4)=m$　より　$m=0$

したがって，$\boldsymbol{m=0}$，2つの解は $\boldsymbol{x=0,\ 4}$

13 2次方程式 (4) (p.28)

例31

ア $(x-2-\sqrt{3})(x-2+\sqrt{3})$

イ $2\left(x-\frac{3+\sqrt{7}i}{4}\right)\left(x-\frac{3-\sqrt{7}i}{4}\right)$

例32

ア $x^2-4x+5=0$

例33

ア $x^2-4x+8=0$

33

(1) 2次方程式 $2x^2-4x-1=0$ の解は

$x=\frac{-(-4)\pm\sqrt{(-4)^2-4\times2\times(-1)}}{2\times2}$

$\quad=\frac{4\pm2\sqrt{6}}{4}=\frac{2\pm\sqrt{6}}{2}$

よって

$2x^2-4x-1=\boldsymbol{2\left(x-\frac{2+\sqrt{6}}{2}\right)\left(x-\frac{2-\sqrt{6}}{2}\right)}$

(2) 2次方程式 $x^2-x+1=0$ の解は

$x=\frac{-(-1)\pm\sqrt{(-1)^2-4\times1\times1}}{2\times1}=\frac{1\pm\sqrt{3}i}{2}$

よって

$x^2-x+1=\boldsymbol{\left(x-\frac{1+\sqrt{3}i}{2}\right)\left(x-\frac{1-\sqrt{3}i}{2}\right)}$

(3) 2次方程式 $3x^2-6x+5=0$ の解は

$x=\frac{-(-6)\pm\sqrt{(-6)^2-4\times3\times5}}{2\times3}$

$\quad=\frac{6\pm2\sqrt{6}i}{6}=\frac{3\pm\sqrt{6}i}{3}$

よって

$3x^2-6x+5=\boldsymbol{3\left(x-\frac{3+\sqrt{6}i}{3}\right)\left(x-\frac{3-\sqrt{6}i}{3}\right)}$

(4) 2次方程式 $x^2+4=0$ の解は $x^2=-4$ より

$x=\pm2i$

よって

$x^2+4=(\boldsymbol{x+2i})(\boldsymbol{x-2i})$

34

(1) $3+(-4)=-1$, $3\times(-4)=-12$ より

$\boldsymbol{x^2+x-12=0}$

(2) $(2+\sqrt{5})+(2-\sqrt{5})=4$

$(2+\sqrt{5})(2-\sqrt{5})=4-5=-1$ より

$\boldsymbol{x^2-4x-1=0}$

(3) $(1+4i)+(1-4i)=2$

$(1+4i)(1-4i)=1-16i^2=17$ より

$\boldsymbol{x^2-2x+17=0}$

35

解と係数の関係より　$\alpha+\beta=-\dfrac{1}{2}$, $\alpha\beta=-1$

(1) $(2\alpha+1)+(2\beta+1)=2(\alpha+\beta)+2$

$=2\times\left(-\dfrac{1}{2}\right)+2$

$=1$

$(2\alpha+1)(2\beta+1)=4\alpha\beta+2(\alpha+\beta)+1$

$=4\times(-1)+2\times\left(-\dfrac{1}{2}\right)+1$

$=-4$

よって，求める2次方程式の1つは　$\boldsymbol{x^2-x-4=0}$

(2) $\dfrac{4}{\alpha}+\dfrac{4}{\beta}=\dfrac{4(\alpha+\beta)}{\alpha\beta}=\dfrac{4\times\left(-\dfrac{1}{2}\right)}{-1}=2$

$\dfrac{4}{\alpha}\times\dfrac{4}{\beta}=\dfrac{16}{\alpha\beta}=\dfrac{16}{-1}=-16$

よって，求める2次方程式の1つは　$\boldsymbol{x^2-2x-16=0}$

確認問題2 (p.30)

1

(1) $2x-y$, $-(3x+y)$ は実数であるから

$2x-y=2$ かつ $-(3x+y)=7$

これを解いて　$\boldsymbol{x=-1}$, $\boldsymbol{y=-4}$

(2) $x-3y$, $x+y+8$ は実数であるから

$x-3y=0$ かつ $x+y+8=0$

これを解いて　$\boldsymbol{x=-6}$, $\boldsymbol{y=-2}$

2

(1) $(-3+4i)+(1-5i)=(-3+1)+(4-5)i=\boldsymbol{-2-i}$

(2) $(6-2i)-(-4+i)=(6+4)+(-2-1)i=\boldsymbol{10-3i}$

(3) $(3-2i)(-4+5i)=-12+15i+8i-10i^2$

$=-12+15i+8i-10\times(-1)$

$=-12+23i+10$

$=\boldsymbol{-2+23i}$

(4) $(2-3i)^2=4-12i+9i^2$

$=4-12i+9\times(-1)$

$=4-12i-9$

$=\boldsymbol{-5-12i}$

3

(1) $\dfrac{7+i}{3-i}=\dfrac{(7+i)(3+i)}{(3-i)(3+i)}$

$=\dfrac{21+7i+3i+i^2}{9-i^2}$

$=\dfrac{20+10i}{10}$

$=\boldsymbol{2+i}$

(2) $\dfrac{4i}{2+3i}=\dfrac{4i(2-3i)}{(2+3i)(2-3i)}$

$=\dfrac{8i-12i^2}{4-9i^2}$

$=\dfrac{12+8i}{13}$

$=\boldsymbol{\dfrac{12}{13}+\dfrac{8}{13}i}$

4

(1) $\dfrac{\sqrt{12}}{\sqrt{-3}}=\dfrac{\sqrt{12}}{\sqrt{3}\,i}=\dfrac{\sqrt{4}}{i}=\dfrac{2}{i}$

$=\dfrac{2\times i}{i\times i}$

$=\dfrac{2i}{i^2}$

$=\boldsymbol{-2i}$

(2) $(\sqrt{-5}+\sqrt{2})(\sqrt{5}-\sqrt{-2})$

$=(\sqrt{5}\,i+\sqrt{2})(\sqrt{5}-\sqrt{2}\,i)$

$=5i-\sqrt{10}\,i^2+\sqrt{10}-2i$

$=\boldsymbol{2\sqrt{10}+3i}$

5

(1) $\boldsymbol{x}=\pm\sqrt{-25}=\pm\sqrt{25}\,i=\boldsymbol{\pm5i}$

(2) $16x^2=-9$

$x^2=-\dfrac{9}{16}$

$\boldsymbol{x}=\pm\sqrt{-\dfrac{9}{16}}=\pm\sqrt{\dfrac{9}{16}}\,i=\boldsymbol{\pm\dfrac{3}{4}i}$

6

(1) $\boldsymbol{x}=\dfrac{-(-6)\pm\sqrt{(-6)^2-4\times2\times(-3)}}{2\times2}$

$=\dfrac{6\pm2\sqrt{15}}{4}=\boldsymbol{\dfrac{3\pm\sqrt{15}}{2}}$

(2) $\boldsymbol{x}=\dfrac{-2\pm\sqrt{2^2-4\times3\times1}}{2\times3}$

$=\dfrac{-2\pm2\sqrt{2}\,i}{6}=\boldsymbol{\dfrac{-1\pm\sqrt{2}\,i}{3}}$

7

2次方程式の判別式をDとする。

(1) $D=3^2-4\times2\times(-1)=17>0$

よって，**異なる2つの実数解**をもつ。

(2) $D=(-2)^2-4\times4\times3=-44<0$

よって，**異なる2つの虚数解**をもつ。

8

(1) 和 $\alpha+\beta=-\dfrac{-3}{1}=\boldsymbol{3}$　積 $\alpha\beta=\dfrac{5}{1}=\boldsymbol{5}$

(2) 和 $\alpha+\beta=-\frac{8}{2}=\mathbf{-4}$ 積 $\alpha\beta=\frac{-3}{2}=\mathbf{-\frac{3}{2}}$

9

解と係数の関係より $\alpha+\beta=-\frac{-6}{3}=2$, $\alpha\beta=\frac{2}{3}$

(1) $(\alpha-1)(\beta-1)$

$=\alpha\beta-(\alpha+\beta)+1$

$=\frac{2}{3}-2+1$

$=\mathbf{-\frac{1}{3}}$

(2) $(\alpha-\beta)^2=\alpha^2-2\alpha\beta+\beta^2$

$=\alpha^2+2\alpha\beta+\beta^2-4\alpha\beta$

$=(\alpha+\beta)^2-4\alpha\beta$

$=2^2-4\times\frac{2}{3}$

$=\mathbf{\frac{4}{3}}$

10

(1) 2次方程式 $x^2+2x-1=0$ の解は

$x=\frac{-2\pm\sqrt{2^2-4\times1\times(-1)}}{2\times1}$

$=\frac{-2\pm2\sqrt{2}}{2}=-1\pm\sqrt{2}$

よって

$x^2+2x-1=\{x-(-1+\sqrt{2})\}\{x-(-1-\sqrt{2})\}$

$=\mathbf{(x+1-\sqrt{2})(x+1+\sqrt{2})}$

(2) 2次方程式 $2x^2-4x+5=0$ の解は

$x=\frac{-(-4)\pm\sqrt{(-4)^2-4\times2\times5}}{2\times2}$

$=\frac{4\pm2\sqrt{6}i}{4}=\frac{2\pm\sqrt{6}i}{2}$

よって

$2x^2-4x+5=\mathbf{2\left(x-\frac{2+\sqrt{6}i}{2}\right)\left(x-\frac{2-\sqrt{6}i}{2}\right)}$

11

解と係数の関係より $\alpha+\beta=-\frac{-4}{3}=\frac{4}{3}$, $\alpha\beta=\frac{-2}{3}=-\frac{2}{3}$

であるから

$(2-\alpha)+(2-\beta)=4-(\alpha+\beta)$

$=4-\frac{4}{3}$

$=\frac{8}{3}$

$(2-\alpha)(2-\beta)=4-2(\alpha+\beta)+\alpha\beta$

$=4-2\times\frac{4}{3}-\frac{2}{3}$

$=\frac{2}{3}$

よって，求める2次方程式の1つは $x^2-\frac{8}{3}x+\frac{2}{3}=0$

より $\mathbf{3x^2-8x+2=0}$

14 剰余の定理 (p.32)

例34

ア 6

例35

ア 28 **イ** 0

例36

ア -2

36

$P(x)=3x^2-4x-4$ より

(1) $P(1)=3\times1^2-4\times1-4=\mathbf{-5}$

(2) $P(0)=3\times0^2-4\times0-4=\mathbf{-4}$

(3) $P(-2)=3\times(-2)^2-4\times(-2)-4=\mathbf{16}$

(4) $P(\sqrt{3})=3\times(\sqrt{3})^2-4\times\sqrt{3}-4=\mathbf{5-4\sqrt{3}}$

37

(1) $P(x)=2x^3+x^2-4x-3$ を $x-1$ で割ったときの余りは

$P(1)=2\times1^3+1^2-4\times1-3=\mathbf{-4}$

(2) $P(x)=2x^3+x^2-4x-3$ を $x-2$ で割ったときの余りは

$P(2)=2\times2^3+2^2-4\times2-3=\mathbf{9}$

(3) $P(x)=2x^3+x^2-4x-3$ を $x+1$ で割ったときの余りは

$P(-1)=2\times(-1)^3+(-1)^2-4\times(-1)-3=\mathbf{0}$

(4) $P(x)=2x^3+x^2-4x-3$ を $x+3$ で割ったときの余りは

$P(-3)=2\times(-3)^3+(-3)^2-4\times(-3)-3=\mathbf{-36}$

38

(1) $P(x)=x^3-3x+4$ とおくと，$P(x)$ を $x-2$ で割ったときの余りは

$P(2)=2^3-3\times2+4=\mathbf{6}$

(2) $P(x)=2x^3+3x^2-5x-6$ とおくと，$P(x)$ を $x+3$ で割ったときの余りは

$P(-3)=2\times(-3)^3+3\times(-3)^2-5\times(-3)-6=\mathbf{-18}$

39

(1) $P(x)=x^3-3x^2-4x+k$ とおくと

剰余の定理より $P(2)=-5$

ここで $P(2)=2^3-3\times2^2-4\times2+k$

$=k-12$

よって，$k-12=-5$ より $\mathbf{k=7}$

(2) $P(x)=x^3+kx^2-2x+3$ とおくと

剰余の定理より $P(-1)=0$

ここで $P(-1)=(-1)^3+k\times(-1)^2-2\times(-1)+3$

$=k+4$

よって，$k+4=0$ より $\mathbf{k=-4}$

15 因数定理 (p.34)

例37

ア $x-2$

例 38

ア -1

例 39

ア $(x+1)(x-2)(x+3)$

40

(1) $P(-1)=(-1)^3-2\times(-1)^2-5\times(-1)+10$
$=12$
$P(2)=2^3-2\times2^2-5\times2+10$
$=0$
$P(-3)=(-3)^3-2\times(-3)^2-5\times(-3)+10$
$=-20$
よって　$\boldsymbol{x-2}$

(2) $P(-1)=2\times(-1)^3+5\times(-1)^2-6\times(-1)-9$
$=0$
$P(2)=2\times2^3+5\times2^2-6\times2-9$
$=15$
$P(-3)=2\times(-3)^3+5\times(-3)^2-6\times(-3)-9$
$=0$
よって　$\boldsymbol{x+1}$ **と** $\boldsymbol{x+3}$

41

(1) $P(-1)=(-1)^3-3\times(-1)^2+m\times(-1)+6=0$
となればよいから　$\boldsymbol{m=2}$

(2) $P(3)=3^3-3\times3^2+m\times3+6=0$
となればよいから　$\boldsymbol{m=-2}$

42

(1) $P(x)=x^3-4x^2+x+6$ とおくと
$P(-1)=(-1)^3-4\times(-1)^2-1+6=0$
よって，$P(x)$ は $x+1$ を因数にもつ。
$P(x)$ を $x+1$ で割ると，右の計算より商が x^2-5x+6 であるから

$$
\begin{array}{r}
x^2-5x+6\\
x+1\,)\overline{x^3-4x^2+\ x+6}\\
\underline{x^3+\ x^2\qquad\quad}\\
-5x^2+\ x\quad\\
\underline{-5x^2-5x\quad}\\
6x+6\\
\underline{6x+6}\\
0
\end{array}
$$

x^3-4x^2+x+6
$=(x+1)(x^2-5x+6)$
$=\boldsymbol{(x+1)(x-2)(x-3)}$

(2) $P(x)=x^3+4x^2-3x-18$ とおくと
$P(2)=2^3+4\times2^2-3\times2-18=0$
よって，$P(x)$ は $x-2$ を因数にもつ。
$P(x)$ を $x-2$ で割ると，右の計算より商が x^2+6x+9 であるから

$$
\begin{array}{r}
x^2+6x+9\\
x-2\,)\overline{x^3+4x^2-\ 3x-18}\\
\underline{x^3-2x^2\qquad\qquad}\\
6x^2-\ 3x\quad\\
\underline{6x^2-12x\quad}\\
9x-18\\
\underline{9x-18}\\
0
\end{array}
$$

$x^3+4x^2-3x-18$
$=(x-2)(x^2+6x+9)$
$=\boldsymbol{(x-2)(x+3)^2}$

(3) $P(x)=x^3-6x^2+12x-8$ とおくと
$P(2)=2^3-6\times2^2+12\times2-8=0$
よって，$P(x)$ は $x-2$ を因数にもつ。
$P(x)$ を $x-2$ で割ると，右の計算より商が x^2-4x+4 であるから

$$
\begin{array}{r}
x^2-4x+4\\
x-2\,)\overline{x^3-6x^2+12x-8}\\
\underline{x^3-2x^2\qquad\qquad}\\
-4x^2+12x\quad\\
\underline{-4x^2+\ 8x\quad}\\
4x-8\\
\underline{4x-8}\\
0
\end{array}
$$

$x^3-6x^2+12x-8$
$=(x-2)(x^2-4x+4)$
$=\boldsymbol{(x-2)^3}$

(4) $P(x)=2x^3-3x^2-11x+6$ とおくと
$P(-2)=2\times(-2)^3-3\times(-2)^2-11\times(-2)+6$
$=0$
よって，$P(x)$ は $x+2$ を因数にもつ。
$P(x)$ を $x+2$ で割ると，右の計算より商が $2x^2-7x+3$ であるから

$$
\begin{array}{r}
2x^2-7x+3\\
x+2\,)\overline{2x^3-3x^2-11x+6}\\
\underline{2x^3+4x^2\qquad\qquad}\\
-7x^2-11x\quad\\
\underline{-7x^2-14x\quad}\\
3x+6\\
\underline{3x+6}\\
0
\end{array}
$$

$2x^3-3x^2-11x+6$
$=(x+2)(2x^2-7x+3)$
$=\boldsymbol{(x+2)(x-3)(2x-1)}$

16 高次方程式 (p.36)

例 40

ア $-4,\ 2\pm2\sqrt{3}\,i$

例 41

ア $\pm\sqrt{2},\ \pm3i$

例 42

ア $-3,\ \dfrac{3\pm\sqrt{11}\,i}{2}$

43

(1) $x^3=27$
$x^3-3^3=0$
$(x-3)(x^2+3x+9)=0$
よって　$x-3=0$　または　$x^2+3x+9=0$
ゆえに　$\boldsymbol{x=3,\ \dfrac{-3\pm3\sqrt{3}\,i}{2}}$

(2) $x^3=-125$
$x^3+5^3=0$
$(x+5)(x^2-5x+25)=0$
よって　$x+5=0$　または　$x^2-5x+25=0$
ゆえに　$\boldsymbol{x=-5,\ \dfrac{5\pm5\sqrt{3}\,i}{2}}$

44

(1) $x^4+3x^2-4=0$ の
左辺を因数分解すると
$(x^2+4)(x^2-1)=0$
ゆえに　$x^2+4=0$
または　$x^2-1=0$
よって　$\boldsymbol{x=\pm2i,\ \pm1}$

$x^2=A$ とおくと
x^4+3x^2-4
$=A^2+3A-4$
$=(A+4)(A-1)$

(2) $x^4-x^2-30=0$ の
左辺を因数分解すると
$(x^2+5)(x^2-6)=0$

$x^2=A$ とおくと
x^4-x^2-30
$=A^2-A-30$
$=(A+5)(A-6)$

ゆえに　$x^2+5=0$

または　$x^2-6=0$

よって　$\boldsymbol{x=\pm\sqrt{5}\,i,\ \pm\sqrt{6}}$

(3)　$x^4-16=0$ の

左辺を因数分解すると

$(x^2+4)(x^2-4)=0$

$x^2=A$ とおくと
x^4-16
$=A^2-16$
$=(A+4)(A-4)$

ゆえに　$x^2+4=0$

または　$x^2-4=0$

よって　$\boldsymbol{x=\pm2i,\ \pm2}$

(4)　$81x^4-1=0$ の

左辺を因数分解すると

$(9x^2+1)(9x^2-1)=0$

$x^2=A$ とおくと
$81x^4-1$
$=81A^2-1$
$=(9A+1)(9A-1)$

ゆえに　$9x^2+1=0$

または　$9x^2-1=0$

よって　$\boldsymbol{x=\pm\frac{1}{3}i,\ \pm\frac{1}{3}}$

45

(1)　$P(x)=x^3+4x^2-8$ とおくと

$P(-2)=(-2)^3+4\times(-2)^2-8=0$

よって，$P(x)$ は $x+2$ を因数にもち

$P(x)=(x+2)(x^2+2x-4)$

と因数分解できる。

ゆえに，$P(x)=0$ より

$(x+2)(x^2+2x-4)=0$

よって　$x+2=0$　または　$x^2+2x-4=0$

したがって　$\boldsymbol{x=-2,\ -1\pm\sqrt{5}}$

(2)　$P(x)=x^3-2x^2+x+4$ とおくと

$P(-1)=(-1)^3-2\times(-1)^2+(-1)+4=0$

よって，$P(x)$ は $x+1$ を因数にもち

$P(x)=(x+1)(x^2-3x+4)$

と因数分解できる。

ゆえに，$P(x)=0$ より

$(x+1)(x^2-3x+4)=0$

よって　$x+1=0$　または　$x^2-3x+4=0$

したがって　$\boldsymbol{x=-1,\ \frac{3\pm\sqrt{7}\,i}{2}}$

確認問題 3 (p.38)

1

(1)　$P(x)=2x^3-x^2-2x+1$ を $x-3$ で割ったときの余りは

$P(3)=2\times3^3-3^2-2\times3+1=\boldsymbol{40}$

(2)　$P(x)=2x^3-x^2-2x+1$ を $x+2$ で割ったときの余りは

$P(-2)=2\times(-2)^3-(-2)^2-2\times(-2)+1=\boldsymbol{-15}$

2

(1)　$P(x)=x^3-6x-10$ とおくと，$P(x)$ を $x-4$ で割ったときの余りは

$P(4)=4^3-6\times4-10=\boldsymbol{30}$

(2)　$P(x)=3x^3-4x^2+2x-7$ とおくと，$P(x)$ を $x+1$ で割ったときの余りは

$P(-1)=3\times(-1)^3-4\times(-1)^2+2\times(-1)-7$

$=\boldsymbol{-16}$

3

$P(x)=x^3+x^2+kx-6$ とおくと

剰余の定理より $P(-3)=-9$

ここで　$P(-3)=(-3)^3+(-3)^2+k\times(-3)-6=-3k-24$

よって，$-3k-24=-9$ より　$\boldsymbol{k=-5}$

4

(1)　$P(1)=1^3-4\times1^2+1+6=4$

$P(-2)=(-2)^3-4\times(-2)^2+(-2)+6=-20$

$P(3)=3^3-4\times3^2+3+6=0$

よって　$\boldsymbol{x-3}$

(2)　$P(1)=2\times1^3+7\times1^2+1-10=0$

$P(-2)=2\times(-2)^3+7\times(-2)^2+(-2)-10=0$

$P(3)=2\times3^3+7\times3^2+3-10=110$

よって　**$x-1$ と $x+2$**

5

(1)　$P(x)=x^3+2x^2-11x-12$ とおくと

$P(-1)=(-1)^3+2\times(-1)^2-11\times(-1)-12=0$ より

よって，$P(x)$ は $x+1$ を因数にもつ。

$P(x)$ を $x+1$ で割ると，右の計算より商が x^2+x-12 であるから

$$
\begin{array}{r|l}
 & x^2+x-12 \\
\hline
x+1 & x^3+2x^2-11x-12 \\
 & x^3+x^2 \\
\hline
 & x^2-11x \\
 & x^2+x \\
\hline
 & -12x-12 \\
 & -12x-12 \\
\hline
 & 0
\end{array}
$$

$x^3+2x^2-11x-12$

$=(x+1)(x^2+x-12)$

$=\boldsymbol{(x+1)(x+4)(x-3)}$

(2)　$P(x)=4x^3+8x^2-x-2$ とおくと

$P(-2)=4\times(-2)^3+8\times(-2)^2-(-2)-2=0$ より

よって，$P(x)$ は $x+2$ を因数にもつ。

$P(x)$ を $x+2$ で割ると，右の計算より商が $4x^2-1$ であるから

$$
\begin{array}{r|l}
 & 4x^2-1 \\
\hline
x+2 & 4x^3+8x^2-x-2 \\
 & 4x^3+8x^2 \\
\hline
 & -x-2 \\
 & -x-2 \\
\hline
 & 0
\end{array}
$$

$4x^3+8x^2-x-2$

$=(x+2)(4x^2-1)$

$=\boldsymbol{(x+2)(2x+1)(2x-1)}$

6

(1)　$x^3=-8$

$x^3+2^3=0$

$(x+2)(x^2-2x+4)=0$

よって　$x+2=0$　または　$x^2-2x+4=0$

ゆえに　$\boldsymbol{x=-2,\ 1\pm\sqrt{3}\,i}$

(2)　$27x^3=1$

$(3x)^3-1^3=0$

$(3x-1)(9x^2+3x+1)=0$

よって　$3x-1=0$　または　$9x^2+3x+1=0$

ゆえに　$\boldsymbol{x=\frac{1}{3},\ \frac{-1\pm\sqrt{3}\,i}{6}}$

7

(1) $x^4-5x^2-14=0$ の

$x^2=A$ とおくと
x^4-5x^2-14
$=A^2-5A-14$
$=(A+2)(A-7)$

左辺を因数分解すると

$(x^2+2)(x^2-7)=0$

ゆえに　$x^2+2=0$

または　$x^2-7=0$

よって　$\boldsymbol{x=\pm\sqrt{2}i,\ \pm\sqrt{7}}$

(2) $x^4+4x^2+3=0$ の

$x^2=A$ とおくと
x^4+4x^2+3
$=A^2+4A+3$
$=(A+1)(A+3)$

左辺を因数分解すると

$(x^2+1)(x^2+3)=0$

ゆえに　$x^2+1=0$

または　$x^2+3=0$

よって　$\boldsymbol{x=\pm i,\ \pm\sqrt{3}i}$

(3) $x^4-81=0$ の

$x^2=A$ とおくと
x^4-81
$=A^2-81$
$=(A+9)(A-9)$

左辺を因数分解すると

$(x^2+9)(x^2-9)=0$

ゆえに　$x^2+9=0$

または　$x^2-9=0$

よって　$\boldsymbol{x=\pm 3i,\ \pm 3}$

(4) $16x^4-1=0$ の

$x^2=A$ とおくと
$16x^4-1$
$=16A^2-1$
$=(4A+1)(4A-1)$

左辺を因数分解すると

$(4x^2+1)(4x^2-1)=0$

ゆえに　$4x^2+1=0$

または　$4x^2-1=0$

よって　$\boldsymbol{x=\pm\frac{1}{2}i,\ \pm\frac{1}{2}}$

8

(1) $P(x)=x^3-4x^2-x+10$ とおくと

$P(2)=2^3-4\times2^2-2+10=0$

よって，$P(x)$ は $x-2$ を因数にもち

$P(x)=(x-2)(x^2-2x-5)$

と因数分解できる。

$$\begin{array}{r} x^2-2x-5 \\ x-2\,\overline{)\,x^3-4x^2-\ x+10} \\ \underline{x^3-2x^2} \\ -2x^2-\ x \\ \underline{-2x^2+4x} \\ -5x+10 \\ \underline{-5x+10} \\ 0 \end{array}$$

ゆえに，$P(x)=0$ より

$(x-2)(x^2-2x-5)=0$

よって　$x-2=0$

または　$x^2-2x-5=0$

したがって　$\boldsymbol{x=2,\ 1\pm\sqrt{6}}$

(2) $P(x)=x^3+x^2+x+6$ とおくと

$P(-2)=(-2)^3+(-2)^2+(-2)+6=0$

よって，$P(x)$ は $x+2$ を因数にもち

$P(x)=(x+2)(x^2-x+3)$

と因数分解できる。

$$\begin{array}{r} x^2-\ x+3 \\ x+2\,\overline{)\,x^3+\ x^2+\ x+6} \\ \underline{x^3+2x^2} \\ -\ x^2+\ x \\ \underline{-\ x^2-2x} \\ 3x+6 \\ \underline{3x+6} \\ 0 \end{array}$$

ゆえに，$P(x)=0$ より

$(x+2)(x^2-x+3)=0$

よって　$x+2=0$

または　$x^2-x+3=0$

したがって　$\boldsymbol{x=-2,\ \frac{1\pm\sqrt{11}i}{2}}$

17 等式の証明 (1) (p.40)

例43

ア　4　　イ　3　　ウ　2

例44

ア　$\boldsymbol{a^2x^2-a^2y^2-b^2x^2+b^2y^2}$

46

与えられた等式について，右辺を展開して整理すると

$x^2+4x+6=ax^2+(2a+b)x+(a+b+c)$

両辺の同じ次数の項の係数を比べて

$a=1,\quad 2a+b=4,\quad a+b+c=6$

これを解いて　$\boldsymbol{a=1,\ b=2,\ c=3}$

47

(1) (左辺)$=a^2+4ab+4b^2-(a^2-4ab+4b^2)$

$=8ab=$(右辺)

よって　$(a+2b)^2-(a-2b)^2=8ab$

(2) (左辺)$=a^2x^2+2abx+b^2+a^2-2abx+b^2x^2$

$=a^2x^2+a^2+b^2x^2+b^2$

(右辺)$=a^2x^2+a^2+b^2x^2+b^2$

よって　$(ax+b)^2+(a-bx)^2=(a^2+b^2)(x^2+1)$

(3) (左辺)$=a^2b^2+a^2+b^2+1$

(右辺)$=a^2b^2-2ab+1+a^2+2ab+b^2$

$=a^2b^2+a^2+b^2+1$

よって　$(a^2+1)(b^2+1)=(ab-1)^2+(a+b)^2$

18 等式の証明 (2) (p.42)

例45

ア　$\boldsymbol{a^2-3a+9}$

例46

ア　$\boldsymbol{k^2}$

48

(1) $a+b=1$ であるから，$b=1-a$

このとき　(左辺)$=a^2+(1-a)^2$

$=2a^2-2a+1$

(右辺)$=1-2a(1-a)$

$=1-2a+2a^2$

$=2a^2-2a+1$

よって　$a^2+b^2=1-2ab$

(2) $a+b=1$ であるから，$b=1-a$

このとき　(左辺)$=a^2+2(1-a)$

$=a^2-2a+2$

(右辺)$=(1-a)^2+1$

$=a^2-2a+2$

よって　$a^2+2b=b^2+1$

49

(1) $\frac{x}{a}=\frac{y}{b}=k$ とおくと $x=ak,\ y=bk$ と表せる。

このとき

(左辺)$=\frac{x+y}{a+b}=\frac{ak+bk}{a+b}=\frac{k(a+b)}{a+b}=k$

$$(\text{右辺})=\frac{bx+ay}{2ab}=\frac{b\times ak+a\times bk}{2ab}=\frac{2abk}{2ab}=k$$

よって　$\dfrac{x+y}{a+b}=\dfrac{bx+ay}{2ab}$

(2)　$\dfrac{x}{a}=\dfrac{y}{b}=k$ とおくと $x=ak$, $y=bk$ と表せる。

このとき

$$(\text{右辺})=\frac{xy}{x^2-y^2}=\frac{ak\times bk}{(ak)^2-(bk)^2}=\frac{abk^2}{(a^2-b^2)k^2}$$

$$=\frac{ab}{a^2-b^2}=(\text{左辺})$$

よって　$\dfrac{ab}{a^2-b^2}=\dfrac{xy}{x^2-y^2}$

19　不等式の証明 (1) (p.44)

例47

ア　0

例48

ア　0

例49

ア　0

50

(1)　$(\text{左辺})-(\text{右辺})=3a-b-(a+b)$

$=2a-2b=2(a-b)$

ここで，$a>b$ のとき，$a-b>0$ であるから

$2(a-b)>0$

ゆえに　$3a-b-(a+b)>0$

よって　$3a-b>a+b$

(2)　$(\text{左辺})-(\text{右辺})=\dfrac{a+3b}{4}-\dfrac{a+4b}{5}$

$$=\frac{5(a+3b)-4(a+4b)}{20}$$

$$=\frac{a-b}{20}$$

ここで，$a>b$ のとき，$a-b>0$ であるから　$\dfrac{a-b}{20}>0$

ゆえに　$\dfrac{a+3b}{4}-\dfrac{a+4b}{5}>0$

よって　$\dfrac{a+3b}{4}>\dfrac{a+4b}{5}$

51

(1)　$(\text{左辺})-(\text{右辺})=x^2+9-6x$

$=(x-3)^2\geqq 0$

よって　$x^2+9\geqq 6x$

等号が成り立つのは，$x-3=0$ より $x=3$ のときである。

(2)　$(\text{左辺})-(\text{右辺})=9x^2+4y^2-12xy$

$=(3x-2y)^2\geqq 0$

よって　$9x^2+4y^2\geqq 12xy$

等号が成り立つのは，$3x-2y=0$ より $3x=2y$ のときである。

52

(1)　$(\text{左辺})-(\text{右辺})=a^2+10b^2-6ab$

$=a^2-6ab+10b^2$

$=(a-3b)^2-9b^2+10b^2$

$=(a-3b)^2+b^2\geqq 0$

よって　$a^2+10b^2\geqq 6ab$

等号が成り立つのは，$a-3b=0$, $b=0$ より $a=b=0$ のときである。

(2)　$x^2+4x+y^2-6y+13$

$=(x+2)^2-4+(y-3)^2-9+13$

$=(x+2)^2+(y-3)^2\geqq 0$

よって　$x^2+4x+y^2-6y+13\geqq 0$

等号が成り立つのは，$x+2=0$, $y-3=0$ より

$x=-2$, $y=3$ のときである。

20　不等式の証明 (2) (p.46)

例50

ア　0

例51

ア　3

53

(1)　両辺の平方の差を考えると

$(a+1)^2-(2\sqrt{a})^2=a^2+2a+1-4a$

$=a^2-2a+1$

$=(a-1)^2\geqq 0$

よって　$(a+1)^2\geqq(2\sqrt{a})^2$

$a+1>0$, $2\sqrt{a}\geqq 0$ であるから

$a+1\geqq 2\sqrt{a}$

等号が成り立つのは，$a-1=0$ より $a=1$ のときである。

(2)　両辺の平方の差を考えると

$(\sqrt{a}+2\sqrt{b})^2-(\sqrt{a+4b})^2$

$=a+4\sqrt{ab}+4b-(a+4b)$

$=4\sqrt{ab}\geqq 0$

よって　$(\sqrt{a}+2\sqrt{b})^2\geqq(\sqrt{a+4b})^2$

$\sqrt{a}+2\sqrt{b}\geqq 0$, $\sqrt{a+4b}\geqq 0$ であるから

$\sqrt{a}+2\sqrt{b}\geqq\sqrt{a+4b}$

等号が成り立つのは，$\sqrt{ab}=0$ より $a=0$ または $b=0$ のときである。

54

(1)　$a>0$ より，$2a>0$, $\dfrac{1}{a}>0$ であるから，

相加平均と相乗平均の大小関係より

$$2a+\frac{1}{a}\geqq 2\sqrt{2a\times\frac{1}{a}}=2\sqrt{2}$$

ゆえに　$2a+\dfrac{1}{a}\geqq 2\sqrt{2}$

等号が成り立つのは $2a=\dfrac{1}{a}$，すなわち $2a^2=1$ のとき

である。ここで，$a>0$ であるから，$a=\dfrac{\sqrt{2}}{2}$ のときである。

(2) $a>0$，$b>0$ より，$\dfrac{b}{2a}>0$，$\dfrac{a}{2b}>0$ であるから，

相加平均と相乗平均の大小関係より

$$\frac{b}{2a}+\frac{a}{2b}\geqq 2\sqrt{\frac{b}{2a}\times\frac{a}{2b}}=1$$

よって　$\dfrac{b}{2a}+\dfrac{a}{2b}\geqq 1$ より　$\dfrac{b}{2a}+\dfrac{a}{2b}-1\geqq 0$

等号が成り立つのは $\dfrac{b}{2a}=\dfrac{a}{2b}$，すなわち $a^2=b^2$ のときである。ここで，$a>0$，$b>0$ であるから，$a=b$ のときである。

TRY *PLUS* (p.48)

問1

$P(x)$ を $(x-2)(x-3)$ で割ったときの商を $Q(x)$ とする。
$(x-2)(x-3)$ は2次式であるから，余りは1次以下の整式となる。
この余りを $ax+b$ とおくと，次の等式が成り立つ。

$P(x)=(x-2)(x-3)Q(x)+ax+b$ ……①

①に $x=2$，3 をそれぞれ代入すると

$P(2)=2a+b$

$P(3)=3a+b$

一方，与えられた条件から剰余の定理より

$P(2)=-1$，$P(3)=2$

よって

$$\begin{cases}2a+b=-1\\3a+b=2\end{cases}$$

これを解くと　$a=3$，$b=-7$

したがって，求める余りは　$\boldsymbol{3x-7}$

問2

$x^3+px^2+qx+20=0$ の解の1つが $1-3i$ であるから

$(1-3i)^3+p(1-3i)^2+q(1-3i)+20=0$

これを展開して整理すると

$(-8p+q-6)+(-6p-3q+18)i=0$

$-8p+q-6$，$-6p-3q+18$ は実数であるから

$-8p+q-6=0$，$-6p-3q+18=0$

これを解くと

$p=0$，$q=6$

このとき，与えられた方程式は

$x^3+6x+20=0$

左辺を因数分解すると

$(x+2)(x^2-2x+10)=0$

より　$x=-2$，$1\pm3i$

したがって　$\boldsymbol{p=0}$，$\boldsymbol{q=6}$

他の解は　$\boldsymbol{x=-2}$，$\boldsymbol{1+3i}$

第2章　図形と方程式

21　直線上の点 (p.50)

例52

ア　6

例53

ア　1

例54

ア　14　　イ　-11

55

(1) $AB=|(-2)-3|=|-5|=\boldsymbol{5}$

(2) $CD=|(-1)-(-4)|=|3|=\boldsymbol{3}$

(3) $OE=|4-0|=|4|=\boldsymbol{4}$

56

(1) $\dfrac{2\times(-6)+3\times4}{3+2}=0$ より　$\mathbf{C(0)}$

(2) $\dfrac{3\times(-6)+2\times4}{2+3}=\dfrac{-10}{5}=-2$ より　$\mathbf{D(-2)}$

(3) $\dfrac{3\times(-6)+7\times4}{7+3}=\dfrac{10}{10}=1$ より　$\mathbf{E(1)}$

(4) $\dfrac{-6+4}{2}=\dfrac{-2}{2}=-1$ より　$\mathbf{F(-1)}$

57

(1) $\dfrac{-1\times(-2)+5\times6}{5-1}=\dfrac{32}{4}=8$ より　$\mathbf{C(8)}$

(2) $\dfrac{-5\times(-2)+1\times6}{1-5}=\dfrac{16}{-4}=-4$ より　$\mathbf{D(-4)}$

(3) $\dfrac{-3\times(-2)+5\times6}{5-3}=\dfrac{36}{2}=18$ より　$\mathbf{E(18)}$

(4) $\dfrac{-5\times(-2)+3\times6}{3-5}=\dfrac{28}{-2}=-14$ より　$\mathbf{F(-14)}$

22　平面上の点 (1) (p.52)

例55

ア　(2，-3)　　イ　4

例56

ア　5　　イ　$\sqrt{13}$

例57

ア　6，-4

58

点 A(3，-4) は**第4象限**の点である。

点Bの座標は　**(3，4)**

点Cの座標は　**(-3，-4)**

点Dの座標は　**(-3，4)**

59

(1) $AB=\sqrt{(5-1)^2+(5-2)^2}=\sqrt{25}=\boldsymbol{5}$

(2) $OC=\sqrt{3^2+(-4)^2}=\sqrt{25}=\boldsymbol{5}$

(3) $DE=\sqrt{(-2-3)^2+(-4-8)^2}=\sqrt{169}=\boldsymbol{13}$

(4) $FG=\sqrt{(7-6)^2+\{-3-(-3)\}^2}=\boldsymbol{1}$

別解　点Fと点Gの y 座標は一致しているから

$FG=|7-6|=\boldsymbol{1}$

60

(1)　AB=5 より　$\sqrt{x^2+\{1-(-2)\}^2}=5$

ゆえに　$x^2+\{1-(-2)\}^2=5^2$

よって　$x^2=16$　より　$\boldsymbol{x=\pm 4}$

(2)　AB=$\sqrt{13}$ より　$\sqrt{(-2-1)^2+(y-3)^2}=\sqrt{13}$

ゆえに　$(-2-1)^2+(y-3)^2=(\sqrt{13})^2$

よって　$(y-3)^2=4$　より　$y-3=\pm 2$

したがって　$\boldsymbol{y=5,\ 1}$

23　平面上の点 (2) (p.54)

例 58

ア　(0, 2)　　**イ**　(6, 5)

例 59

ア　(1, 1)

61

(1)　$\left(\dfrac{1\times(-1)+2\times5}{2+1},\ \dfrac{1\times4+2\times(-2)}{2+1}\right)$

より　**(3, 0)**

(2)　$\left(\dfrac{5\times(-1)+1\times5}{1+5},\ \dfrac{5\times4+1\times(-2)}{1+5}\right)$

より　**(0, 3)**

(3)　$\left(\dfrac{-1+5}{2},\ \dfrac{4+(-2)}{2}\right)$　より　**(2, 1)**

(4)　$\left(\dfrac{-5\times(-1)+2\times5}{2-5},\ \dfrac{-5\times4+2\times(-2)}{2-5}\right)$

より　**(−5, 8)**

62

(1)　$\left(\dfrac{0+3+6}{3},\ \dfrac{1+4+(-2)}{3}\right)$　より　**(3, 1)**

(2)　$\left(\dfrac{5+(-2)+3}{3},\ \dfrac{-2+1+(-5)}{3}\right)$

より　**(2, −2)**

24　直線の方程式 (1) (p.56)

例 60

ア　$\dfrac{3}{2}$　　**イ**　1

例 61

ア　$2x+1$

例 62

ア　$-2x+1$　　**イ**　3　　**ウ**　−3

63

右の図のようになる。

(1)　$y=3x-2$

(2)　$y=-x+2$

64

(1)　$y-3=2(x-4)$　すなわち　$\boldsymbol{y=2x-5}$

(2)　$y-5=-3\{x-(-1)\}$　すなわち　$\boldsymbol{y=-3x+2}$

(3)　$y-(-4)=-(x-2)$　すなわち　$\boldsymbol{y=-x-2}$

(4)　$y-(-1)=\dfrac{1}{3}\{x-(-3)\}$　すなわち　$\boldsymbol{y=\dfrac{1}{3}x}$

65

(1)　$y-2=\dfrac{6-2}{5-4}(x-4)$　すなわち

$\boldsymbol{y=4x-14}$

(2)　$y-4=\dfrac{-4-4}{1-(-1)}\{x-(-1)\}$　すなわち

$\boldsymbol{y=-4x}$

(3)　$y-(-1)=\dfrac{-1-(-1)}{3-(-3)}\{x-(-3)\}$　すなわち

$\boldsymbol{y=-1}$

(4)　2 点の x 座標が一致しているから　$\boldsymbol{x=2}$

25　直線の方程式 (2) (p.58)

例 63

ア　$\dfrac{2}{3}$　　**イ**　$\dfrac{4}{3}$

例 64

ア　3　　**イ**　11

66

(1)　$2x+y=-3$ を変形すると　$y=-2x-3$

よって，**傾きは −2，y 切片は −3**

(2)　$3x+6y-4=0$ を変形すると　$y=-\dfrac{1}{2}x+\dfrac{2}{3}$

よって，**傾きは $-\dfrac{1}{2}$，y 切片は $\dfrac{2}{3}$**

(3)　$x-3y+6=0$ を変形すると　$y=\dfrac{1}{3}x+2$

よって，**傾きは $\dfrac{1}{3}$，y 切片は 2**

(4)　$\dfrac{x}{3}+\dfrac{y}{2}=1$ を変形すると　$y=-\dfrac{2}{3}x+2$

よって，**傾きは $-\dfrac{2}{3}$，y 切片は 2**

67

連立方程式 $\begin{cases}2x-3y+1=0\\x+2y-3=0\end{cases}$ を解くと

$x=1,\ y=1$

よって，2 直線の交点の座標は (1, 1)

したがって，求める直線は 2 点 (−1, 3)，(1, 1) を通るから，その方程式は

$y-3=\dfrac{1-3}{1-(-1)}\{x-(-1)\}$

すなわち　$\boldsymbol{x+y-2=0}$

26　2 直線の関係 (p.60)

例 65

ア　3

例 66

ア　−1

例67

ア　$2x-5y-25=0$　　　イ　$5x+2y-19=0$

例68

ア　$\sqrt{10}$　　　イ　2

68

それぞれの直線の傾きは

①　3　　②　4　　③　-1　　④　-3

⑤　-4　　⑥　1　　⑦　3　　⑧　$\frac{1}{4}$

よって，互いに平行であるものは　**①と⑦**

互いに垂直であるものは　**③と⑥，⑤と⑧**

69

(1)　直線 $3x-y-4=0$ を l とする。

$3x-y-4=0$ を変形すると　$y=3x-4$

であるから，直線 l の傾きは3である。

よって，点$(1,\ 2)$を通り，直線 l に平行な直線の方程式は

$y-2=3(x-1)$　すなわち　$\boldsymbol{3x-y-1=0}$

また，直線 l に垂直な直線の傾きを m とすると

$m\times3=-1$ より　$m=-\frac{1}{3}$

したがって，点$(1,\ 2)$を通り，直線 l に垂直な直線の方程式は

$y-2=-\frac{1}{3}(x-1)$　すなわち　$\boldsymbol{x+3y-7=0}$

(2)　直線 $2x+y+1=0$ を l とする。

$2x+y+1=0$ を変形すると　$y=-2x-1$

であるから，直線 l の傾きは -2 である。

よって，点$(1,\ 2)$を通り，直線 l に平行な直線の方程式は

$y-2=-2(x-1)$　すなわち　$\boldsymbol{2x+y-4=0}$

また，直線 l に垂直な直線の傾きを m とすると

$m\times(-2)=-1$ より　$m=\frac{1}{2}$

したがって，点$(1,\ 2)$を通り，直線 l に垂直な直線の方程式は

$y-2=\frac{1}{2}(x-1)$　すなわち　$\boldsymbol{x-2y+3=0}$

70

(1)　$\dfrac{|-3|}{\sqrt{2^2+(-1)^2}}=\dfrac{3}{\sqrt{5}}=\boldsymbol{\dfrac{3\sqrt{5}}{5}}$

(2)　$\dfrac{|5|}{\sqrt{3^2+(-1)^2}}=\dfrac{5}{\sqrt{10}}=\boldsymbol{\dfrac{\sqrt{10}}{2}}$

71

(1)　$\dfrac{|2\times3-1\times1+1|}{\sqrt{2^2+(-1)^2}}=\dfrac{6}{\sqrt{5}}=\boldsymbol{\dfrac{6\sqrt{5}}{5}}$

(2)　$\dfrac{|2\times\sqrt{5}-1\times1+1|}{\sqrt{2^2+(-1)^2}}=\dfrac{2\sqrt{5}}{\sqrt{5}}=\boldsymbol{2}$

確認問題4 (p.62)

1

(1)　$\mathrm{AB}=|(-1)-5|=|-6|=\boldsymbol{6}$

(2)　$\mathrm{CD}=|(-2)-(-3)|=|1|=\boldsymbol{1}$

(3)　$\mathrm{OE}=|(-2)-0|=|-2|=\boldsymbol{2}$

2

(1)　$\dfrac{1\times(-5)+3\times7}{3+1}=\dfrac{16}{4}=4$ より　$\mathbf{C(4)}$

(2)　$\dfrac{3\times(-5)+1\times7}{1+3}=\dfrac{-8}{4}=-2$ より　$\mathbf{D(-2)}$

(3)　$\dfrac{-2\times(-5)+5\times7}{5-2}=\dfrac{45}{3}=15$ より　$\mathbf{E(15)}$

(4)　$\dfrac{-5\times(-5)+2\times7}{2-5}=\dfrac{39}{-3}=-13$ より　$\mathbf{F(-13)}$

3

(1)　$\mathrm{AB}=\sqrt{\{3-(-1)\}^2+(1-4)^2}=\sqrt{25}=\boldsymbol{5}$

(2)　$\mathrm{OC}=\sqrt{(-3)^2+(-1)^2}=\boldsymbol{\sqrt{10}}$

4

$\mathrm{AB}=5$ より　$\sqrt{(x-3)^2+\{1-(-2)\}^2}=5$

ゆえに　$(x-3)^2+\{1-(-2)\}^2=5^2$

よって　$(x-3)^2=16$　より　$x-3=\pm4$

したがって　$\boldsymbol{x=7,\ -1}$

5

(1)　$\left(\dfrac{3\times(-2)+2\times3}{2+3},\ \dfrac{3\times6+2\times(-4)}{2+3}\right)$

より　$\mathbf{(0,\ 2)}$

(2)　$\left(\dfrac{-7\times(-2)+2\times3}{2-7},\ \dfrac{-7\times6+2\times(-4)}{2-7}\right)$

より　$\mathbf{(-4,\ 10)}$

6

$\left(\dfrac{1+7+(-2)}{3},\ \dfrac{-2+3+(-4)}{3}\right)$

より　$\mathbf{(2,\ -1)}$

7

(1)　$y-2=3\{x-(-3)\}$　すなわち　$\boldsymbol{y=3x+11}$

(2)　$y-(-1)=-\dfrac{2}{3}(x-6)$　すなわち　$\boldsymbol{y=-\dfrac{2}{3}x+3}$

8

(1)　$y-4=\dfrac{-2-4}{-1-(-3)}\{x-(-3)\}$　すなわち

$\boldsymbol{y=-3x-5}$

(2)　2点の x 座標が一致しているから　$\boldsymbol{x=-2}$

9

(1)　直線 $y=3x+5$ を l とする。

直線 l の傾きは3である。

よって，点$(3,\ -2)$を通り，直線 l に平行な直線の方程式は

$y-(-2)=3(x-3)$　すなわち　$\boldsymbol{3x-y-11=0}$

また，直線 l に垂直な直線の傾きを m とすると

$m\times3=-1$ より　$m=-\frac{1}{3}$

したがって，点$(3,\ -2)$を通り，直線 l に垂直な直線の

方程式は

$y-(-2)=-\frac{1}{3}(x-3)$　すなわち　$\boldsymbol{x+3y+3=0}$

(2)　直線 $x+2y-6=0$ を l とする。

$x+2y-6=0$ を変形すると　$y=-\frac{1}{2}x+3$

であるから，直線 l の傾きは $-\frac{1}{2}$ である。

よって，点 $(3,\ -2)$ を通り，直線 l に平行な直線の方程式は

$y-(-2)=-\frac{1}{2}(x-3)$　すなわち　$\boldsymbol{x+2y+1=0}$

また，直線 l に垂直な直線の傾きを m とすると

$m\times\left(-\frac{1}{2}\right)=-1$ より　$m=2$

したがって，点 $(3,\ -2)$ を通り，直線 l に垂直な直線の方程式は

$y-(-2)=2(x-3)$　すなわち　$\boldsymbol{2x-y-8=0}$

10

(1)　原点との距離は

$$\frac{|5|}{\sqrt{3^2+(-4)^2}}=\frac{5}{\sqrt{25}}=\boldsymbol{1}$$

点 $(-1,\ 2)$ との距離は

$$\frac{|3\times(-1)-4\times2+5|}{\sqrt{3^2+(-4)^2}}=\frac{6}{\sqrt{25}}=\boldsymbol{\frac{6}{5}}$$

(2)　$y=2x-1$ を変形すると　$2x-y-1=0$　より，

原点との距離は

$$\frac{|-1|}{\sqrt{2^2+(-1)^2}}=\frac{1}{\sqrt{5}}=\boldsymbol{\frac{\sqrt{5}}{5}}$$

点 $(-1,\ 2)$ との距離は

$$\frac{|2\times(-1)-1\times2-1|}{\sqrt{2^2+(-1)^2}}=\frac{5}{\sqrt{5}}=\boldsymbol{\sqrt{5}}$$

27　円の方程式 (1) (p.64)

例 69

ア　9

例 70

ア　13

例 71

ア　$\boldsymbol{(x-2)^2+(y-1)^2=18}$

72

(1)　$\{x-(-2)\}^2+(y-1)^2=4^2$

すなわち　$\boldsymbol{(x+2)^2+(y-1)^2=16}$

(2)　$x^2+y^2=4^2$

すなわち　$\boldsymbol{x^2+y^2=16}$

(3)　$(x-3)^2+\{y-(-2)\}^2=1^2$

すなわち　$\boldsymbol{(x-3)^2+(y+2)^2=1}$

(4)　$\{x-(-3)\}^2+(y-4)^2=(\sqrt{5})^2$

すなわち　$\boldsymbol{(x+3)^2+(y-4)^2=5}$

73

(1)　求める円の半径を r とすると

$r=\sqrt{2^2+1^2}=\sqrt{5}$

よって，この円の方程式は

$(x-2)^2+(y-1)^2=(\sqrt{5})^2$

すなわち　$\boldsymbol{(x-2)^2+(y-1)^2=5}$

(2)　求める円の半径を r とすると

$r=\sqrt{(-2-1)^2+\{1-(-3)\}^2}=5$

よって，この円の方程式は

$(x-1)^2+\{y-(-3)\}^2=5^2$

すなわち　$\boldsymbol{(x-1)^2+(y+3)^2=25}$

74

円の中心をC，半径を r とする。

(1)　$\mathrm{C}\left(\frac{3+(-5)}{2},\ \frac{7+1}{2}\right)$　より　$\mathrm{C}(-1,\ 4)$ である。

また，$r=\mathrm{CA}$ より

$r=\sqrt{\{3-(-1)\}^2+(7-4)^2}=\sqrt{25}=5$

よって，求める円の方程式は

$\{x-(-1)\}^2+(y-4)^2=5^2$

すなわち　$\boldsymbol{(x+1)^2+(y-4)^2=25}$

(2)　$\mathrm{C}\left(\frac{-1+3}{2},\ \frac{2+4}{2}\right)$　より　$\mathrm{C}(1,\ 3)$ である。

また，$r=\mathrm{CA}$ より

$r=\sqrt{(-1-1)^2+(2-3)^2}=\sqrt{5}$

よって，求める円の方程式は

$(x-1)^2+(y-3)^2=(\sqrt{5})^2$

すなわち　$\boldsymbol{(x-1)^2+(y-3)^2=5}$

28　円の方程式 (2) (p.66)

例 72

ア　$(-4,\ 1)$　　**イ**　5

例 73

ア　$\boldsymbol{x^2+y^2+2x-6y-15=0}$

75

(1)　$x^2+y^2-6x+10y+16=0$

$x^2-6x+y^2+10y+16=0$

$(x-3)^2-9+(y+5)^2-25+16=0$

$(x-3)^2+(y+5)^2=18$

すなわち　$(x-3)^2+(y+5)^2=(3\sqrt{2})^2$

よって，**中心が点 $(3,\ -5)$ で，半径 $3\sqrt{2}$ の円**を表す。

(2)　$x^2+y^2-4x-6y+4=0$

$x^2-4x+y^2-6y+4=0$

$(x-2)^2-4+(y-3)^2-9+4=0$

$(x-2)^2+(y-3)^2=9$

すなわち　$(x-2)^2+(y-3)^2=3^2$

よって，**中心が点 $(2,\ 3)$ で，半径 3 の円**を表す。

(3)　$x^2+y^2=2y$

$x^2+y^2-2y=0$

$x^2+(y-1)^2-1=0$

すなわち　$x^2+(y-1)^2=1^2$

よって，**中心が点 (0, 1) で，半径 1 の円**を表す。

(4)　$x^2+y^2+8x-9=0$

$x^2+8x+y^2-9=0$

$(x+4)^2-16+y^2-9=0$

$(x+4)^2+y^2=25$

すなわち　$(x+4)^2+y^2=5^2$

よって，**中心が点 (−4, 0) で，半径 5 の円**を表す。

76

求める円の方程式を

$x^2+y^2+lx+my+n=0$　……①

とおく。

(1)　この円①が点O(0, 0)を通るから　$n=0$　……②

点A(1, 3)を通るから

$1+9+l+3m+n=0$ より　$l+3m+n=-10$　……③

点B(−1, −1)を通るから

$1+1-l-m+n=0$ より　$l+m-n=2$　……④

②を③，④に代入して

$l+3m=-10$

$l+m=2$

これを解いて　$l=8$，$m=-6$

よって，求める円の方程式は

$\boldsymbol{x^2+y^2+8x-6y=0}$

(2)　円①が点A(1, 2)を通るから

$1+4+l+2m+n=0$ より

$l+2m+n=-5$　……②

点B(5, 2)を通るから

$25+4+5l+2m+n=0$ より

$5l+2m+n=-29$　……③

点C(3, 0)を通るから

$9+3l+n=0$ より　$3l+n=-9$　……④

③−②より　$4l=-24$　ゆえに　$l=-6$　……⑤

⑤を④に代入して

$-18+n=-9$ より　$n=9$

$l=-6$，$n=9$ を②に代入して

$-6+2m+9=-5$ より　$m=-4$

よって，求める円の方程式は

$\boldsymbol{x^2+y^2-6x-4y+9=0}$

29　円と直線 (1) (p.68)

例 74

ア　-2　　**イ**　-1

例 75

ア　-2　　**イ**　-1

77

共有点の座標は，次の連立方程式の解である。

$$\begin{cases} x^2+y^2=25 & \cdots\cdots① \\ y=x+1 & \cdots\cdots② \end{cases}$$

②を①に代入して

$x^2+(x+1)^2=25$

これを整理して　$x^2+x-12=0$ より

$(x+4)(x-3)=0$

よって　$x=-4$，3

②より，$x=-4$ のとき　$y=-3$

$x=3$ のとき　$y=4$

したがって，共有点の座標は　**(−4, −3)，(3, 4)**

78

共有点の座標は，次の連立方程式の解である。

$$\begin{cases} x^2+y^2=10 & \cdots\cdots① \\ 3x+y-10=0 & \cdots\cdots② \end{cases}$$

②より　$y=-3x+10$　……③

③を①に代入すると

$x^2+(-3x+10)^2=10$

これを整理して　$x^2-6x+9=0$ より　$(x-3)^2=0$

よって　$x=3$

③より，$x=3$ のとき　$y=1$

したがって，共有点の座標は　**(3, 1)**

30　円と直線 (2) (p.70)

例 76

ア　-4　　**イ**　4

例 77

ア　$\dfrac{\sqrt{5}}{2}$

79

(1)　$y=2x+m$ を $x^2+y^2=5$ に代入して整理すると

$5x^2+4mx+m^2-5=0$

この 2 次方程式の判別式を D とすると

$D=(4m)^2-4\times5\times(m^2-5)$

$=-4m^2+100$

円と直線が共有点をもつためには，$D\geqq0$ であればよい。

よって　$-4m^2+100\geqq0$ より

$(m+5)(m-5)\leqq0$

したがって，求める m の値の範囲は　$\boldsymbol{-5\leqq m\leqq5}$

(2)　$3x+y=m$　すなわち　$y=-3x+m$ を

$x^2+y^2=10$ に代入して整理すると

$10x^2-6mx+m^2-10=0$

この 2 次方程式の判別式を D とすると

$D=(-6m)^2-4\times10\times(m^2-10)$

$=-4m^2+400$

円と直線が共有点をもつためには，$D\geqq0$ であればよい。

よって　$-4m^2+400\geqq0$ より

$(m+10)(m-10)\leqq0$

したがって，求める m の値の範囲は　$\boldsymbol{-10\leqq m\leqq10}$

80

(1)　円 $x^2+y^2=r^2$ の中心は原点であり，原点と直線 $y=x+2$ すなわち $x-y+2=0$ の距離 d は

$d=\dfrac{|2|}{\sqrt{1^2+(-1)^2}}=\dfrac{2}{\sqrt{2}}=\sqrt{2}$

ここで，円と直線が接するのは，$d=r$ のときであるから
$\boldsymbol{r=\sqrt{2}}$

(2) 円 $x^2+y^2=r^2$ の中心は原点であり，原点と直線 $3x-4y-15=0$ の距離 d は

$$d=\frac{|-15|}{\sqrt{3^2+(-4)^2}}=\frac{15}{5}=3$$

ここで，円と直線が接するのは，$d=r$ のときであるから
$\boldsymbol{r=3}$

31 円と直線 (3) (p.72)

例 78

ア $\boldsymbol{3x-y=10}$

例 79

ア $\boldsymbol{3x+y=10}$

81

(1) $\boldsymbol{-3x+4y=25}$

(2) $\boldsymbol{2x-y=5}$

(3) $3x+0\times y=9$ すなわち $\boldsymbol{x=3}$

(4) $0\times x-4y=16$ すなわち $\boldsymbol{y=-4}$

82

接点を $\mathrm{P}(x_1,\ y_1)$ とすると，点Pにおける接線の方程式は
$x_1x+y_1y=1$ ……①
これが点 $\mathrm{A}(2,\ 1)$ を通るから
$2x_1+y_1=1$ ……②
また，点Pは円 $x^2+y^2=1$ 上の点であるから
${x_1}^2+{y_1}^2=1$ ……③
②より $y_1=-2x_1+1$ ……④
④を③に代入すると
${x_1}^2+(-2x_1+1)^2=1$
整理すると $5{x_1}^2-4x_1=0$ より $x_1(5x_1-4)=0$
ゆえに $x_1=0,\ \dfrac{4}{5}$
④より $x_1=0$ のとき $y_1=1$
$x_1=\dfrac{4}{5}$ のとき $y_1=-\dfrac{3}{5}$
よって，接点Pの座標は $(0,\ 1)$ または $\left(\dfrac{4}{5},\ -\dfrac{3}{5}\right)$ である。
したがって，求める接線は2本あり，①よりその方程式は
$0\times x+y=1,\ \dfrac{4}{5}x-\dfrac{3}{5}y=1$
すなわち $\boldsymbol{y=1,\ 4x-3y=5}$

確認問題 5 (p.74)

1

(1) $\{x-(-3)\}^2+\{y-(-2)\}^2=5^2$
すなわち $\boldsymbol{(x+3)^2+(y+2)^2=25}$

(2) $x^2+y^2=2^2$ すなわち $\boldsymbol{x^2+y^2=4}$

(3) 求める円の半径を r とすると
$r=\sqrt{\{1-(-2)\}^2+(2-3)^2}=\sqrt{10}$
よって，この円の方程式は
$\{x-(-2)\}^2+(y-3)^2=(\sqrt{10})^2$
すなわち $\boldsymbol{(x+2)^2+(y-3)^2=10}$

(4) 中心をC，円の半径を r とすると
$\mathrm{C}\left(\dfrac{-1+5}{2},\ \dfrac{-1+(-3)}{2}\right)$ より $\mathrm{C}(2,\ -2)$ である。
また，$r=\mathrm{CA}$ より
$r=\sqrt{(-1-2)^2+\{-1-(-2)\}^2}=\sqrt{10}$
よって，求める円の方程式は
$(x-2)^2+\{y-(-2)\}^2=(\sqrt{10})^2$
すなわち $\boldsymbol{(x-2)^2+(y+2)^2=10}$

2

(1) $x^2+y^2+12x-4y=0$
$x^2+12x+y^2-4y=0$
$(x+6)^2-36+(y-2)^2-4=0$
$(x+6)^2+(y-2)^2=40$
すなわち $(x+6)^2+(y-2)^2=(2\sqrt{10})^2$
中心が点 $(-6,\ 2)$ で，半径 $2\sqrt{10}$ の円を表す。

(2) $x^2+y^2-14y+25=0$
$x^2+(y-7)^2-49+25=0$
$x^2+(y-7)^2=24$
すなわち $x^2+(y-7)^2=(2\sqrt{6})^2$
中心が点 $(0,\ 7)$ で，半径 $2\sqrt{6}$ の円を表す。

3

求める円の方程式を $x^2+y^2+lx+my+n=0$ ……①
とおく。この円①が点 $\mathrm{A}(-3,\ 6)$ を通るから
$9+36-3l+6m+n=0$ より
$-3l+6m+n=-45$ ……②
点 $\mathrm{B}(3,\ -2)$ を通るから
$9+4+3l-2m+n=0$ より
$3l-2m+n=-13$ ……③
点 $\mathrm{C}(4,\ 5)$ を通るから
$16+25+4l+5m+n=0$ より
$4l+5m+n=-41$ ……④
③−② より $6l-8m=32$
$3l-4m=16$ ……⑤
④−② より $7l-m=4$ ……⑥
⑤，⑥を解いて $l=0,\ m=-4$
これらを②に代入して $n=-21$
よって，求める円の方程式は $\boldsymbol{x^2+y^2-4y-21=0}$

4

(1) 共有点の座標は，次の連立方程式の解である。

$$\begin{cases} x^2+y^2=25 & \cdots\cdots① \\ y=2x+10 & \cdots\cdots② \end{cases}$$

②を①に代入して
$x^2+(2x+10)^2=25$
これを整理して $x^2+8x+15=0$ より
$(x+5)(x+3)=0$
よって $x=-5,\ -3$
②より，$x=-5$ のとき $y=0$

$x=-3$ のとき　$y=4$

したがって，共有点の座標は　$(-5,\ 0)$，$(-3,\ 4)$

(2)　共有点の座標は，次の連立方程式の解である。

$$\begin{cases} x^2+y^2=18 & \cdots\cdots① \\ y=-x+6 & \cdots\cdots② \end{cases}$$

②を①に代入すると

$x^2+(-x+6)^2=18$

これを整理して　$x^2-6x+9=0$ より　$(x-3)^2=0$

よって　$x=3$

②より，$x=3$ のとき　$y=3$

したがって，共有点の座標は　$(3,\ 3)$

5

$y=-2x+m$ を $x^2+y^2=4$ に代入して整理すると

$5x^2-4mx+m^2-4=0$

この2次方程式の判別式をDとすると

$D=(-4m)^2-4\times5\times(m^2-4)$

$\quad=-4m^2+80$

円と直線が共有点をもつためには，$D\geqq0$ であればよい。

よって　$-4m^2+80\geqq0$ より

$(m+2\sqrt{5})(m-2\sqrt{5})\leqq0$

したがって，求めるmの値の範囲は　$\boldsymbol{-2\sqrt{5}\leqq m\leqq2\sqrt{5}}$

6

(1)　$\boldsymbol{3x-y=10}$

(2)　$\boldsymbol{-2x-3y=13}$

7

接点を $\mathrm{P}(x_1,\ y_1)$ とすると，点Pにおける接線の方程式は

$x_1x+y_1y=13$　　$\cdots\cdots①$

これが点 $\mathrm{A}(-5,\ 1)$ を通るから

$-5x_1+y_1=13$　　$\cdots\cdots②$

また，点Pは円 $x^2+y^2=13$ 上の点であるから

${x_1}^2+{y_1}^2=13$　　$\cdots\cdots③$

②より　$y_1=5x_1+13$　$\cdots\cdots④$

④を③に代入すると

${x_1}^2+(5x_1+13)^2=13$

整理すると　${x_1}^2+5x_1+6=0$ より　$(x_1+3)(x_1+2)=0$

ゆえに　$x_1=-3,\ -2$

④より　$x_1=-3$ のとき　$y_1=-2$

$x_1=-2$ のとき　$y_1=3$

よって，接点Pの座標は $(-3,\ -2)$ または $(-2,\ 3)$ である。

したがって，求める接線は2本あり，①よりその方程式は

$\boldsymbol{-3x-2y=13,\ -2x+3y=13}$

32　軌跡と方程式 (p.76)

例 80

ア　$\boldsymbol{y=-2x+3}$

例 81

ア　$(5,\ 0)$　　**イ**　3

83

点Pの座標を $(x,\ y)$ とする。

(1)　AP=BP より

$\sqrt{(x-4)^2+y^2}=\sqrt{x^2+(y-2)^2}$

この両辺を2乗すると

$(x-4)^2+y^2=x^2+(y-2)^2$

ゆえに　$2x-y-3=0$

よって，点Pの軌跡は**直線 $\boldsymbol{2x-y-3=0}$** である。

(2)　AP=BP より

$\sqrt{(x+1)^2+(y-2)^2}=\sqrt{(x+2)^2+(y+5)^2}$

この両辺を2乗すると

$(x+1)^2+(y-2)^2=(x+2)^2+(y+5)^2$

ゆえに　$x+7y+12=0$

よって，点Pの軌跡は**直線 $\boldsymbol{x+7y+12=0}$** である。

(3)　$\mathrm{AP}^2-\mathrm{BP}^2=1$ より

$\{(x-2)^2+y^2\}-\{x^2+(y-1)^2\}=1$

ゆえに　$2x-y-1=0$

よって，点Pの軌跡は**直線 $\boldsymbol{2x-y-1=0}$** である。

84

点Pの座標を $(x,\ y)$ とする。

(1)　AP：BP＝1：3 より　3AP＝BP

ゆえに　$3\sqrt{(x+2)^2+y^2}=\sqrt{(x-6)^2+y^2}$

この両辺を2乗して整理すると

$x^2+6x+y^2=0$　より　$(x+3)^2+y^2=3^2$

よって，点Pの軌跡は

点 $(-3,\ 0)$ を中心とする半径3の円である。

(2)　AP：BP＝2：1 より　AP＝2BP

ゆえに　$\sqrt{x^2+(y+4)^2}=2\sqrt{x^2+(y-2)^2}$

この両辺を2乗して整理すると

$x^2+y^2-8y=0$　より　$x^2+(y-4)^2=4^2$

よって，点Pの軌跡は

点 $(0,\ 4)$ を中心とする半径4の円である。

33　不等式の表す領域 (1) (p.78)

例 82

ア　上

例 83

ア　下

例 84

ア　左

85

求める領域は次の図の斜線部分である。

(1)

ただし，境界線を含まない。

(2)

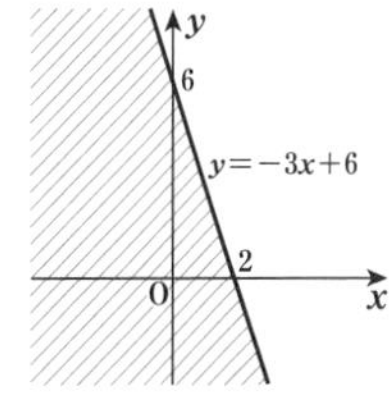

ただし，境界線を含む。

86

求める領域は次の図の斜線部分である。

(1)

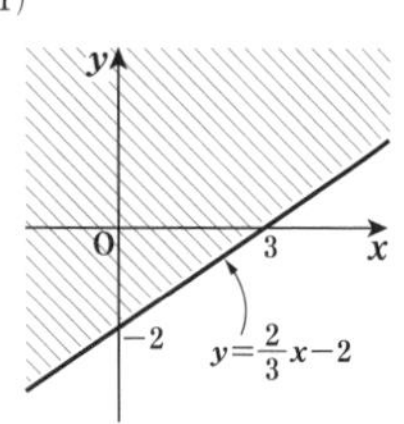

ただし，境界線を含まない。

(2)

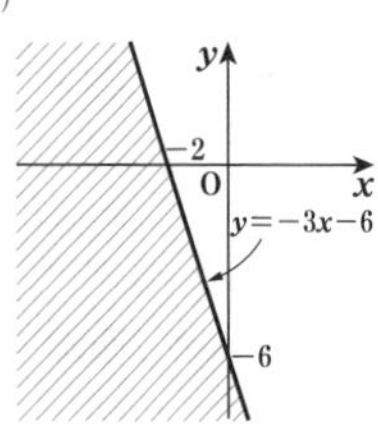

ただし，境界線を含む。

87

求める領域は次の図の斜線部分である。

(1)

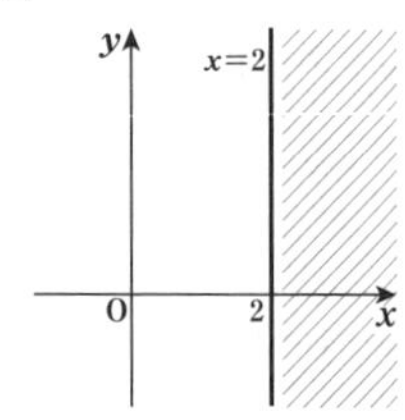

ただし，境界線を含まない。

(2)

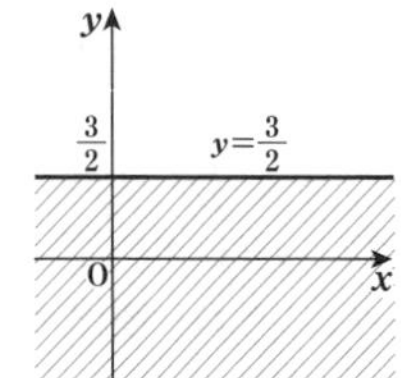

ただし，境界線を含む。

34　不等式の表す領域 (2) (p.80)

例 85

ア　外

例 86

ア　内

88

求める領域は次の図の斜線部分である。

(1)

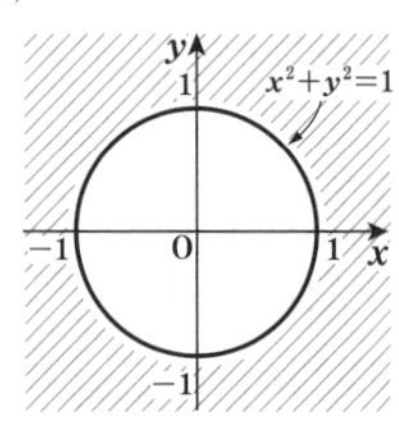

ただし，境界線を含まない。

(2)

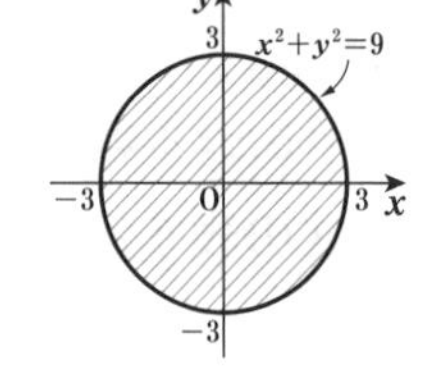

ただし，境界線を含む。

89

求める領域は次の図の斜線部分である。

(1)

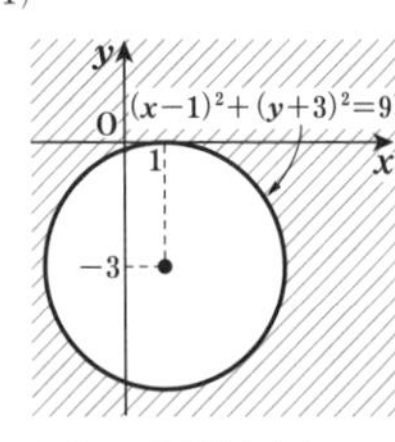

ただし，境界線を含む。

(2)

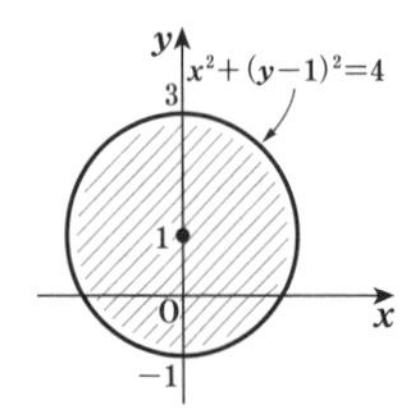

ただし，境界線を含まない。

(3)　$x^2+y^2+4x-2y>0$ より

$(x+2)^2+(y-1)^2>5$

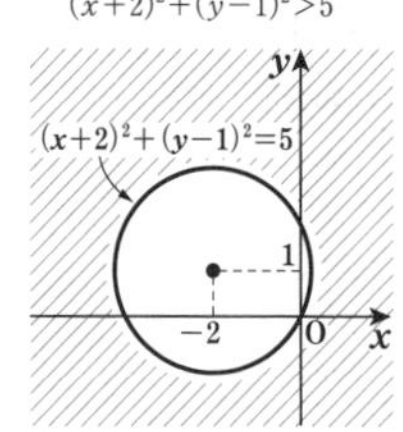

ただし，境界線を含まない。

(4)　$x^2+y^2-6x-2y+1\leqq 0$ より

$(x-3)^2+(y-1)^2\leqq 9$

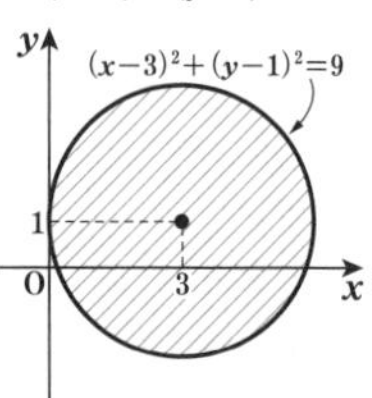

ただし，境界線を含む。

35　連立不等式の表す領域 (1) (p.82)

例 87

ア　下　　イ　上　　ウ　含まない

例 88

ア　外　　イ　下　　ウ　含む

90

求める領域は次の図の斜線部分である。

(1)

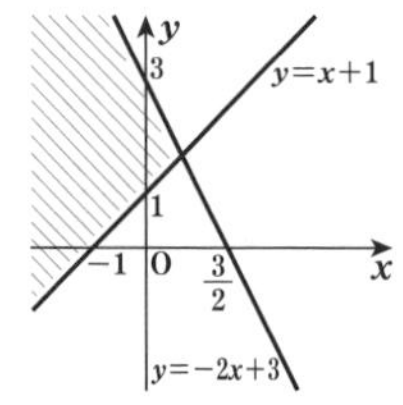

ただし，境界線を含まない。

(2)

y　8　$y=-2x+8$　$y=x-4$　O　4　x　−4

ただし，境界線を含まない。

91

求める領域は次の図の斜線部分である。

(1)

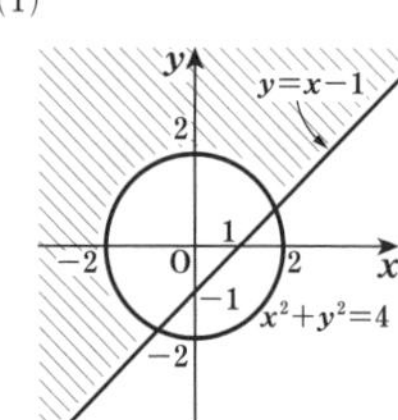

ただし，境界線を含まない。

(2)

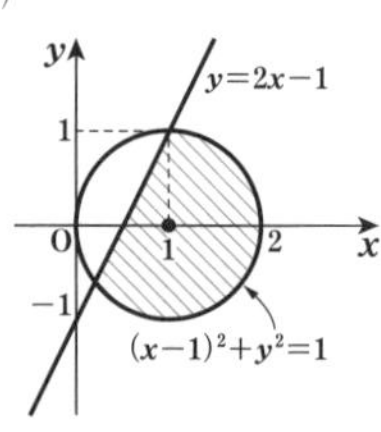

ただし，境界線を含む。

36　連立不等式の表す領域 (2) (p.84)

例 89

ア　含まない

例 90

ア　16　　イ　0

92

求める領域は次の図の斜線部分である。

(1)　$\begin{cases} x-y>0 \\ x+y>0 \end{cases}$

または $\begin{cases} x-y<0 \\ x+y<0 \end{cases}$

(2)　$\begin{cases} x+y+1\geqq 0 \\ x-2y+4\leqq 0 \end{cases}$

または $\begin{cases} x+y+1\leqq 0 \\ x-2y+4\geqq 0 \end{cases}$

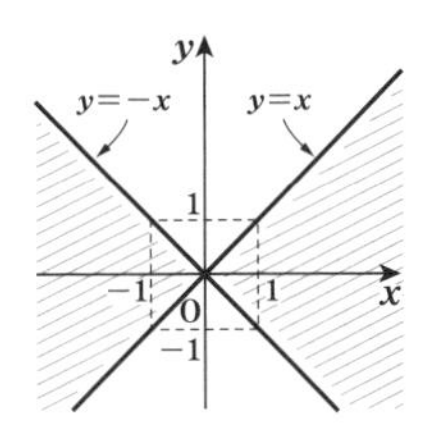

ただし，境界線を含まない。

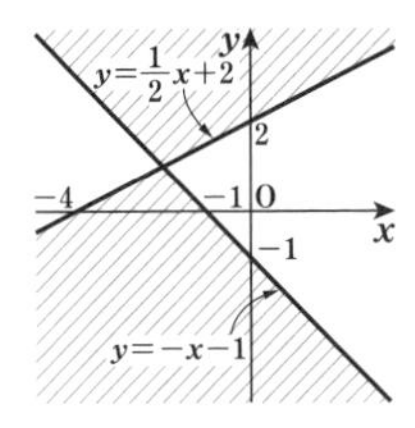

ただし，境界線を含む。

93

与えられた4つの不等式の表す領域は，右の図の斜線部分である。ただし，境界線を含む。なお，2直線 $2x+y=6$ と $x+2y=6$ の交点は $(2,\ 2)$ である。

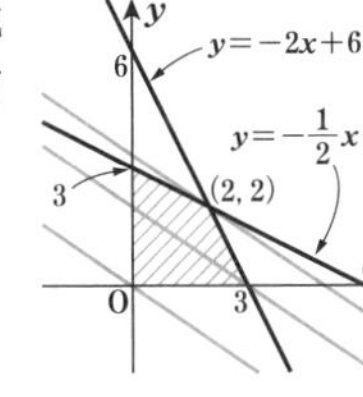

$2x+3y=k$ ……①

とおくと，①は $y=-\dfrac{2}{3}x+\dfrac{k}{3}$

この直線①がこの領域内の点を通るときの y 切片 $\dfrac{k}{3}$ の最大値と最小値を調べればよい。

y 切片 $\dfrac{k}{3}$ は，直線①が点 $(2,\ 2)$ を通るとき最大となる。

このとき k も最大となるから，$k=2\times2+3\times2=10$

また，y 切片 $\dfrac{k}{3}$ は，直線①が点 $(0,\ 0)$ を通るとき最小となる。このとき k も最小となるから，$k=2\times0+3\times0=0$

したがって，$2x+3y$ は

$x=y=2$ のとき **最大値 10** をとり，

$x=y=0$ のとき **最小値 0** をとる。

確認問題6 (p.86)

1

点Pの座標を $(x,\ y)$ とする。

(1) AP=BP より

$\sqrt{(x+3)^2+y^2}=\sqrt{x^2+(y+5)^2}$

この両辺を2乗すると

$(x+3)^2+y^2=x^2+(y+5)^2$

ゆえに，$3x-5y-8=0$

よって，点Pの軌跡は**直線 $3x-5y-8=0$** である。

(2) $AP^2-BP^2=9$ より

$\{(x-3)^2+(y-1)^2\}-\{(x-1)^2+(y-2)^2\}=9$

ゆえに，$2x-y+2=0$

よって，点Pの軌跡は**直線 $2x-y+2=0$** である。

(3) AP：BP=1：2 より 2AP=BP

ゆえに

$2\sqrt{(x-1)^2+(y-2)^2}=\sqrt{(x-7)^2+(y-5)^2}$

この両辺を2乗して整理すると

$x^2+y^2+2x-2y-18=0$ より

$(x+1)^2+(y-1)^2=(2\sqrt{5})^2$

よって，点Pの軌跡は

点 $(-1,\ 1)$ を中心とする半径 $2\sqrt{5}$ の円である。

2

求める領域は次の図の斜線部分である。

(1)

$y=\dfrac{3}{2}x+2$

ただし，境界線を含まない。

(2)

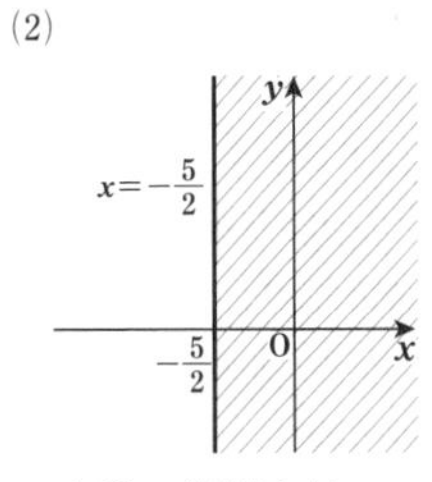

ただし，境界線を含む。

3

求める領域は次の図の斜線部分である。

(1)

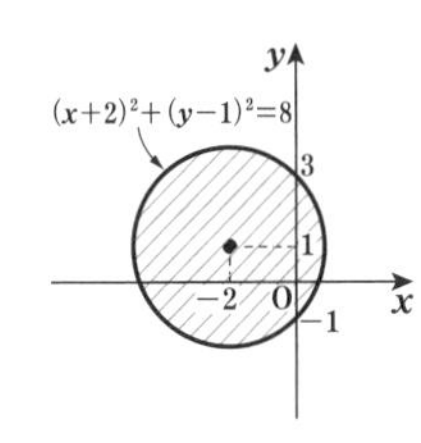

ただし，境界線を含む。

(2) $x^2+y^2-6x+8y+13>0$ より

$(x-3)^2+(y+4)^2>12$

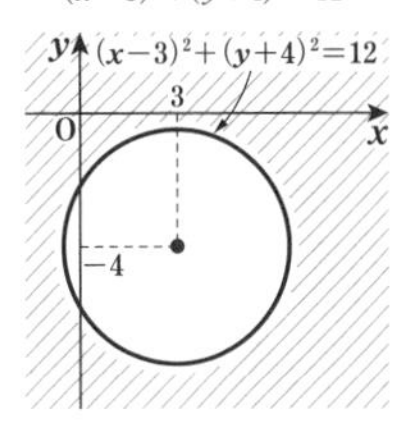

ただし，境界線を含まない。

4

求める領域は次の図の斜線部分である。

(1)

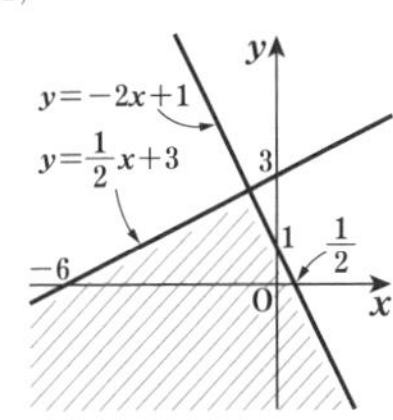

ただし，境界線を含まない。

(2)

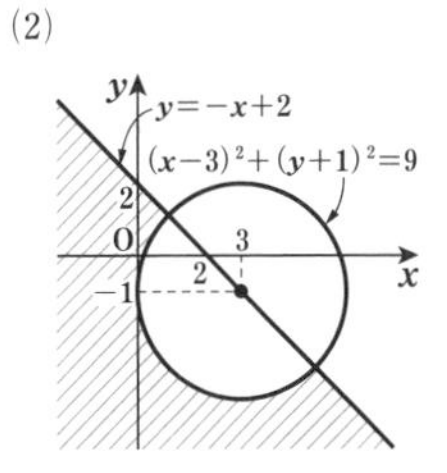

ただし，境界線を含む。

5

求める領域は次の図の斜線部分である。

(1) $\begin{cases}2x+y-1>0\\2x-y+1<0\end{cases}$

または $\begin{cases}2x+y-1<0\\2x-y+1>0\end{cases}$

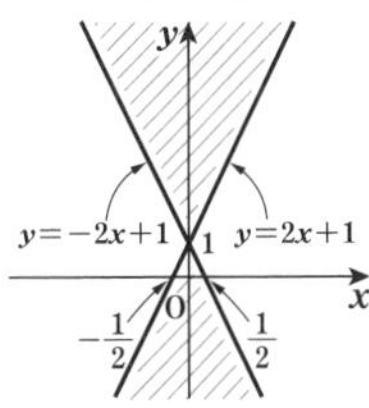

ただし，境界線を含まない。

(2) $\begin{cases}x-2y+6\geqq0\\4x-3y+12\leqq0\end{cases}$

または $\begin{cases}x-2y+6\leqq0\\4x-3y+12\geqq0\end{cases}$

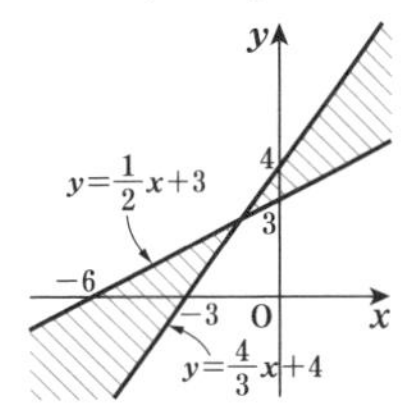

ただし，境界線を含む。

6

与えられた4つの不等式の表す領域は，右の図の斜線部分である。ただし，境界線を含む。なお，2直線 $x+3y=12$ と $x+y=6$ の交点は $(3,\ 3)$ である。

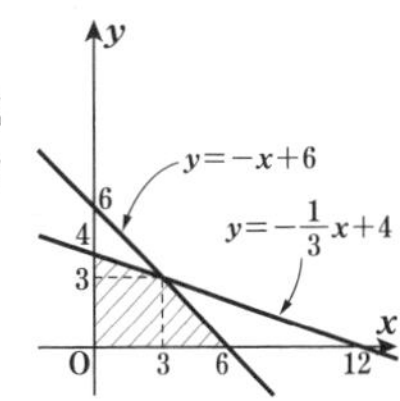

(1)　$2x+y=k$ ……①

とおくと，①は $y=-2x+k$

この直線①がこの領域内の点を通るときの k の最大値と最小値を調べればよい。

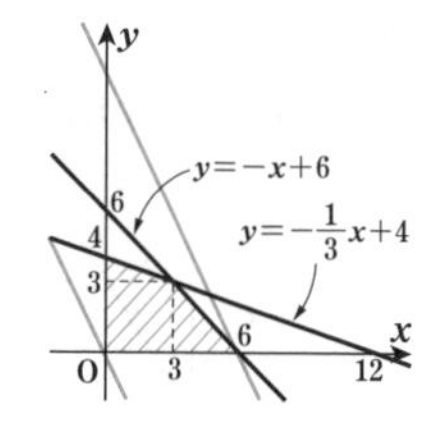

①が点 $(6,\ 0)$ を通るとき k は最大となり，最大値は 12

①が点 $(0,\ 0)$ を通るとき k は最小となり，最小値は 0

したがって，$2x+y$ は

$x=6,\ y=0$ のとき　**最大値 12** をとり，

$x=y=0$ のとき　　**最小値 0** をとる。

(2)　$x+2y=k'$ ……②

とおくと，②は $y=-\dfrac{1}{2}x+\dfrac{k'}{2}$

この直線②がこの領域内の点を通るときの k' の最大値と最小値を調べればよい。

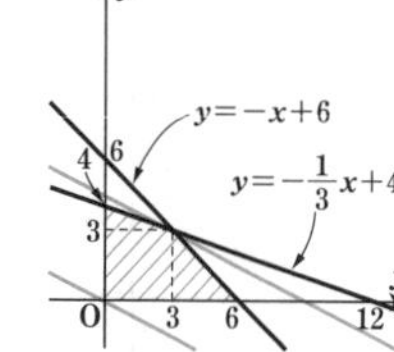

y 切片 $\dfrac{k'}{2}$ は，②が点 $(3,\ 3)$ を通るとき最大となる。

このとき k' も最大となるから，$k'=3+2\times3=9$

y 切片 $\dfrac{k'}{2}$ は，②が点 $(0,\ 0)$ を通るとき最小となる。

このとき k' も最小となるから，$k'=0+2\times0=0$

ゆえに，$x+2y$ は

$x=y=3$ のとき　**最大値 9** をとり，

$x=y=0$ のとき　**最小値 0** をとる。

TRY *PLUS* (p.88)

問3

直線 l に関して点Aと対称な点Bの座標を $(a,\ b)$ とする。

直線 l の傾きは 2

直線 AB の傾きは $\dfrac{b-(-1)}{a-4}=\dfrac{b+1}{a-4}$

直線 l と直線 AB は垂直であるから $2\times\dfrac{b+1}{a-4}=-1$ より

$a+2b=2$ ……①

また，線分 AB の中点 $\left(\dfrac{a+4}{2},\ \dfrac{b+(-1)}{2}\right)$ は，直線 l 上の点であるから $4\times\dfrac{a+4}{2}-2\times\dfrac{b-1}{2}-3=0$ より

$2a-b=-6$ ……②

①，②より $\begin{cases} a+2b=2 \\ 2a-b=-6 \end{cases}$

これを解いて　$a=-2,\ b=2$

したがって，点Bの座標は　**$(-2,\ 2)$**

問4

2点 P，Q の座標をそれぞれ $(x,\ y)$，$(s,\ t)$ とすると，点Qは円 $x^2+y^2=16$ 上の点であるから

$s^2+t^2=16$ ……①

一方，点Pは線分 AQ を 3：1 に内分するから

$$x=\frac{1\times8+3\times s}{3+1}=\frac{8+3s}{4},\quad y=\frac{1\times0+3\times t}{3+1}=\frac{3}{4}t$$

よって

$$\begin{cases} s=\dfrac{4}{3}(x-2) & \cdots\cdots② \\ t=\dfrac{4}{3}y & \cdots\cdots③ \end{cases}$$

②，③を①に代入すると　$\left\{\dfrac{4}{3}(x-2)\right\}^2+\left(\dfrac{4}{3}y\right)^2=16$

すなわち　$\dfrac{16}{9}(x-2)^2+\dfrac{16}{9}y^2=16$

ゆえに　$(x-2)^2+y^2=9$

したがって，点Pの軌跡は

点 $(2,\ 0)$ を中心とする半径 3 の円である。

第3章　三角関数

37　一般角・弧度法 (p.90)

例91

ア　240°　　　　**イ**　−320°

例92

ア　−640°

例93

ア　$-\dfrac{\pi}{4}$　　　　**イ**　−270°

例94

ア　4π　　　**イ**　4π　　　**ウ**　24π

94

(1)

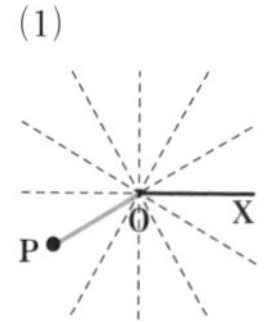

(2)　(3)

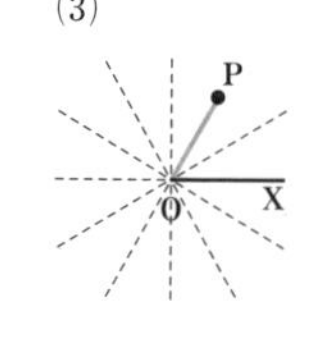

95

$420°=60°+360°$

$660°=300°+360°$

$-120°=240°+360°\times(-1)$

$-300°=60°+360°\times(-1)$

$-720°=360°\times(-2)$

より　**420° と −300°**

96

(1)　$-30°\times\dfrac{\pi}{180°}=-\dfrac{\pi}{6}$

(2)　$135°\times\dfrac{\pi}{180°}=\dfrac{3}{4}\pi$

(3)　$-150°\times\dfrac{\pi}{180°}=-\dfrac{5}{6}\pi$

97

(1)　$\dfrac{5}{6}\pi\times\dfrac{180°}{\pi}=150°$

(2)　$\dfrac{5}{3}\pi\times\dfrac{180°}{\pi}=300°$

(3)　$-\frac{3}{4}\pi\times\frac{180^\circ}{\pi}=\mathbf{-135^\circ}$

98

弧の長さを l，面積を S とする。

(1)　$l=4\times\frac{3}{4}\pi=\mathbf{3\pi}$，$S=\frac{1}{2}\times3\pi\times4=\mathbf{6\pi}$

(2)　$l=6\times\frac{5}{6}\pi=\mathbf{5\pi}$，$S=\frac{1}{2}\times5\pi\times6=\mathbf{15\pi}$

38　三角関数 (1) (p.92)

例 95

ア　$-\sqrt{3}$　　イ　$-\frac{\sqrt{3}}{2}$　　ウ　-1　　エ　$\frac{1}{\sqrt{3}}$

例 96

ア　$-\frac{4}{5}$　　イ　$\frac{4}{3}$

例 97

ア　$-\frac{1}{\sqrt{10}}$　　イ　$\frac{3}{\sqrt{10}}$

99

(1)　$\frac{5}{4}\pi$ の動径と，原点Oを中心とする半径 $\sqrt{2}$ の円との交点Pの座標は $(-1,\ -1)$ であるから

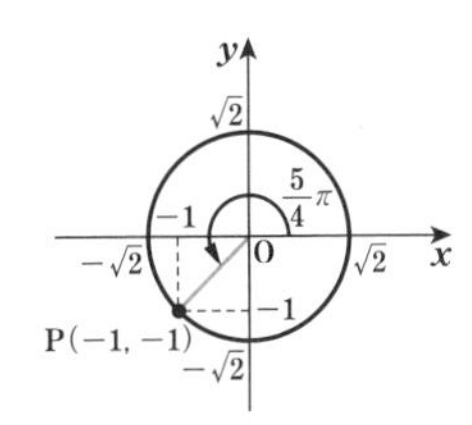

$$\sin\frac{5}{4}\pi=\frac{-1}{\sqrt{2}}=\mathbf{-\frac{1}{\sqrt{2}}}$$

$$\cos\frac{5}{4}\pi=\frac{-1}{\sqrt{2}}=\mathbf{-\frac{1}{\sqrt{2}}}$$

$$\tan\frac{5}{4}\pi=\frac{-1}{-1}=\mathbf{1}$$

(2)　$\frac{11}{6}\pi$ の動径と，原点Oを中心とする半径2の円との交点Pの座標は $(\sqrt{3},\ -1)$ であるから

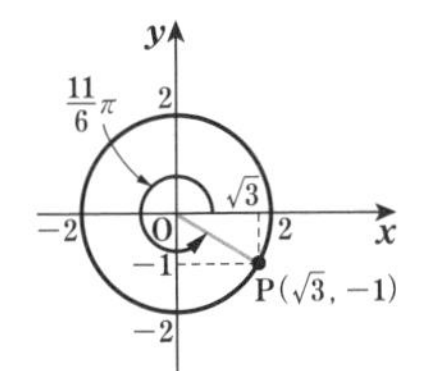

$$\sin\frac{11}{6}\pi=\frac{-1}{2}=\mathbf{-\frac{1}{2}}$$

$$\cos\frac{11}{6}\pi=\mathbf{\frac{\sqrt{3}}{2}}$$

$$\tan\frac{11}{6}\pi=\frac{-1}{\sqrt{3}}=\mathbf{-\frac{1}{\sqrt{3}}}$$

100

$\sin^2\theta+\cos^2\theta=1$ より

$$\cos^2\theta=1-\sin^2\theta=1-\left(-\frac{3}{5}\right)^2=\frac{16}{25}$$

ここで，θ は第3象限の角であるから　$\cos\theta<0$

よって　$\mathbf{\cos\theta}=-\sqrt{\frac{16}{25}}=\mathbf{-\frac{4}{5}}$

$$\mathbf{\tan\theta}=\frac{\sin\theta}{\cos\theta}=\left(-\frac{3}{5}\right)\div\left(-\frac{4}{5}\right)=\left(-\frac{3}{5}\right)\times\left(-\frac{5}{4}\right)=\mathbf{\frac{3}{4}}$$

101

$\sin^2\theta+\cos^2\theta=1$ より

$$\sin^2\theta=1-\cos^2\theta=1-\left(\frac{1}{3}\right)^2=\frac{8}{9}$$

ここで，θ は第4象限の角であるから　$\sin\theta<0$

よって　$\mathbf{\sin\theta}=-\sqrt{\frac{8}{9}}=\mathbf{-\frac{2\sqrt{2}}{3}}$

$$\mathbf{\tan\theta}=\frac{\sin\theta}{\cos\theta}=\left(-\frac{2\sqrt{2}}{3}\right)\div\frac{1}{3}=\left(-\frac{2\sqrt{2}}{3}\right)\times\frac{3}{1}=\mathbf{-2\sqrt{2}}$$

102

$1+\tan^2\theta=\frac{1}{\cos^2\theta}$ より

$\frac{1}{\cos^2\theta}=1+2^2=5$　　ゆえに　$\cos^2\theta=\frac{1}{5}$

ここで，θ は第3象限の角であるから　$\cos\theta<0$

よって　$\mathbf{\cos\theta}=-\sqrt{\frac{1}{5}}=\mathbf{-\frac{1}{\sqrt{5}}}$

$$\mathbf{\sin\theta}=\tan\theta\cos\theta=2\times\left(-\frac{1}{\sqrt{5}}\right)=\mathbf{-\frac{2}{\sqrt{5}}}$$

39　三角関数 (2) (p.94)

例 98

ア　$\frac{7}{9}$　　イ　$\frac{7}{18}$

103

$\sin\theta-\cos\theta=\frac{1}{5}$ の両辺を2乗すると

$$\sin^2\theta-2\sin\theta\cos\theta+\cos^2\theta=\frac{1}{25}$$

ここで，$\sin^2\theta+\cos^2\theta=1$ であるから

$$-2\sin\theta\cos\theta=\frac{1}{25}-1=-\frac{24}{25}$$

よって　$\sin\theta\cos\theta=\mathbf{\frac{12}{25}}$

40　三角関数の性質 (p.95)

例 99

ア　$-\frac{1}{2}$　　イ　$-\frac{1}{2}$

例 100

ア　$\sin\theta$　　イ　0

104

(1)　$\cos\frac{13}{6}\pi=\cos\left(\frac{\pi}{6}+2\pi\right)=\cos\frac{\pi}{6}=\mathbf{\frac{\sqrt{3}}{2}}$

(2)　$\tan\frac{7}{3}\pi=\tan\left(\frac{\pi}{3}+2\pi\right)=\tan\frac{\pi}{3}=\mathbf{\sqrt{3}}$

(3)　$\sin\left(-\frac{15}{4}\pi\right)=\sin\left\{\frac{\pi}{4}+2\pi\times(-2)\right\}=\sin\frac{\pi}{4}$
$=\mathbf{\frac{1}{\sqrt{2}}}$

105

(1)　$\sin\left(-\frac{\pi}{4}\right)=-\sin\frac{\pi}{4}=\mathbf{-\frac{1}{\sqrt{2}}}$

第3章　三角関数

(2) $\cos\left(-\frac{\pi}{6}\right)=\cos\frac{\pi}{6}=\frac{\sqrt{3}}{2}$

(3) $\tan\left(-\frac{\pi}{4}\right)=-\tan\frac{\pi}{4}=-1$

106

$\sin(\theta+\pi)\cos\left(\theta+\frac{\pi}{2}\right)-\cos(\theta+\pi)\sin\left(\theta+\frac{\pi}{2}\right)$

$=-\sin\theta\times(-\sin\theta)-(-\cos\theta)\times\cos\theta$

$=\sin^2\theta+\cos^2\theta=1$

41 三角関数のグラフ (1) (p.96)

例 101

ア 1　　イ $\frac{1}{2}$

ウ $-\frac{\sqrt{3}}{2}$　　エ $\frac{\pi}{3}$

オ $\frac{\pi}{2}$　　カ $\frac{3}{2}\pi$

例 102

ア 2　　イ 2π

107

$a=\frac{\sqrt{3}}{2}$, $b=-1$

$\theta_1=\frac{\pi}{2}$, $\theta_2=\frac{5}{6}\pi$, $\theta_3=\pi$, $\theta_4=\frac{4}{3}\pi$

108

(1) **周期は 2π**

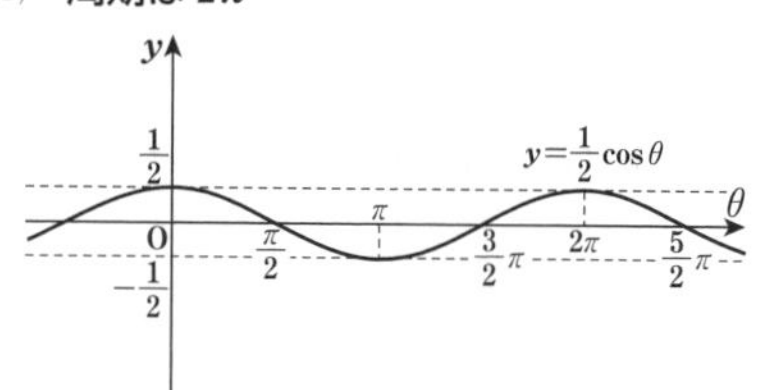

(2) **周期は 2π**

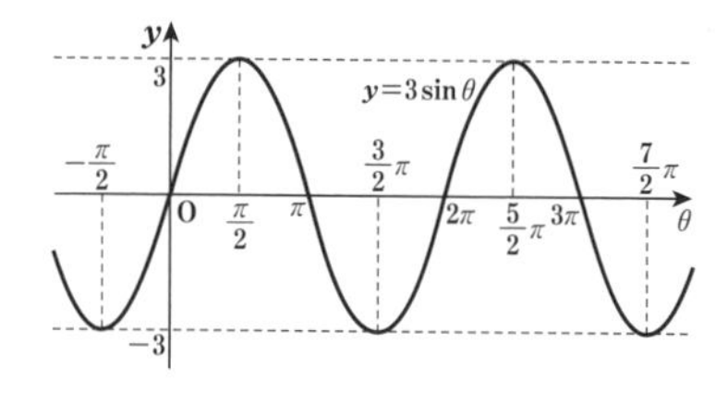

42 三角関数のグラフ (2) (p.98)

例 103

ア $\frac{1}{3}$　　イ $\frac{1}{3}$　　ウ $\frac{2}{3}\pi$

例 104

ア $\frac{\pi}{4}$　　イ 2π

109

(1)

θ	0	$\frac{\pi}{3}$	$\frac{\pi}{2}$	$\frac{2}{3}\pi$	π	$\frac{4}{3}\pi$	$\frac{3}{2}\pi$	$\frac{5}{3}\pi$	2π
$\frac{\theta}{2}$	0	$\frac{\pi}{6}$	$\frac{\pi}{4}$	$\frac{\pi}{3}$	$\frac{\pi}{2}$	$\frac{2}{3}\pi$	$\frac{3}{4}\pi$	$\frac{5}{6}\pi$	π
$\sin\frac{\theta}{2}$	0	$\frac{1}{2}$	$\frac{1}{\sqrt{2}}$	$\frac{\sqrt{3}}{2}$	1	$\frac{\sqrt{3}}{2}$	$\frac{1}{\sqrt{2}}$	$\frac{1}{2}$	0

(2) **周期は 4π**

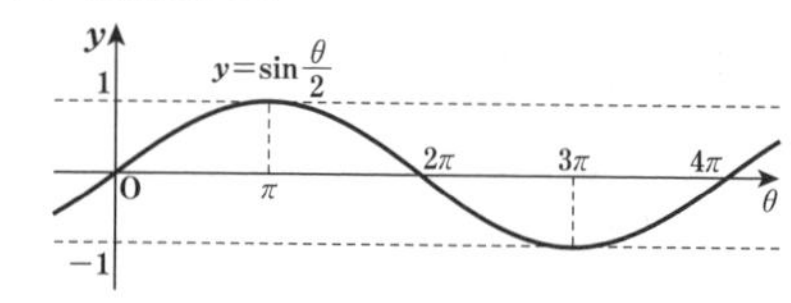

110

(1) **周期は 2π**

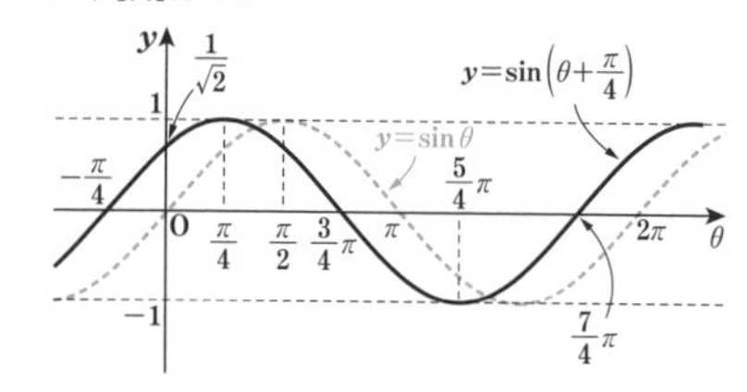

(2) **周期は 2π**

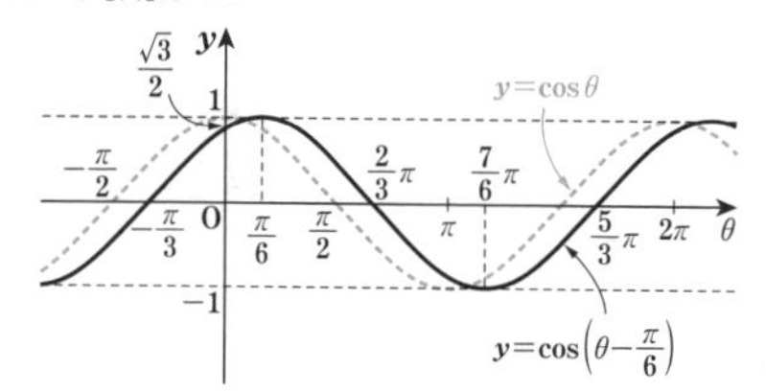

43 三角関数を含む方程式・不等式 (p.100)

例 105

ア $\frac{2}{3}\pi$

例 106

ア $\frac{7}{4}\pi$

例 107

ア $\frac{\pi}{4}$　　イ $\frac{3}{4}\pi$

111

(1) 単位円周上で，y 座標が $\frac{1}{\sqrt{2}}$ となる点をP，Qとすると，動径OP，OQの表す角が求める θ である。

$0\leqq\theta<2\pi$ より

$\theta=\frac{\pi}{4}$, $\frac{3}{4}\pi$

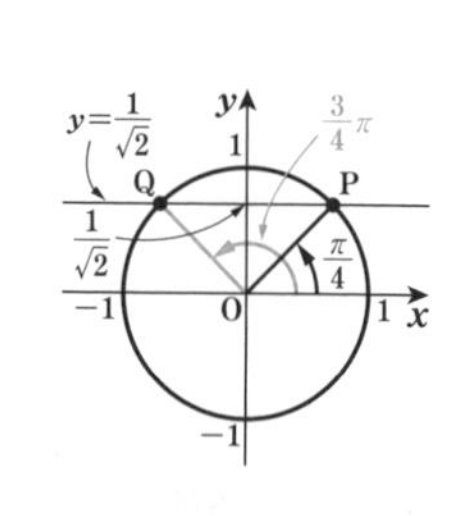

(2) 単位円周上で，x 座標が $\dfrac{\sqrt{3}}{2}$ となる点をP，Qとすると，動径OP，OQの表す角が求める θ である。

$0 \leqq \theta < 2\pi$ より

$$\boldsymbol{\theta=\frac{\pi}{6},\ \frac{11}{6}\pi}$$

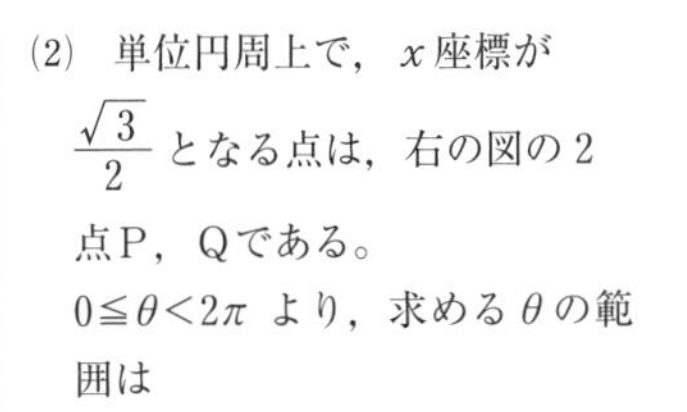

(3) 単位円周上で，y 座標が $-\dfrac{1}{2}$ となる点をP，Qとすると，動径OP，OQの表す角が求める θ である。

$0 \leqq \theta < 2\pi$ より

$$\boldsymbol{\theta=\frac{7}{6}\pi,\ \frac{11}{6}\pi}$$

(4) 単位円周上で，x 座標が $-\dfrac{1}{2}$ となる点をP，Qとすると，動径OP，OQの表す角が求める θ である。

$0 \leqq \theta < 2\pi$ より

$$\boldsymbol{\theta=\frac{2}{3}\pi,\ \frac{4}{3}\pi}$$

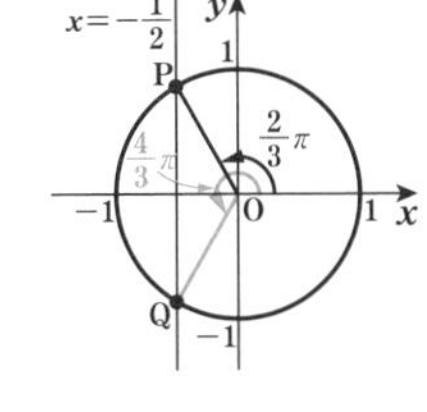

112

(1) $\tan\theta=1$ を満たす θ は，右の図から $0 \leqq \theta < 2\pi$ の範囲において

$$\boldsymbol{\theta=\frac{\pi}{4},\ \frac{5}{4}\pi}$$

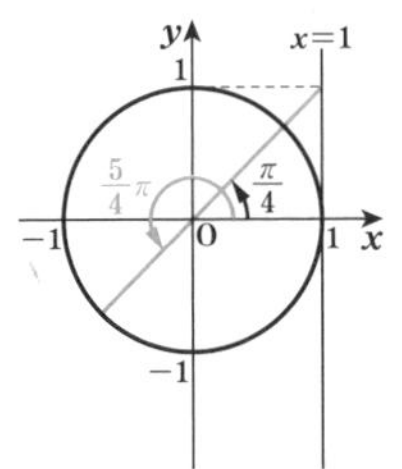

(2) $\tan\theta=-\dfrac{1}{\sqrt{3}}$ を満たす θ は，右の図から $0 \leqq \theta < 2\pi$ の範囲において

$$\boldsymbol{\theta=\frac{5}{6}\pi,\ \frac{11}{6}\pi}$$

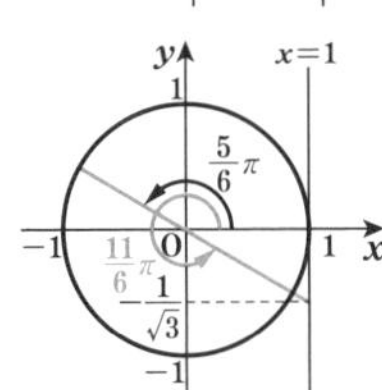

113

(1) 単位円周上で，y 座標が $\dfrac{1}{2}$ となる点は，右の図の2点P，Qである。

$0 \leqq \theta < 2\pi$ より，求める θ の範囲は

$$\boldsymbol{\frac{\pi}{6}<\theta<\frac{5}{6}\pi}$$

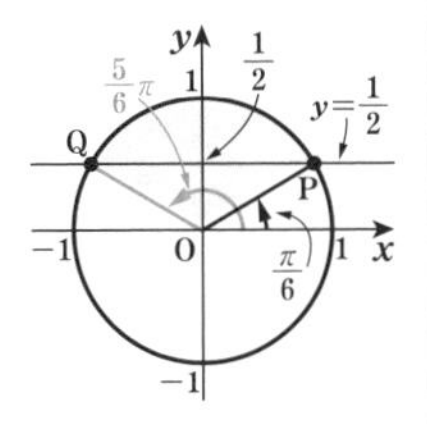

(2) 単位円周上で，x 座標が $\dfrac{\sqrt{3}}{2}$ となる点は，右の図の2点P，Qである。

$0 \leqq \theta < 2\pi$ より，求める θ の範囲は

$$\boldsymbol{\frac{\pi}{6}<\theta<\frac{11}{6}\pi}$$

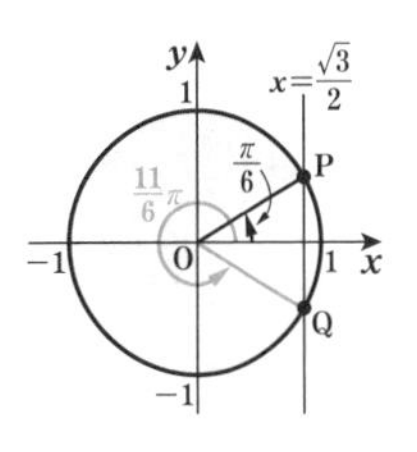

確認問題 7 (p.102)

1

(1) $240^\circ\times\dfrac{\pi}{180^\circ}=\boldsymbol{\dfrac{4}{3}\pi}$

(2) $-90^\circ\times\dfrac{\pi}{180^\circ}=\boldsymbol{-\dfrac{\pi}{2}}$

(3) $225^\circ\times\dfrac{\pi}{180^\circ}=\boldsymbol{\dfrac{5}{4}\pi}$

2

(1) $\dfrac{3}{2}\pi\times\dfrac{180^\circ}{\pi}=\boldsymbol{270^\circ}$

(2) $\dfrac{7}{4}\pi\times\dfrac{180^\circ}{\pi}=\boldsymbol{315^\circ}$

(3) $\dfrac{7}{6}\pi\times\dfrac{180^\circ}{\pi}=\boldsymbol{210^\circ}$

3

弧の長さを l，面積を S とする。

(1) $l=15\times\dfrac{3}{5}\pi=\boldsymbol{9\pi}$，$S=\dfrac{1}{2}\times9\pi\times15=\boldsymbol{\dfrac{135}{2}\pi}$

(2) $l=6\times\dfrac{5}{12}\pi=\boldsymbol{\dfrac{5}{2}\pi}$，$S=\dfrac{1}{2}\times\dfrac{5}{2}\pi\times6=\boldsymbol{\dfrac{15}{2}\pi}$

4

(1) $\dfrac{9}{4}\pi$ の動径と，原点Oを中心とする半径 $\sqrt{2}$ の円との交点Pの座標は $(1,\ 1)$ であるから

$$\sin\frac{9}{4}\pi=\boldsymbol{\frac{1}{\sqrt{2}}}$$

$$\cos\frac{9}{4}\pi=\boldsymbol{\frac{1}{\sqrt{2}}}$$

$$\tan\frac{9}{4}\pi=\frac{1}{1}=\boldsymbol{1}$$

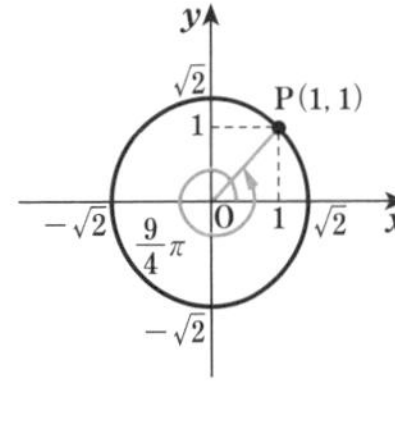

(2) $-\dfrac{\pi}{6}$ の動径と，原点Oを中心とする半径2の円との交点Pの座標は $(\sqrt{3},\ -1)$ であるから

$$\sin\left(-\frac{\pi}{6}\right)=\frac{-1}{2}$$

$$=\boldsymbol{-\frac{1}{2}}$$

$$\cos\left(-\frac{\pi}{6}\right)=\boldsymbol{\frac{\sqrt{3}}{2}}$$

$$\tan\left(-\frac{\pi}{6}\right)=\frac{-1}{\sqrt{3}}=\boldsymbol{-\frac{1}{\sqrt{3}}}$$

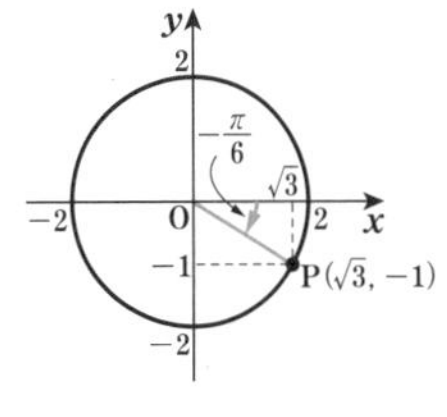

別解　三角関数の性質より

(1)　$\sin\frac{9}{4}\pi=\sin\left(\frac{\pi}{4}+2\pi\right)=\sin\frac{\pi}{4}=\frac{1}{\sqrt{2}}$

$\cos\frac{9}{4}\pi=\cos\left(\frac{\pi}{4}+2\pi\right)=\cos\frac{\pi}{4}=\frac{1}{\sqrt{2}}$

$\tan\frac{9}{4}\pi=\tan\left(\frac{\pi}{4}+2\pi\right)=\tan\frac{\pi}{4}=1$

(2)　$\sin\left(-\frac{\pi}{6}\right)=-\sin\frac{\pi}{6}=-\frac{1}{2}$

$\cos\left(-\frac{\pi}{6}\right)=\cos\frac{\pi}{6}=\frac{\sqrt{3}}{2}$

$\tan\left(-\frac{\pi}{6}\right)=-\tan\frac{\pi}{6}=-\frac{1}{\sqrt{3}}$

5

$\sin^2\theta+\cos^2\theta=1$ より

$\cos^2\theta=1-\sin^2\theta=1-\left(-\frac{1}{3}\right)^2=\frac{8}{9}$

ここで，θ は第3象限の角であるから　$\cos\theta<0$

よって　$\cos\theta=-\sqrt{\frac{8}{9}}=-\frac{2\sqrt{2}}{3}$

$\tan\theta=\frac{\sin\theta}{\cos\theta}=\left(-\frac{1}{3}\right)\div\left(-\frac{2\sqrt{2}}{3}\right)$

$=\left(-\frac{1}{3}\right)\times\left(-\frac{3}{2\sqrt{2}}\right)=\frac{1}{2\sqrt{2}}=\frac{\sqrt{2}}{4}$

6

$1+\tan^2\theta=\frac{1}{\cos^2\theta}$ より

$\frac{1}{\cos^2\theta}=1+\left(-\frac{1}{2}\right)^2=\frac{5}{4}$　　ゆえに　$\cos^2\theta=\frac{4}{5}$

ここで，θ は第2象限の角であるから

$\cos\theta<0$

よって　$\cos\theta=-\sqrt{\frac{4}{5}}=-\frac{2\sqrt{5}}{5}$

$\sin\theta=\tan\theta\cos\theta=-\frac{1}{2}\times\left(-\frac{2\sqrt{5}}{5}\right)=\frac{\sqrt{5}}{5}$

7

(1)　**周期は 2π**

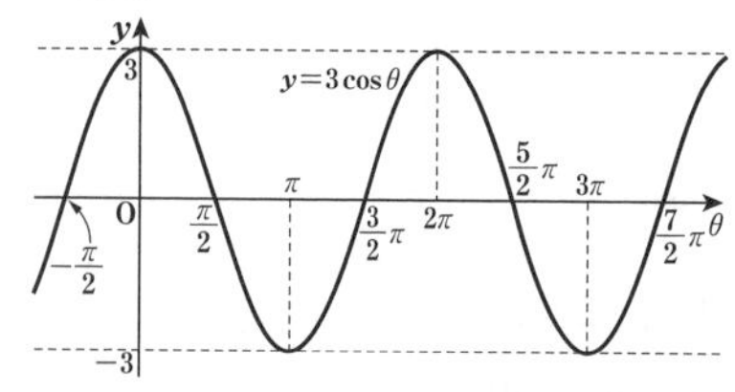

(2)　**周期は π**

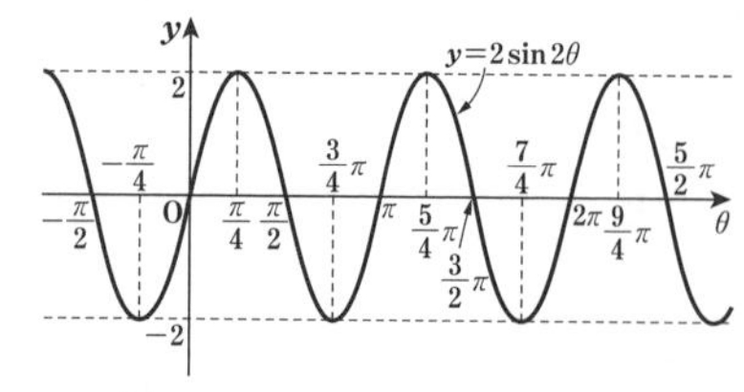

(3)　**周期は 2π**

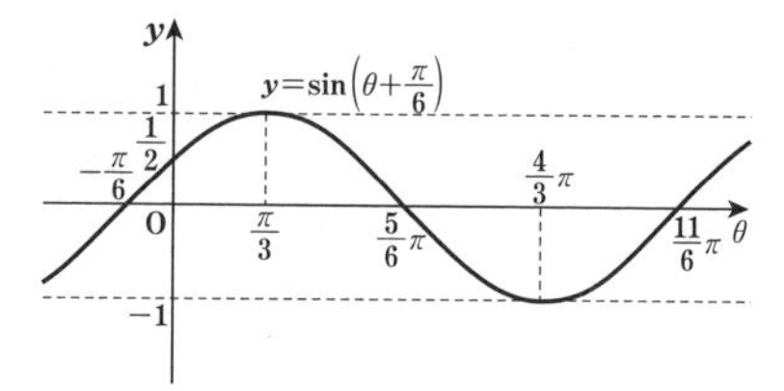

8

(1)　単位円周上で，x 座標が $-\frac{1}{\sqrt{2}}$ となる点をP，Qとすると，動径OP，OQの表す角が求める θ である。

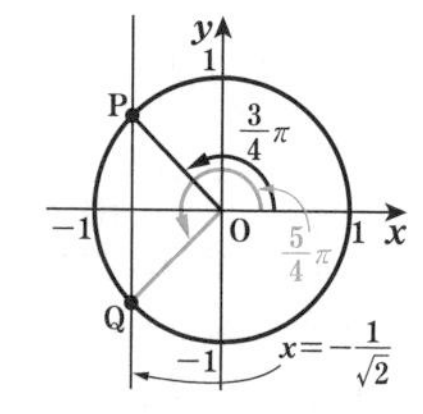

$0\leqq\theta<2\pi$ より

$\theta=\frac{3}{4}\pi,\ \frac{5}{4}\pi$

(2)　単位円周上で，y 座標が $-\frac{1}{\sqrt{2}}$ となる点は，右の図の2点P，Qである。

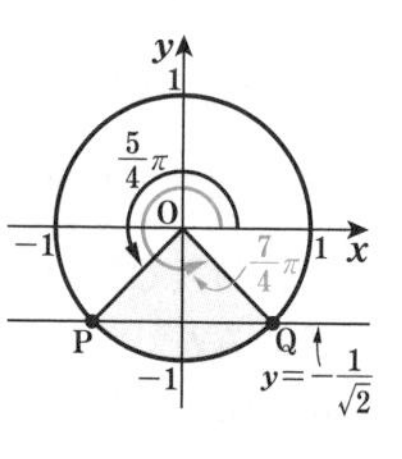

$0\leqq\theta<2\pi$ より，求める θ の範囲は

$\frac{5}{4}\pi\leqq\theta\leqq\frac{7}{4}\pi$

44　加法定理 (1) (p.104)

例 108

ア　$-\frac{\sqrt{6}+\sqrt{2}}{4}$　　イ　$\frac{\sqrt{2}+\sqrt{6}}{4}$

例 109

ア　$-\frac{33}{65}$

114

(1)　$\cos105^\circ=\cos(60^\circ+45^\circ)$

$=\cos60^\circ\cos45^\circ-\sin60^\circ\sin45^\circ$

$=\frac{1}{2}\times\frac{1}{\sqrt{2}}-\frac{\sqrt{3}}{2}\times\frac{1}{\sqrt{2}}$

$=\frac{1-\sqrt{3}}{2\sqrt{2}}$

$=\frac{\sqrt{2}-\sqrt{6}}{4}$

(2)　$\sin195^\circ=\sin(150^\circ+45^\circ)$

$=\sin150^\circ\cos45^\circ+\cos150^\circ\sin45^\circ$

$=\frac{1}{2}\times\frac{1}{\sqrt{2}}+\left(-\frac{\sqrt{3}}{2}\right)\times\frac{1}{\sqrt{2}}$

$=\frac{1-\sqrt{3}}{2\sqrt{2}}$

$=\frac{\sqrt{2}-\sqrt{6}}{4}$

115

$\sin^2\alpha+\cos^2\alpha=1$ より

$\cos^2\alpha=1-\sin^2\alpha=1-\left(\frac{3}{5}\right)^2=\frac{16}{25}$

α は第1象限の角であるから　$\cos\alpha>0$

よって　$\cos\alpha=\sqrt{\dfrac{16}{25}}=\dfrac{4}{5}$

また，$\sin^2\beta+\cos^2\beta=1$ より

$\sin^2\beta=1-\cos^2\beta=1-\left(\dfrac{1}{3}\right)^2=\dfrac{8}{9}$

β は第 4 象限の角であるから　$\sin\beta<0$

よって　$\sin\beta=-\sqrt{\dfrac{8}{9}}=-\dfrac{2\sqrt{2}}{3}$

$\sin(\alpha+\beta)=\sin\alpha\cos\beta+\cos\alpha\sin\beta$

$=\dfrac{3}{5}\times\dfrac{1}{3}+\dfrac{4}{5}\times\left(-\dfrac{2\sqrt{2}}{3}\right)=\mathbf{\dfrac{3-8\sqrt{2}}{15}}$

$\cos(\alpha-\beta)=\cos\alpha\cos\beta+\sin\alpha\sin\beta$

$=\dfrac{4}{5}\times\dfrac{1}{3}+\dfrac{3}{5}\times\left(-\dfrac{2\sqrt{2}}{3}\right)=\mathbf{\dfrac{4-6\sqrt{2}}{15}}$

45　加法定理 (2) (p.106)

例 110

ア　$2-\sqrt{3}$

例 111

ア　1　　　イ　$\dfrac{\pi}{4}$

116

$\tan 165^\circ=\tan(120^\circ+45^\circ)$

$=\dfrac{\tan 120^\circ+\tan 45^\circ}{1-\tan 120^\circ\tan 45^\circ}$

$=\dfrac{-\sqrt{3}+1}{1-(-\sqrt{3})\times 1}$

$=\dfrac{(1-\sqrt{3})^2}{(1+\sqrt{3})(1-\sqrt{3})}=\mathbf{-2+\sqrt{3}}$

117

2 直線 $y=3x$，$y=\dfrac{1}{2}x$ と x 軸の正の部分のなす角をそれぞれ α，β とすると

$\tan\alpha=3$，$\tan\beta=\dfrac{1}{2}$

右の図より，2 直線のなす角 θ は

$\theta=\alpha-\beta$

よって　$\tan\theta=\tan(\alpha-\beta)=\dfrac{\tan\alpha-\tan\beta}{1+\tan\alpha\tan\beta}$

$=\dfrac{3-\frac{1}{2}}{1+3\times\frac{1}{2}}=\dfrac{\frac{5}{2}}{\frac{5}{2}}=1$

$0<\theta<\dfrac{\pi}{2}$ であるから　$\theta=\mathbf{\dfrac{\pi}{4}}$

46　加法定理の応用 (p.108)

例 112

ア　$\dfrac{3}{5}$　　　イ　$\dfrac{24}{25}$

例 113

ア　$\dfrac{2+\sqrt{2}}{4}$　　　イ　$\dfrac{\sqrt{2+\sqrt{2}}}{2}$

118

α が第 2 象限の角のとき，$\sin\alpha>0$ であるから

$\sin\alpha=\sqrt{1-\cos^2\alpha}=\sqrt{1-\left(-\dfrac{1}{3}\right)^2}=\dfrac{2\sqrt{2}}{3}$

よって

$\sin 2\alpha=2\sin\alpha\cos\alpha=2\times\dfrac{2\sqrt{2}}{3}\times\left(-\dfrac{1}{3}\right)=\mathbf{-\dfrac{4\sqrt{2}}{9}}$

$\cos 2\alpha=2\cos^2\alpha-1=2\times\left(-\dfrac{1}{3}\right)^2-1=\mathbf{-\dfrac{7}{9}}$

$\tan 2\alpha=\dfrac{\sin 2\alpha}{\cos 2\alpha}=-\dfrac{4\sqrt{2}}{9}\div\left(-\dfrac{7}{9}\right)=\mathbf{\dfrac{4\sqrt{2}}{7}}$

119

α が第 3 象限の角のとき，$\cos\alpha<0$ であるから

$\cos\alpha=-\sqrt{1-\sin^2\alpha}=-\sqrt{1-\left(-\dfrac{3}{4}\right)^2}=-\dfrac{\sqrt{7}}{4}$

よって

$\sin 2\alpha=2\sin\alpha\cos\alpha=2\times\left(-\dfrac{3}{4}\right)\times\left(-\dfrac{\sqrt{7}}{4}\right)=\mathbf{\dfrac{3\sqrt{7}}{8}}$

$\cos 2\alpha=1-2\sin^2\alpha=1-2\times\left(-\dfrac{3}{4}\right)^2=\mathbf{-\dfrac{1}{8}}$

$\tan 2\alpha=\dfrac{\sin 2\alpha}{\cos 2\alpha}=\dfrac{3\sqrt{7}}{8}\div\left(-\dfrac{1}{8}\right)=\mathbf{-3\sqrt{7}}$

120

(1)　$\cos^2 67.5^\circ=\dfrac{1+\cos 135^\circ}{2}$

$=\dfrac{1}{2}\left\{1+\left(-\dfrac{\sqrt{2}}{2}\right)\right\}$

$=\dfrac{2-\sqrt{2}}{4}$

ここで，$\cos 67.5^\circ>0$ より

$\cos 67.5^\circ=\mathbf{\dfrac{\sqrt{2-\sqrt{2}}}{2}}$

(2)　$\sin^2 112.5^\circ=\dfrac{1-\cos 225^\circ}{2}$

$=\dfrac{1}{2}\left\{1-\left(-\dfrac{\sqrt{2}}{2}\right)\right\}$

$=\dfrac{2+\sqrt{2}}{4}$

ここで，$\sin 112.5^\circ>0$ より

$\sin 112.5^\circ=\mathbf{\dfrac{\sqrt{2+\sqrt{2}}}{2}}$

47　三角関数の合成 (p.110)

例 114

ア　$\dfrac{\pi}{3}$

例 115

ア　$\sqrt{5}$　　　イ　$-\sqrt{5}$

121

(1)　$3\sin\theta+\sqrt{3}\cos\theta$

$=2\sqrt{3}\left(\sin\theta\times\dfrac{3}{2\sqrt{3}}+\cos\theta\times\dfrac{\sqrt{3}}{2\sqrt{3}}\right)$

$=2\sqrt{3}\left(\sin\theta\times\dfrac{\sqrt{3}}{2}+\cos\theta\times\dfrac{1}{2}\right)$

$=2\sqrt{3}\left(\sin\theta\cos\frac{\pi}{6}+\cos\theta\sin\frac{\pi}{6}\right)$

$=\mathbf{2\sqrt{3}\sin\left(\theta+\frac{\pi}{6}\right)}$

(2) $\sqrt{3}\sin\theta-\cos\theta$

$=2\left\{\sin\theta\times\frac{\sqrt{3}}{2}+\cos\theta\times\left(-\frac{1}{2}\right)\right\}$

$=2\left\{\sin\theta\cos\left(-\frac{\pi}{6}\right)+\cos\theta\sin\left(-\frac{\pi}{6}\right)\right\}$

$=2\sin\left\{\theta+\left(-\frac{\pi}{6}\right)\right\}=\mathbf{2\sin\left(\theta-\frac{\pi}{6}\right)}$

(3) $\sqrt{3}\sin\theta-3\cos\theta$

$=2\sqrt{3}\left\{\sin\theta\times\frac{\sqrt{3}}{2\sqrt{3}}+\cos\theta\times\left(-\frac{3}{2\sqrt{3}}\right)\right\}$

$=2\sqrt{3}\left\{\sin\theta\times\frac{1}{2}+\cos\theta\times\left(-\frac{\sqrt{3}}{2}\right)\right\}$

$=2\sqrt{3}\left\{\sin\theta\cos\left(-\frac{\pi}{3}\right)+\cos\theta\sin\left(-\frac{\pi}{3}\right)\right\}$

$=2\sqrt{3}\sin\left\{\theta+\left(-\frac{\pi}{3}\right)\right\}=\mathbf{2\sqrt{3}\sin\left(\theta-\frac{\pi}{3}\right)}$

(4) $-\sin\theta+\cos\theta$

$=\sqrt{2}\left\{\sin\theta\times\left(-\frac{1}{\sqrt{2}}\right)+\cos\theta\times\frac{1}{\sqrt{2}}\right\}$

$=\sqrt{2}\left(\sin\theta\cos\frac{3}{4}\pi+\cos\theta\sin\frac{3}{4}\pi\right)$

$=\mathbf{\sqrt{2}\sin\left(\theta+\frac{3}{4}\pi\right)}$

122

(1) $y=2\sin\theta+\cos\theta=\sqrt{2^2+1^2}\sin(\theta+\alpha)$

$=\sqrt{5}\sin(\theta+\alpha)$

ただし　$\cos\alpha=\frac{2}{\sqrt{5}}$, $\sin\alpha=\frac{1}{\sqrt{5}}$

ここで，$-1\leqq\sin(\theta+\alpha)\leqq1$ であるから

$-\sqrt{5}\leqq\sqrt{5}\sin(\theta+\alpha)\leqq\sqrt{5}$

すなわち　$-\sqrt{5}\leqq y\leqq\sqrt{5}$

よって，この関数 y の

最大値は $\sqrt{5}$，最小値は $-\sqrt{5}$

(2) $y=2\sin\theta-\sqrt{5}\cos\theta=\sqrt{2^2+(-\sqrt{5})^2}\sin(\theta+\alpha)$

$=3\sin(\theta+\alpha)$

ただし　$\cos\alpha=\frac{2}{3}$, $\sin\alpha=-\frac{\sqrt{5}}{3}$

ここで，$-1\leqq\sin(\theta+\alpha)\leqq1$ であるから

$-3\leqq y\leqq3$

よって，この関数 y の

最大値は 3，最小値は -3

確 認 問 題 8 (p.112)

1

(1) $\sin165^\circ=\sin(120^\circ+45^\circ)$

$=\sin120^\circ\cos45^\circ+\cos120^\circ\sin45^\circ$

$=\frac{\sqrt{3}}{2}\times\frac{1}{\sqrt{2}}+\left(-\frac{1}{2}\right)\times\frac{1}{\sqrt{2}}$

$=\frac{\sqrt{3}-1}{2\sqrt{2}}$

$=\mathbf{\frac{\sqrt{6}-\sqrt{2}}{4}}$

(2) $\cos195^\circ=\cos(150^\circ+45^\circ)$

$=\cos150^\circ\cos45^\circ-\sin150^\circ\sin45^\circ$

$=-\frac{\sqrt{3}}{2}\times\frac{1}{\sqrt{2}}-\frac{1}{2}\times\frac{1}{\sqrt{2}}$

$=-\frac{\sqrt{3}+1}{2\sqrt{2}}$

$=\mathbf{-\frac{\sqrt{6}+\sqrt{2}}{4}}$

(3) $\tan285^\circ=\tan(240^\circ+45^\circ)$

$=\frac{\tan240^\circ+\tan45^\circ}{1-\tan240^\circ\tan45^\circ}$

$=\frac{\sqrt{3}+1}{1-\sqrt{3}\times1}$

$=\frac{1+\sqrt{3}}{1-\sqrt{3}}$

$=\frac{(1+\sqrt{3})^2}{(1-\sqrt{3})(1+\sqrt{3})}$

$=\mathbf{-2-\sqrt{3}}$

(4) $\sin255^\circ=\sin(210^\circ+45^\circ)$

$=\sin210^\circ\cos45^\circ+\cos210^\circ\sin45^\circ$

$=-\frac{1}{2}\times\frac{1}{\sqrt{2}}+\left(-\frac{\sqrt{3}}{2}\right)\times\frac{1}{\sqrt{2}}$

$=-\frac{1+\sqrt{3}}{2\sqrt{2}}$

$=\mathbf{-\frac{\sqrt{2}+\sqrt{6}}{4}}$

(5) $\cos255^\circ=\cos(210^\circ+45^\circ)$

$=\cos210^\circ\cos45^\circ-\sin210^\circ\sin45^\circ$

$=-\frac{\sqrt{3}}{2}\times\frac{1}{\sqrt{2}}-\left(-\frac{1}{2}\right)\times\frac{1}{\sqrt{2}}$

$=-\frac{\sqrt{3}-1}{2\sqrt{2}}$

$=\mathbf{-\frac{\sqrt{6}-\sqrt{2}}{4}}$

(6) $\tan255^\circ=\tan(210^\circ+45^\circ)$

$=\frac{\tan210^\circ+\tan45^\circ}{1-\tan210^\circ\tan45^\circ}$

$=\frac{\frac{1}{\sqrt{3}}+1}{1-\frac{1}{\sqrt{3}}\times1}$

$=\frac{\left(\frac{1}{\sqrt{3}}+1\right)\times\sqrt{3}}{\left(1-\frac{1}{\sqrt{3}}\right)\times\sqrt{3}}$

$=\frac{1+\sqrt{3}}{\sqrt{3}-1}$

$=\frac{(\sqrt{3}+1)^2}{(\sqrt{3}-1)(\sqrt{3}+1)}$

$=\mathbf{2+\sqrt{3}}$

2

$\cos^2\alpha=1-\sin^2\alpha=1-\left(\frac{1}{3}\right)^2=\frac{8}{9}$

αは第2象限の角であるから　$\cos\alpha<0$

よって　$\cos\alpha=-\sqrt{\frac{8}{9}}=-\frac{2\sqrt{2}}{3}$

$\sin^2\beta=1-\cos^2\beta=1-\left(-\frac{3}{5}\right)^2=\frac{16}{25}$

βは第3象限の角であるから　$\sin\beta<0$

よって　$\sin\beta=-\sqrt{\frac{16}{25}}=-\frac{4}{5}$

$\boldsymbol{\cos(\alpha+\beta)}=\cos\alpha\cos\beta-\sin\alpha\sin\beta$

$=-\frac{2\sqrt{2}}{3}\times\left(-\frac{3}{5}\right)-\frac{1}{3}\times\left(-\frac{4}{5}\right)=\boldsymbol{\frac{4+6\sqrt{2}}{15}}$

$\boldsymbol{\sin(\alpha-\beta)}=\sin\alpha\cos\beta-\cos\alpha\sin\beta$

$=\frac{1}{3}\times\left(-\frac{3}{5}\right)-\left(-\frac{2\sqrt{2}}{3}\right)\times\left(-\frac{4}{5}\right)=\boldsymbol{-\frac{3+8\sqrt{2}}{15}}$

3

αが第3象限の角のとき，$\cos\alpha<0$ であるから

$\cos\alpha=-\sqrt{1-\sin^2\alpha}=-\sqrt{1-\left(-\frac{1}{3}\right)^2}=-\frac{2\sqrt{2}}{3}$

よって

$\boldsymbol{\sin2\alpha}=2\sin\alpha\cos\alpha=2\times\left(-\frac{1}{3}\right)\times\left(-\frac{2\sqrt{2}}{3}\right)=\boldsymbol{\frac{4\sqrt{2}}{9}}$

$\boldsymbol{\cos2\alpha}=1-2\sin^2\alpha=1-2\times\left(-\frac{1}{3}\right)^2=\boldsymbol{\frac{7}{9}}$

$\boldsymbol{\tan2\alpha}=\frac{\sin2\alpha}{\cos2\alpha}=\frac{4\sqrt{2}}{9}\div\frac{7}{9}=\frac{4\sqrt{2}}{9}\times\frac{9}{7}=\boldsymbol{\frac{4\sqrt{2}}{7}}$

4

(1)　$\sqrt{3}\sin\theta+3\cos\theta$

$=2\sqrt{3}\left(\sin\theta\times\frac{\sqrt{3}}{2\sqrt{3}}+\cos\theta\times\frac{3}{2\sqrt{3}}\right)$

$=2\sqrt{3}\left(\sin\theta\times\frac{1}{2}+\cos\theta\times\frac{\sqrt{3}}{2}\right)$

$=2\sqrt{3}\left(\sin\theta\cos\frac{\pi}{3}+\cos\theta\sin\frac{\pi}{3}\right)$

$=\boldsymbol{2\sqrt{3}\sin\left(\theta+\frac{\pi}{3}\right)}$

(2)　$\sin\theta-\cos\theta$

$=\sqrt{2}\left\{\sin\theta\times\frac{1}{\sqrt{2}}+\cos\theta\times\left(-\frac{1}{\sqrt{2}}\right)\right\}$

$=\sqrt{2}\left\{\sin\theta\cos\left(-\frac{\pi}{4}\right)+\cos\theta\sin\left(-\frac{\pi}{4}\right)\right\}$

$=\sqrt{2}\sin\left\{\theta+\left(-\frac{\pi}{4}\right)\right\}=\boldsymbol{\sqrt{2}\sin\left(\theta-\frac{\pi}{4}\right)}$

5

(1)　$y=4\sin\theta-3\cos\theta=\sqrt{4^2+(-3)^2}\sin(\theta+\alpha)$

$=5\sin(\theta+\alpha)$

ただし　$\cos\alpha=\frac{4}{5}$，$\sin\alpha=-\frac{3}{5}$

ここで，$-1\leqq\sin(\theta+\alpha)\leqq1$ であるから

$-5\leqq y\leqq5$

よって，この関数yの

最大値は 5，最小値は −5

(2)　$y=\sqrt{5}\sin\theta+2\cos\theta=\sqrt{(\sqrt{5})^2+2^2}\sin(\theta+\alpha)$

$=3\sin(\theta+\alpha)$

ただし　$\cos\alpha=\frac{\sqrt{5}}{3}$，$\sin\alpha=\frac{2}{3}$

ここで，$-1\leqq\sin(\theta+\alpha)\leqq1$ であるから

$-3\leqq y\leqq3$

よって，この関数yの

最大値は 3，最小値は −3

TRY *PLUS* (p.114)

問5

$\sin^2\theta=1-\cos^2\theta$ より，与えられた方程式を変形すると

$2(1-\cos^2\theta)-\cos\theta-2=0$

$2\cos^2\theta+\cos\theta=0$

因数分解すると　$\cos\theta(2\cos\theta+1)=0$

よって　$\cos\theta=0,\ -\frac{1}{2}$

したがって，$0\leqq\theta<2\pi$ の範囲において，求めるθの値は

$\boldsymbol{\theta=\frac{\pi}{2},\ \frac{2}{3}\pi,\ \frac{4}{3}\pi,\ \frac{3}{2}\pi}$

問6

左辺を変形すると

$\sqrt{3}\sin\theta-\cos\theta=2\sin\left(\theta-\frac{\pi}{6}\right)$

よって，$2\sin\left(\theta-\frac{\pi}{6}\right)=\sqrt{2}$ より

$\sin\left(\theta-\frac{\pi}{6}\right)=\frac{1}{\sqrt{2}}$

ここで，$0\leqq\theta<2\pi$ のとき

$-\frac{\pi}{6}\leqq\theta-\frac{\pi}{6}<\frac{11}{6}\pi$

であるから

$\theta-\frac{\pi}{6}=\frac{\pi}{4}$　または　$\theta-\frac{\pi}{6}=\frac{3}{4}\pi$

したがって　$\boldsymbol{\theta=\frac{5}{12}\pi,\ \frac{11}{12}\pi}$

第4章　指数関数・対数関数

48　指数の拡張 (1) (p.116)

例116

ア　a^7　　イ　a^{10}　　ウ　a^6b^8

例117

ア　1　　イ　$\frac{1}{8}$

例118

ア　a^2　　イ　$\frac{b^6}{a^4}$

例119

ア　$\frac{1}{36}$　　イ　$\frac{1}{3}$

123

(1) $a^3\times a^5=a^{3+5}=\boldsymbol{a^8}$

(2) $(a^2)^6=a^{2\times6}=\boldsymbol{a^{12}}$

(3) $(a^2)^3\times a^4=a^{2\times3}\times a^4=a^6\times a^4=a^{6+4}=\boldsymbol{a^{10}}$

(4) $(a^3b)^2=(a^3)^2b^2=\boldsymbol{a^6b^2}$

124

(1) $5^0=\mathbf{1}$　　(2) $6^{-2}=\dfrac{1}{6^2}=\mathbf{\dfrac{1}{36}}$　　(3) $10^{-1}=\mathbf{\dfrac{1}{10}}$

125

(1) $a^4\times a^{-1}=a^{4+(-1)}=\boldsymbol{a^3}$

(2) $a^{-2}\times a^3=a^{-2+3}=a^1=\boldsymbol{a}$

(3) $a^3\div a^{-5}=a^{3-(-5)}=\boldsymbol{a^8}$

(4) $a^{-3}\div a^2=a^{-3-2}=a^{-5}=\boldsymbol{\dfrac{1}{a^5}}$

(5) $(a^{-2}b^{-3})^{-2}=(a^{-2})^{-2}(b^{-3})^{-2}=a^{-2\times(-2)}b^{-3\times(-2)}=\boldsymbol{a^4b^6}$

(6) $a^4\times a^{-3}\div(a^2)^{-1}=a^4\times a^{-3}\div a^{-2}=a^{4+(-3)-(-2)}=\boldsymbol{a^3}$

126

(1) $10^{-4}\times10^5=10^{-4+5}=10^1=\mathbf{10}$

(2) $7^{-4}\div7^{-6}=7^{-4-(-6)}=7^2=\mathbf{49}$

(3) $3^5\times3^{-5}=3^{5+(-5)}=3^0=\mathbf{1}$

(4) $2^3\times2^{-2}\div2^4=2^{3+(-2)-4}=2^{-3}=\dfrac{1}{2^3}=\mathbf{\dfrac{1}{8}}$

(5) $(5^{-1})^3\div5^{-4}\times5^{-2}=5^{-1\times3-(-4)+(-2)}$

$=5^{-1}=\mathbf{\dfrac{1}{5}}$

(6) $2^2\div2^5\div2^{-3}=2^{2-5-(-3)}=2^0=\mathbf{1}$

49　指数の拡張 (2) (p.118)

例 120

ア　-2　　イ　-3　　ウ　-5

例 121

ア　3　　イ　2　　ウ　5　　エ　2

127

(1) $(-2)^3=-8$ であるから，-8 の 3 乗根は　$\mathbf{-2}$

(2) $5^4=625$，$(-5)^4=625$ であるから，
625 の 4 乗根は　**5 と −5**

(3) $2^6=64$，$(-2)^6=64$ であるから，
64 の 6 乗根は　**2 と −2**

128

(1) $\sqrt[3]{64}=\sqrt[3]{4^3}=\mathbf{4}$

(2) $\sqrt[4]{10000}=\sqrt[4]{10^4}=\mathbf{10}$

(3) $\sqrt[5]{-32}=\sqrt[5]{(-2)^5}=\mathbf{-2}$

(4) $\sqrt[3]{-\dfrac{1}{27}}=\sqrt[3]{\left(-\dfrac{1}{3}\right)^3}=\mathbf{-\dfrac{1}{3}}$

129

(1) $\sqrt[3]{7}\times\sqrt[3]{49}=\sqrt[3]{7\times49}=\sqrt[3]{7^3}=\mathbf{7}$

(2) $\dfrac{\sqrt[3]{81}}{\sqrt[3]{3}}=\sqrt[3]{\dfrac{81}{3}}=\sqrt[3]{27}=\sqrt[3]{3^3}=\mathbf{3}$

(3) $(\sqrt[6]{8})^2=\sqrt[6]{8^2}=\sqrt[6]{(2^3)^2}=\sqrt[6]{2^6}=\mathbf{2}$

(4) $\sqrt{\sqrt[4]{256}}=\sqrt[2\times4]{256}=\sqrt[8]{2^8}=\mathbf{2}$

50　指数の拡張 (3) (p.120)

例 122

ア　$\sqrt[3]{4}$　　イ　$\dfrac{1}{\sqrt[3]{5}}$

例 123

ア　27

例 124

ア　a　　イ　4　　ウ　$\dfrac{1}{81}$　　エ　1

130

(1) $7^{\frac{1}{3}}=\sqrt[3]{7^1}=\mathbf{\sqrt[3]{7}}$

(2) $3^{\frac{3}{5}}=\sqrt[5]{3^3}=\mathbf{\sqrt[5]{27}}$

(3) $6^{-\frac{2}{3}}=\dfrac{1}{6^{\frac{2}{3}}}=\dfrac{1}{\sqrt[3]{6^2}}=\mathbf{\dfrac{1}{\sqrt[3]{36}}}$

131

(1) $4^{\frac{5}{2}}=(2^2)^{\frac{5}{2}}=2^{2\times\frac{5}{2}}=2^5=\mathbf{32}$

(2) $64^{\frac{2}{3}}=(2^6)^{\frac{2}{3}}=2^{6\times\frac{2}{3}}=2^4=\mathbf{16}$

(3) $81^{-\frac{3}{4}}=(3^4)^{-\frac{3}{4}}=3^{4\times\left(-\frac{3}{4}\right)}=3^{-3}=\mathbf{\dfrac{1}{27}}$

132

(1) $\sqrt[3]{a^2}\times\sqrt[3]{a^4}=a^{\frac{2}{3}}\times a^{\frac{4}{3}}=a^{\frac{2}{3}+\frac{4}{3}}=\boldsymbol{a^2}$

(2) $\sqrt{a}\div\sqrt[6]{a}\times\sqrt[3]{a^2}=a^{\frac{1}{2}}\div a^{\frac{1}{6}}\times a^{\frac{2}{3}}=a^{\frac{3-1+4}{6}}=a^1=\boldsymbol{a}$

133

(1) $27^{\frac{1}{6}}\times9^{\frac{3}{4}}=(3^3)^{\frac{1}{6}}\times(3^2)^{\frac{3}{4}}=3^{\frac{1}{2}}\times3^{\frac{3}{2}}$

$=3^{\frac{1}{2}+\frac{3}{2}}=3^2=\mathbf{9}$

(2) $\sqrt[5]{4}\times\sqrt[5]{8}=(2^2)^{\frac{1}{5}}\times(2^3)^{\frac{1}{5}}=2^{\frac{2}{5}}\times2^{\frac{3}{5}}$

$=2^{\frac{2}{5}+\frac{3}{5}}=2^1=\mathbf{2}$

(3) $(9^{-\frac{3}{5}})^{\frac{5}{6}}=\{(3^2)^{-\frac{3}{5}}\}^{\frac{5}{6}}=3^{2\times\left(-\frac{3}{5}\right)\times\frac{5}{6}}=3^{-1}=\mathbf{\dfrac{1}{3}}$

(4) $\sqrt{2}\times\sqrt[6]{2}\div\sqrt[3]{4}=2^{\frac{1}{2}}\times2^{\frac{1}{6}}\div(2^2)^{\frac{1}{3}}=2^{\frac{1}{2}+\frac{1}{6}-\frac{2}{3}}$

$=2^{\frac{3+1-4}{6}}=2^0=\mathbf{1}$

51　指数関数 (1) (p.122)

例 125

ア　(0, 1)　　イ　(0, 1)

例 126

ア　$\sqrt{2}$　　イ　$\sqrt[4]{8}$

134

(1)

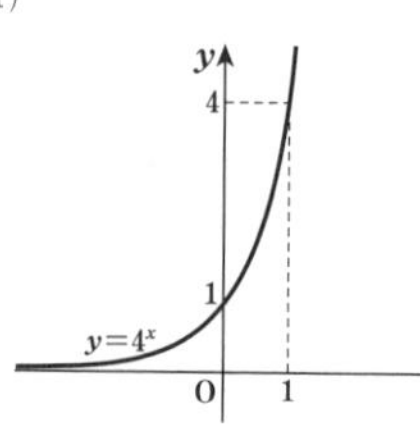

(2)

135

(1) $\sqrt[3]{3^4}=3^{\frac{4}{3}}$, $\sqrt[4]{3^5}=3^{\frac{5}{4}}$, $\sqrt[5]{3^6}=3^{\frac{6}{5}}$

ここで，指数の大小を比較すると $\frac{6}{5}<\frac{5}{4}<\frac{4}{3}$

$y=3^x$ の底 3 は 1 より大きいから

$3^{\frac{6}{5}}<3^{\frac{5}{4}}<3^{\frac{4}{3}}$

よって $\boldsymbol{\sqrt[5]{3^6}<\sqrt[4]{3^5}<\sqrt[3]{3^4}}$

(2) $\sqrt{8}=2^{\frac{3}{2}}$, $\sqrt[3]{16}=2^{\frac{4}{3}}$, $\sqrt[4]{32}=2^{\frac{5}{4}}$

ここで，指数の大小を比較すると $\frac{5}{4}<\frac{4}{3}<\frac{3}{2}$

$y=2^x$ の底 2 は 1 より大きいから

$2^{\frac{5}{4}}<2^{\frac{4}{3}}<2^{\frac{3}{2}}$

よって $\boldsymbol{\sqrt[4]{32}<\sqrt[3]{16}<\sqrt{8}}$

(3) $\left(\frac{1}{9}\right)^{\frac{1}{2}}=\left\{\left(\frac{1}{3}\right)^2\right\}^{\frac{1}{2}}=\frac{1}{3}$, $\frac{1}{27}=\left(\frac{1}{3}\right)^3$

ここで，指数の大小を比較すると $1<2<3$

$y=\left(\frac{1}{3}\right)^x$ の底 $\frac{1}{3}$ は 0 より大きく，1 より小さいから

$\left(\frac{1}{3}\right)^3<\left(\frac{1}{3}\right)^2<\frac{1}{3}$

よって $\boldsymbol{\frac{1}{27}<\left(\frac{1}{3}\right)^2<\left(\frac{1}{9}\right)^{\frac{1}{2}}}$

(4) $\sqrt{\frac{1}{5}}=\left(\frac{1}{5}\right)^{\frac{1}{2}}$, $\sqrt[3]{\frac{1}{25}}=\sqrt[3]{\left(\frac{1}{5}\right)^2}=\left(\frac{1}{5}\right)^{\frac{2}{3}}$,

$\sqrt[4]{\frac{1}{125}}=\sqrt[4]{\left(\frac{1}{5}\right)^3}=\left(\frac{1}{5}\right)^{\frac{3}{4}}$

ここで，指数の大小を比較すると $\frac{1}{2}<\frac{2}{3}<\frac{3}{4}$

$y=\left(\frac{1}{5}\right)^x$ の底 $\frac{1}{5}$ は 0 より大きく，1 より小さいから

$\left(\frac{1}{5}\right)^{\frac{3}{4}}<\left(\frac{1}{5}\right)^{\frac{2}{3}}<\left(\frac{1}{5}\right)^{\frac{1}{2}}$

よって $\boldsymbol{\sqrt[4]{\frac{1}{125}}<\sqrt[3]{\frac{1}{25}}<\sqrt{\frac{1}{5}}}$

52 指数関数 (2) (p.124)

例 127

ア $\frac{2}{3}$

例 128

ア $\frac{5}{4}$　　**イ** $\frac{1}{2}$

136

(1) $64=2^6$ であるから $2^x=2^6$

よって $\boldsymbol{x=6}$

(2) $8^x=2^{3x}$ であるから $2^{3x}=2^6$

よって $3x=6$ したがって $\boldsymbol{x=2}$

(3) $\frac{1}{27}=3^{-3}$ であるから $3^x=3^{-3}$

よって $\boldsymbol{x=-3}$

(4) $8=2^3$ であるから $2^{-3x}=2^3$

よって $-3x=3$ したがって $\boldsymbol{x=-1}$

(5) $64=8^2$ であるから $8^{3x}=8^2$

よって $3x=2$ したがって $\boldsymbol{x=\frac{2}{3}}$

(6) $\left(\frac{1}{8}\right)^x=(2^{-3})^x=2^{-3x}$, $32=2^5$ であるから

$2^{-3x}=2^5$

よって $-3x=5$

したがって $\boldsymbol{x=-\frac{5}{3}}$

137

(1) $8=2^3$ であるから $2^x<2^3$

ここで，底 2 は 1 より大きいから $\boldsymbol{x<3}$

(2) $\frac{1}{9}=3^{-2}$ であるから $3^x>3^{-2}$

ここで，底 3 は 1 より大きいから $\boldsymbol{x>-2}$

(3) $\left(\frac{1}{4}\right)^x=\left(\frac{1}{2}\right)^{2x}$, $\frac{1}{8}=\left(\frac{1}{2}\right)^3$ であるから

$\left(\frac{1}{2}\right)^{2x}\geqq\left(\frac{1}{2}\right)^3$

ここで，底 $\frac{1}{2}$ は 0 より大きく，1 より小さいから

$2x\leqq 3$

よって $\boldsymbol{x\leqq\frac{3}{2}}$

(4) $\frac{9}{25}=\left(\frac{3}{5}\right)^2$ であるから $\left(\frac{3}{5}\right)^{x-2}\leqq\left(\frac{3}{5}\right)^2$

ここで，底 $\frac{3}{5}$ は 0 より大きく，1 より小さいから

$x-2\geqq 2$

よって $\boldsymbol{x\geqq 4}$

確認問題 9 (p.126)

1

(1) $a^4\times a^2=a^{4+2}=\boldsymbol{a^6}$

(2) $(a^4)^2=a^{4\times 2}=\boldsymbol{a^8}$

(3) $(a^3)^2\div a^4=a^{3\times 2-4}=\boldsymbol{a^2}$

(4) $a^5\times a^{-3}=a^{5+(-3)}=\boldsymbol{a^2}$

(5) $a^5\div a^{-3}=a^{5-(-3)}=\boldsymbol{a^8}$

(6) $a^4\div a^3\div a^{-2}=a^{4-3-(-2)}=\boldsymbol{a^3}$

2

(1) $6^{-3}\times 6^4=6^{-3+4}=6^1=\boldsymbol{6}$

(2) $3^4\div 3^6=3^{4-6}=3^{-2}=\boldsymbol{\frac{1}{9}}$

(3) $4^5\times 4^{-5}=4^{5+(-5)}=4^0=\boldsymbol{1}$

(4) $3^4\times 3^{-7}\div 3^{-2}=3^{4+(-7)-(-2)}=3^{-1}=\boldsymbol{\frac{1}{3}}$

(5) $7^2\div 7^5\div 7^{-3}=7^{2-5-(-3)}=7^0=\boldsymbol{1}$

(6) $16^3\div 8^2\times 4^{-4}=(2^4)^3\div(2^3)^2\times(2^2)^{-4}=2^{12-6+(-8)}=2^{-2}=\boldsymbol{\frac{1}{4}}$

3

(1) $\sqrt[3]{-64}=\sqrt[3]{(-4)^3}=\boldsymbol{-4}$

(2) $\sqrt[4]{81}=\sqrt[4]{3^4}=\boldsymbol{3}$

(3) $\sqrt[5]{-\frac{1}{32}}=\sqrt[5]{\left(-\frac{1}{2}\right)^5}=-\frac{1}{2}$

4

(1) $\sqrt[3]{a^2}\times\sqrt[3]{a^7}=a^{\frac{2}{3}}\times a^{\frac{7}{3}}=a^{\frac{2}{3}+\frac{7}{3}}=\boldsymbol{a^3}$

(2) $\sqrt[4]{a^3}\div\sqrt[4]{a^7}=a^{\frac{3}{4}}\div a^{\frac{7}{4}}=a^{\frac{3}{4}-\frac{7}{4}}=a^{-1}=\boldsymbol{\frac{1}{a}}$

(3) $\sqrt[5]{a^3}\times\sqrt[3]{a^2}\div\sqrt[15]{a^4}=a^{\frac{3}{5}}\times a^{\frac{2}{3}}\div a^{\frac{4}{15}}=a^{\frac{9+10-4}{15}}=a^1=\boldsymbol{a}$

5

(1) $8^{\frac{1}{6}}\times4^{\frac{3}{4}}=(2^3)^{\frac{1}{6}}\times(2^2)^{\frac{3}{4}}=2^{\frac{1}{2}}\times2^{\frac{3}{2}}=2^{\frac{1}{2}+\frac{3}{2}}=2^2=\boldsymbol{4}$

(2) $\sqrt[5]{9}\times\sqrt[5]{27}=(3^2)^{\frac{1}{5}}\times(3^3)^{\frac{1}{5}}=3^{\frac{2}{5}}\times3^{\frac{3}{5}}=3^{\frac{2}{5}+\frac{3}{5}}=3^1=\boldsymbol{3}$

(3) $2^2\times\sqrt[6]{32}\div\sqrt[3]{16}=2^2\times(2^5)^{\frac{1}{6}}\div(2^4)^{\frac{1}{3}}=2^2\times2^{\frac{5}{6}}\div2^{\frac{4}{3}}$

$=2^{\frac{12+5-8}{6}}=2^{\frac{3}{2}}=\boldsymbol{2\sqrt{2}}$

6

(1) $2=2^1$, $\sqrt{8}=2^{\frac{3}{2}}$, $\sqrt[3]{32}=2^{\frac{5}{3}}$

ここで，指数の大小を比較すると　$1<\frac{3}{2}<\frac{5}{3}$

$y=2^x$ の底 2 は 1 より大きいから

$2^1<2^{\frac{3}{2}}<2^{\frac{5}{3}}$

よって　$\boldsymbol{2<\sqrt{8}<\sqrt[3]{32}}$

(2) $\left(\frac{4}{3}\right)^{\frac{1}{2}}$, $\left(\frac{16}{9}\right)^{\frac{1}{3}}=\left\{\left(\frac{4}{3}\right)^2\right\}^{\frac{1}{3}}=\left(\frac{4}{3}\right)^{\frac{2}{3}}$, $1=\left(\frac{4}{3}\right)^0$

ここで，指数の大小を比較すると　$0<\frac{1}{2}<\frac{2}{3}$

$y=\left(\frac{4}{3}\right)^x$ の底 $\frac{4}{3}$ は 1 より大きいから

$\left(\frac{4}{3}\right)^0<\left(\frac{4}{3}\right)^{\frac{1}{2}}<\left(\frac{4}{3}\right)^{\frac{2}{3}}$

よって　$\boldsymbol{1<\left(\frac{4}{3}\right)^{\frac{1}{2}}<\left(\frac{16}{9}\right)^{\frac{1}{3}}}$

7

(1) $64=4^3$ であるから　$4^x=4^3$

よって　$\boldsymbol{x=3}$

(2) $8^x=(2^3)^x=2^{3x}$, $4^3=2^6$

であるから　$2^{3x}=2^6$

よって　$3x=6$　したがって　$\boldsymbol{x=2}$

8

(1) $27=3^3$ であるから　$3^x<3^3$

ここで，底 3 は 1 より大きいから　$\boldsymbol{x<3}$

(2) $\left(\frac{1}{8}\right)^x=(2^{-3})^x=2^{-3x}$, $16=2^4$ であるから　$2^{-3x}\geqq2^4$

ここで，底 2 は 1 より大きいから　$-3x\geqq4$

よって　$\boldsymbol{x\leqq-\frac{4}{3}}$

53　対数とその性質 (1) (p.128)

例 129

ア　2　　**イ**　$\log_2\frac{1}{8}$

例 130

ア　2

例 131

ア　$\frac{5}{2}$

138

(1) $\boldsymbol{\log_3 9=2}$　(2) $\boldsymbol{\log_5 1=0}$

(3) $\boldsymbol{\log_4\frac{1}{64}=-3}$　(4) $\boldsymbol{\log_7\sqrt{7}=\frac{1}{2}}$

139

(1) $81=9^2$　より　$\boldsymbol{\log_9 81=2}$

(2) $2=2^1$　より　$\boldsymbol{\log_2 2=1}$

(3) $1=8^0$　より　$\boldsymbol{\log_8 1=0}$

(4) $64=4^3$　より　$\boldsymbol{\log_4 64=3}$

(5) $16=2^4$　より　$\boldsymbol{\log_2 16=4}$

(6) $\frac{1}{3}=3^{-1}$　より　$\boldsymbol{\log_3\frac{1}{3}=-1}$

140

(1) $\log_9 27=x$ とおくと　$9^x=27$

ここで，$9^x=(3^2)^x=3^{2x}$, $27=3^3$

であるから　$3^{2x}=3^3$

$2x=3$

よって，$x=\frac{3}{2}$ となるから　$\boldsymbol{\log_9 27=\frac{3}{2}}$

(2) $\log_8 4=x$ とおくと　$8^x=4$

ここで，$8^x=(2^3)^x=2^{3x}$, $4=2^2$

であるから　$2^{3x}=2^2$

$3x=2$

よって，$x=\frac{2}{3}$ となるから　$\boldsymbol{\log_8 4=\frac{2}{3}}$

(3) $\log_4\frac{1}{8}=x$ とおくと　$4^x=\frac{1}{8}$

ここで，$4^x=(2^2)^x=2^{2x}$, $\frac{1}{8}=2^{-3}$

であるから　$2^{2x}=2^{-3}$

$2x=-3$

よって，$x=-\frac{3}{2}$ となるから　$\boldsymbol{\log_4\frac{1}{8}=-\frac{3}{2}}$

(4) $\log_{\frac{1}{9}}\sqrt{3}=x$ とおくと　$\left(\frac{1}{9}\right)^x=\sqrt{3}$

ここで，$\left(\frac{1}{9}\right)^x=(3^{-2})^x=3^{-2x}$, $\sqrt{3}=3^{\frac{1}{2}}$

であるから　$3^{-2x}=3^{\frac{1}{2}}$

$-2x=\frac{1}{2}$

よって，$x=-\frac{1}{4}$ となるから　$\boldsymbol{\log_{\frac{1}{9}}\sqrt{3}=-\frac{1}{4}}$

54　対数とその性質 (2) (p.130)

例 132

ア　$\log_7 3$　**イ**　$\log_7 4$　**ウ**　$\log_2 7$

エ　$\log_2 3$　**オ**　$5\log_{10}6$　**カ**　$\frac{1}{2}\log_5 3$

例 133

ア 2　　イ 1　　ウ 2

例 134

ア $\dfrac{2}{3}$　　イ 2

141

(1) $\log_3 14=\log_3(2\times 7)=\log_3 2+\log_3 7$

よって **7**

(2) $\log_2\dfrac{7}{5}=\log_2 7-\log_2 5$

よって **5**

(3) $\log_2\dfrac{1}{3}=\log_2 3^{-1}=-\log_2 3$

よって **3**

142

(1) $\log_{10}4+\log_{10}25=\log_{10}(4\times 25)$
$=\log_{10}100=\mathbf{2}$

(2) $\log_5 50-\log_5 2=\log_5\dfrac{50}{2}=\log_5 25=\mathbf{2}$

(3) $\log_2\sqrt{18}-\log_2\dfrac{3}{4}=\log_2\left(\sqrt{18}\div\dfrac{3}{4}\right)$

$=\log_2\left(3\sqrt{2}\times\dfrac{4}{3}\right)=\log_2 4\sqrt{2}$

$=\log_2(2^2\times 2^{\frac{1}{2}})=\log_2 2^{\frac{5}{2}}$

$=\dfrac{5}{2}\log_2 2=\mathbf{\dfrac{5}{2}}$

(4) $2\log_{10}5-\log_{10}15+2\log_{10}\sqrt{6}$

$=\log_{10}5^2-\log_{10}15+\log_{10}(\sqrt{6})^2$

$=\log_{10}\dfrac{5^2\times 6}{15}=\log_{10}10=\mathbf{1}$

143

(1) $\log_4 8=\dfrac{\log_2 8}{\log_2 4}=\dfrac{\log_2 2^3}{\log_2 2^2}=\dfrac{3\log_2 2}{2\log_2 2}=\mathbf{\dfrac{3}{2}}$

(2) $\log_9\sqrt{3}=\dfrac{\log_3\sqrt{3}}{\log_3 9}=\dfrac{\log_3 3^{\frac{1}{2}}}{\log_3 3^2}=\dfrac{\frac{1}{2}\log_3 3}{2\log_3 3}$

$=\mathbf{\dfrac{1}{4}}$

(3) $\log_8\dfrac{1}{32}=-\log_8 32=-\dfrac{\log_2 32}{\log_2 8}=-\dfrac{\log_2 2^5}{\log_2 2^3}$

$=-\dfrac{5\log_2 2}{3\log_2 2}=\mathbf{-\dfrac{5}{3}}$

(4) $\log_6 3+\log_{36}4=\log_6 3+\dfrac{\log_6 4}{\log_6 36}$

$=\log_6 3+\dfrac{\log_6 2^2}{\log_6 6^2}$

$=\log_6 3+\dfrac{2\log_6 2}{2\log_6 6}$

$=\log_6 3+\log_6 2$

$=\log_6(3\times 2)$

$=\log_6 6=\mathbf{1}$

55 対数関数 (1) (p.132)

例 135

ア (2, 1)　イ (1, 0)　ウ $\left(\dfrac{1}{2},\ 1\right)$　エ (1, 0)

例 136

ア $\log_5 2$　イ $\log_5 4$　ウ $\log_{\frac{1}{5}}4$　エ $\log_{\frac{1}{5}}2$

144

(1)

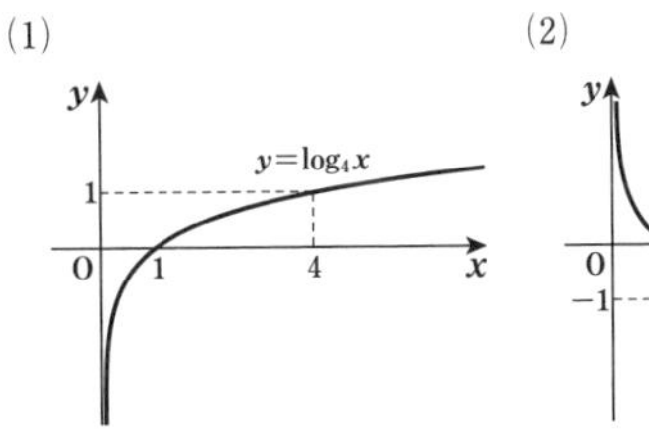

(2)

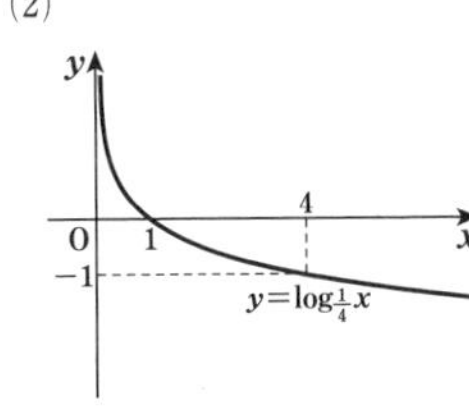

145

(1) 真数の大小を比較すると　$2<4<5$

$y=\log_3 x$ の底 3 は 1 より大きいから

$\mathbf{\log_3 2<\log_3 4<\log_3 5}$

(2) 真数の大小を比較すると　$1<3<4$

$y=\log_{\frac{1}{4}}x$ の底 $\dfrac{1}{4}$ は 0 より大きく，1 より小さいから

$\mathbf{\log_{\frac{1}{4}}4<\log_{\frac{1}{4}}3<\log_{\frac{1}{4}}1}$

(3) 真数の大小を比較すると　$\sqrt{7}<3<\dfrac{7}{2}$

$y=\log_2 x$ の底 2 は 1 より大きいから

$\mathbf{\log_2\sqrt{7}<\log_2 3<\log_2\dfrac{7}{2}}$

(4) $2\log_{\frac{1}{3}}5=\log_{\frac{1}{3}}5^2=\log_{\frac{1}{3}}25$

$\dfrac{5}{2}\log_{\frac{1}{3}}4=\log_{\frac{1}{3}}4^{\frac{5}{2}}=\log_{\frac{1}{3}}32$

$3\log_{\frac{1}{3}}3=\log_{\frac{1}{3}}3^3=\log_{\frac{1}{3}}27$

真数の大小を比較すると　$25<27<32$

$y=\log_{\frac{1}{3}}x$ の底 $\dfrac{1}{3}$ は 0 より大きく，1 より小さいから

$\log_{\frac{1}{3}}32<\log_{\frac{1}{3}}27<\log_{\frac{1}{3}}25$

すなわち

$\mathbf{\dfrac{5}{2}\log_{\frac{1}{3}}4<3\log_{\frac{1}{3}}3<2\log_{\frac{1}{3}}5}$

56 対数関数 (2) (p.134)

例 137

ア 9

例 138

ア 2　　イ 6

146

(1) 真数は正であるから　$x-1>0$

よって　$x>1$ ……①

ここで，与えられた方程式を変形すると

$\log_2(x-1)=\log_2 2^3$

ゆえに，$x-1=2^3$ より　$x=9$

①より　$\boldsymbol{x=9}$

(2)　真数は正であるから　$4x-3>0$

よって　$x>\frac{3}{4}$ ……①

ここで，与えられた方程式を変形すると

$\log_{\frac{1}{5}}(4x-3)=\log_{\frac{1}{5}}\left(\frac{1}{5}\right)^{-2}$

すなわち　$\log_{\frac{1}{5}}(4x-3)=\log_{\frac{1}{5}}25$

ゆえに，$4x-3=25$ より　$x=7$

①より　$\boldsymbol{x=7}$

(3)　真数は正であるから　$x+2>0$ かつ $x>0$

よって　$x>0$ ……①

ここで，与えられた方程式を変形すると

$\log_3 x(x+2)=\log_3 3$

ゆえに，$x(x+2)=3$ より　$x^2+2x-3=0$

これを解くと，$(x+3)(x-1)=0$ より　$x=-3,\ 1$

①より　$\boldsymbol{x=1}$

(4)　真数は正であるから　$x+2>0$ かつ $x-2>0$

よって　$x>2$ ……①

ここで，与えられた方程式を変形すると

$\log_{\frac{1}{2}}(x+2)(x-2)=\log_{\frac{1}{2}}\left(\frac{1}{2}\right)^{-5}$

すなわち　$\log_{\frac{1}{2}}(x^2-4)=\log_{\frac{1}{2}}32$

ゆえに，$x^2-4=32$ より　$x^2=36$

これを解くと，$x=-6,\ 6$

①より　$\boldsymbol{x=6}$

147

(1)　真数は正であるから

$x>0$ ……①

ここで，与えられた不等式を変形すると

$\log_2 x>3\log_2 2$　すなわち　$\log_2 x>\log_2 2^3$

底 2 は 1 より大きいから　$x>2^3$

ゆえに　$x>8$ ……②

①，②より　$\boldsymbol{x>8}$

(2)　真数は正であるから

$x>0$ ……①

ここで，与えられた不等式を変形すると

$\log_{\frac{1}{2}}x<\log_{\frac{1}{2}}\left(\frac{1}{2}\right)^{-2}$

すなわち　$\log_{\frac{1}{2}}x<\log_{\frac{1}{2}}4$

底 $\frac{1}{2}$ は 0 より大きく，1 より小さいから　$x>4$ ……②

①，②より　$\boldsymbol{x>4}$

(3)　真数は正であるから　$x+1>0$

よって　$x>-1$ ……①

ここで，与えられた不等式を変形すると

$\log_3(x+1)<\log_3 3^2$

すなわち　$\log_3(x+1)<\log_3 9$

底 3 は 1 より大きいから　$x+1<9$

ゆえに　$x<8$ ……②

①，②より　$\boldsymbol{-1<x<8}$

(4)　真数は正であるから　$x-2>0$ かつ $x>0$

よって　$x>2$ ……①

ここで，与えられた不等式を変形すると

$\log_{\frac{1}{3}}(x-2)^2>\log_{\frac{1}{3}}x$

底 $\frac{1}{3}$ は 0 より大きく，1 より小さいから　$(x-2)^2<x$

すなわち　$x^2-5x+4<0$

これを解くと，$(x-1)(x-4)<0$ より　$1<x<4$ ……②

①，②より　$\boldsymbol{2<x<4}$

57　常用対数（p.136）

例 139

ア　**1.5798**　　**イ**　**−1.4202**

例 140

ア　**2.3223**

例 141

ア　**16**

148

(1)　$\log_{10}72=\log_{10}(7.2\times10)$

$=\log_{10}7.2+\log_{10}10=0.8573+1$

$=\boldsymbol{1.8573}$

(2)　$\log_{10}540=\log_{10}(5.4\times100)$

$=\log_{10}5.4+\log_{10}100=0.7324+2=\boldsymbol{2.7324}$

(3)　$\log_{10}0.06=\log_{10}\frac{6}{100}=\log_{10}6-\log_{10}100$

$=0.7782-2=\boldsymbol{-1.2218}$

(4)　$\log_{10}\sqrt{6}=\frac{1}{2}\log_{10}6=\frac{1}{2}\times0.7782=\boldsymbol{0.3891}$

149

$\log_5 3=\frac{\log_{10}3}{\log_{10}5}=\frac{0.4771}{0.6990}\fallingdotseq\boldsymbol{0.6825}$

150

(1)　2^{40} の常用対数をとると

$\log_{10}2^{40}=40\log_{10}2=40\times0.3010=12.04$

ゆえに　$12<\log_{10}2^{40}<13$

よって　$10^{12}<2^{40}<10^{13}$

したがって，2^{40} は **13 桁**の数

(2)　3^{40} の常用対数をとると

$\log_{10}3^{40}=40\log_{10}3=40\times0.4771=19.084$

ゆえに　$19<\log_{10}3^{40}<20$

よって　$10^{19}<3^{40}<10^{20}$

したがって，3^{40} は **20 桁**の数

確認問題 10（p.138）

1

(1)　$\boldsymbol{\log_6 36=2}$　　(2)　$\boldsymbol{\log_8 1=0}$

(3)　$\boldsymbol{\log_7\frac{1}{49}=-2}$　　(4)　$\boldsymbol{\log_2 2\sqrt{2}=\frac{3}{2}}$

2

(1) $\mathbf{81=3^4}$　(2) $\mathbf{8=4^{\frac{3}{2}}}$

(3) $\mathbf{\frac{1}{8}=2^{-3}}$

3

(1) $\log_4 4=\mathbf{1}$

(2) $\log_3 81=\log_3 3^4=4\log_3 3=\mathbf{4}$

(3) $\log_9 1=\mathbf{0}$

(4) $\log_2\frac{1}{8}=\log_2 2^{-3}=-3\log_2 2=\mathbf{-3}$

(5) $\log_{16}8=\frac{\log_2 8}{\log_2 16}=\frac{\log_2 2^3}{\log_2 2^4}=\frac{3\log_2 2}{4\log_2 2}=\mathbf{\frac{3}{4}}$

(6) $\log_{\sqrt{2}}8=\frac{\log_2 8}{\log_2\sqrt{2}}=\frac{\log_2 2^3}{\log_2 2^{\frac{1}{2}}}=\frac{3\log_2 2}{\frac{1}{2}\log_2 2}=\mathbf{6}$

4

(1) $\log_6 3+\log_6 12=\log_6(3\times12)=\log_6 36=\mathbf{2}$

(2) $\log_7 63-\log_7 9=\log_7\frac{63}{9}=\log_7 7=\mathbf{1}$

(3) $\log_{10}5+\log_{10}60-\log_{10}3=\log_{10}\frac{5\times60}{3}=\log_{10}100=\mathbf{2}$

(4) $\log_2\sqrt{3}-\log_2 6+\frac{1}{2}\log_2 12=\log_2\sqrt{3}-\log_2 6+\log_2 12^{\frac{1}{2}}$

$=\log_2\frac{\sqrt{3}\times\sqrt{12}}{6}=\log_2 1=\mathbf{0}$

(5) $\log_3 63-\log_9 49=\log_3 63-\frac{\log_3 49}{\log_3 9}=\log_3 63-\frac{\log_3 7^2}{\log_3 3^2}$

$=\log_3 63-\frac{2\log_3 7}{2\log_3 3}=\log_3 63-\log_3 7=\log_3\frac{63}{7}$

$=\log_3 9=\mathbf{2}$

(6) $\log_2 7\times\log_7 4=\log_2 7\times\frac{\log_2 4}{\log_2 7}=\log_2 4=\mathbf{2}$

5

(1) 真数の大小を比較すると　$2<5<7$

$y=\log_{\frac{4}{3}}x$ の底 $\frac{4}{3}$ は1より大きいから

$\mathbf{\log_{\frac{4}{3}}2<\log_{\frac{4}{3}}5<\log_{\frac{4}{3}}7}$

(2) 真数の大小を比較すると　$\sqrt{7}<2\sqrt{2}<3$

$y=\log_{\frac{3}{4}}x$ の底 $\frac{3}{4}$ は0より大きく，1より小さいから

$\mathbf{\log_{\frac{3}{4}}3<\log_{\frac{3}{4}}2\sqrt{2}<\log_{\frac{3}{4}}\sqrt{7}}$

6

(1) 真数は正であるから　$2x-3>0$

よって　$x>\frac{3}{2}$ ……①

ここで，与えられた方程式を変形すると

$\log_4(2x-3)=\log_4 1$　←$0=\log_4 1$

ゆえに，$2x-3=1$ より　$x=2$

①より　$\mathbf{x=2}$

(2) 真数は正であるから　$x-1>0$ かつ $x+2>0$

よって　$x>1$ ……①

ここで，与えられた方程式を変形すると

$\log_2(x-1)(x+2)=\log_2 2^2$

ゆえに，$(x-1)(x+2)=2^2$ より　$x^2+x-6=0$

これを解くと，$(x+3)(x-2)=0$ より　$x=-3,\ 2$

①より　$\mathbf{x=2}$

7

(1) 真数は正であるから　$x+2>0$

よって　$x>-2$　……①

ここで，与えられた不等式を変形すると

$\log_3(x+2)>\log_3 3^{-2}$

すなわち　$\log_3(x+2)>\log_3\frac{1}{9}$

底3は1より大きいから　$x+2>\frac{1}{9}$

ゆえに　$x>-\frac{17}{9}$　……②

①，②より　$\mathbf{x>-\frac{17}{9}}$

(2) 真数は正であるから　$x+6>0$ かつ $x>0$

よって　$x>0$　……①

ここで，与えられた不等式を変形すると

$\log_{\frac{1}{2}}(x+6)>\log_{\frac{1}{2}}x^2$

底 $\frac{1}{2}$ は0より大きく，1より小さいから　$x+6<x^2$

すなわち　$x^2-x-6>0$

これを解くと，$(x+2)(x-3)>0$ より

$x<-2,\ 3<x$　……②

①，②より　$\mathbf{x>3}$

8

(1) 2^{100} の常用対数をとると

$\log_{10}2^{100}=100\log_{10}2=100\times0.3010=30.1$

ゆえに　$30<\log_{10}2^{100}<31$

よって　$10^{30}<2^{100}<10^{31}$

したがって，2^{100} は **31桁の数**

(2) 9^{25} の常用対数をとると

$\log_{10}9^{25}=\log_{10}(3^2)^{25}=\log_{10}3^{50}$

$=50\log_{10}3=50\times0.4771=23.855$

ゆえに　$23<\log_{10}9^{25}<24$

よって　$10^{23}<9^{25}<10^{24}$

したがって，9^{25} は **24桁の数**

TRY PLUS (p.140)

問7

(1) $2^x=t$ とおくと，$-1\leqq x\leqq3$ より，$\frac{1}{2}\leqq t\leqq8$ である。

また

$y=4^x-2^{x+2}=(2^x)^2-2^2\times2^x$

$=t^2-4t$

$=(t-2)^2-4$

第4章　指数関数・対数関数

ゆえに，$\frac{1}{2} \leqq t \leqq 8$ において，y は

$t=8$ のとき最大値 32

$t=2$ のとき最小値 -4

をとる。

$t=8$ のとき，$2^x=2^3$ より $x=3$

$t=2$ のとき，$2^x=2^1$ より $x=1$

よって，**$x=3$ のとき最大値 32,**

$x=1$ のとき最小値 -4 をとる。

(2) $\left(\frac{1}{3}\right)^x=t$ とおくと，$-2 \leqq x \leqq 0$ より，$1 \leqq t \leqq 9$ である。

また

$$y=\left(\frac{1}{9}\right)^x-2\left(\frac{1}{3}\right)^{x-1}+2$$

$$=\left\{\left(\frac{1}{3}\right)^2\right\}^x-2\left(\frac{1}{3}\right)^{-1}\left(\frac{1}{3}\right)^x+2$$

$$=\left\{\left(\frac{1}{3}\right)^x\right\}^2-6\left(\frac{1}{3}\right)^x+2$$

$$=t^2-6t+2$$

$$=(t-3)^2-7$$

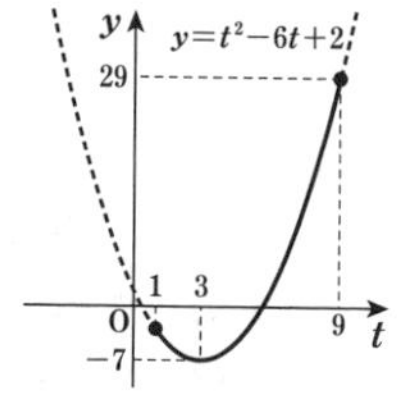

ゆえに，$1 \leqq t \leqq 9$ において，y は

$t=9$ のとき最大値 29

$t=3$ のとき最小値 -7

をとる。

$t=9$ のとき，$\left(\frac{1}{3}\right)^x=3^2$ より $x=-2$

$t=3$ のとき，$\left(\frac{1}{3}\right)^x=3^1$ より $x=-1$

よって，**$x=-2$ のとき最大値 29,**

$x=-1$ のとき最小値 -7 をとる。

問8

(1) $\left(\frac{1}{2}\right)^{20}$ の常用対数をとると

$$\log_{10}\left(\frac{1}{2}\right)^{20}=\log_{10}2^{-20}=-20\log_{10}2$$

$$=-20\times0.3010=-6.020$$

ゆえに　$-7<\log_{10}\left(\frac{1}{2}\right)^{20}<-6$

よって　$10^{-7}<\left(\frac{1}{2}\right)^{20}<10^{-6}$

したがって，$\left(\frac{1}{2}\right)^{20}$ を小数で表すと，

小数第7位にはじめて0でない数字が現れる。

(2) 0.6^{20} の常用対数をとると

$$\log_{10}0.6^{20}=\log_{10}\left(\frac{6}{10}\right)^{20}$$

$$=20(\log_{10}6-\log_{10}10)$$

$$=20(\log_{10}2+\log_{10}3-1)$$

$$=20(0.3010+0.4771-1)$$

$$=-4.438$$

ゆえに　$-5<\log_{10}0.6^{20}<-4$

よって　$10^{-5}<0.6^{20}<10^{-4}$

したがって，0.6^{20} を小数で表すと，

小数第5位にはじめて0でない数字が現れる。

(3) $(\sqrt[3]{0.24})^{10}$ の常用対数をとると

$$\log_{10}(\sqrt[3]{0.24})^{10}=\log_{10}0.24^{\frac{10}{3}}$$

$$=\frac{10}{3}\log_{10}\frac{24}{100}=\frac{10}{3}\log_{10}\frac{2^3\times3}{10^2}$$

$$=\frac{10}{3}(\log_{10}2^3+\log_{10}3-2)$$

$$=\frac{10}{3}(3\times0.3010+0.4771-2)$$

$$\fallingdotseq-2.066$$

ゆえに　$-3<\log_{10}(\sqrt[3]{0.24})^{10}<-2$

よって　$10^{-3}<(\sqrt[3]{0.24})^{10}<10^{-2}$

したがって，$(\sqrt[3]{0.24})^{10}$ を小数で表すと，

小数第3位にはじめて0でない数字が現れる。

第5章　微分法と積分法

58　平均変化率と微分係数 (p.142)

例142

ア　7

例143

ア　$8+h$

例144

ア　4　　　**イ**　2

例145

ア　4

151

$f(x)=x^2+2x$ であるから

(1) $\frac{f(1)-f(0)}{1-0}=\frac{(1^2+2\times1)-(0^2+2\times0)}{1-0}=\mathbf{3}$

(2) $\frac{f(2)-f(-1)}{2-(-1)}=\frac{(2^2+2\times2)-\{(-1)^2+2\times(-1)\}}{2+1}$

$$=\frac{8-(-1)}{2+1}=\frac{9}{3}=\mathbf{3}$$

152

$f(x)=2x^2$ であるから

(1) $\frac{f(3+h)-f(3)}{h}=\frac{2(3+h)^2-2\times3^2}{h}$

$$=\frac{12h+2h^2}{h}=\frac{h(12+2h)}{h}$$

$$=\mathbf{12+2h}$$

(2) $\frac{f(a+h)-f(a)}{h}=\frac{2(a+h)^2-2a^2}{h}$

$$=\frac{4ah+2h^2}{h}=\frac{h(4a+2h)}{h}$$

$$=\mathbf{4a+2h}$$

153

(1) **2**　　　(2) **1**

154

$$f'(3)=\lim_{h\to0}\frac{-(3+h)^2-(-3^2)}{h}$$

$$=\lim_{h\to0}\frac{-6h-h^2}{h}=\lim_{h\to0}\frac{h(-6-h)}{h}$$

$=\lim_{h\to 0}(-6-h)=-6$

59　導関数 (1) (p.144)

例 146

ア　$\boldsymbol{8x-3}$

例 147

ア　$\boldsymbol{6x+5}$

155

(1)　$f(x)=3x$ であるから

$$f'(x)=\lim_{h\to 0}\frac{3(x+h)-3x}{h}$$

$$=\lim_{h\to 0}\frac{3h}{h}=\lim_{h\to 0}3=\boldsymbol{3}$$

(2)　$f(x)=-x^2$ であるから

$$f'(x)=\lim_{h\to 0}\frac{-(x+h)^2-(-x^2)}{h}$$

$$=\lim_{h\to 0}\frac{-2xh-h^2}{h}=\lim_{h\to 0}\frac{h(-2x-h)}{h}$$

$$=\lim_{h\to 0}(-2x-h)$$

$$=\boldsymbol{-2x}$$

156

(1)　$y=4x-1$ より　$\boldsymbol{y'=4}$

(2)　$y=x^2-2x+2$ より　$\boldsymbol{y'=2x-2}$

(3)　$y=3x^2+6x-5$ より　$\boldsymbol{y'=6x+6}$

(4)　$y=x^3-5x^2-6$ より　$\boldsymbol{y'=3x^2-10x}$

(5)　$y=-2x^3+6x^2+4x$ より

　$\boldsymbol{y'=-6x^2+12x+4}$

(6)　$y=\frac{1}{3}x^3-\frac{1}{2}x^2-\frac{1}{2}x$ より　$\boldsymbol{y'=x^2-x-\frac{1}{2}}$

157

(1)　$y=(x-1)(x-2)=x^2-3x+2$　より

　$\boldsymbol{y'=2x-3}$

(2)　$y=(2x-1)(2x+1)=4x^2-1$　より

　$\boldsymbol{y'=8x}$

(3)　$y=(3x+2)^2=9x^2+12x+4$　より

　$\boldsymbol{y'=18x+12}$

(4)　$y=x^2(x-3)=x^3-3x^2$　より

　$\boldsymbol{y'=3x^2-6x}$

(5)　$y=x(2x-1)^2=x(4x^2-4x+1)$

　$=4x^3-4x^2+x$　より

　$\boldsymbol{y'=12x^2-8x+1}$

(6)　$y=(x+1)^3=x^3+3x^2+3x+1$　より

　$\boldsymbol{y'=3x^2+6x+3}$

60　導関数 (2) (p.146)

例 148

ア　11

例 149

ア　4

例 150

ア　$\boldsymbol{12t}$

158

(1)　$f(x)$ を微分すると　$f'(x)=-2x+3$ であるから

　$f'(2)=-2\times 2+3=\boldsymbol{-1}$

　$f'(-1)=-2\times(-1)+3=\boldsymbol{5}$

(2)　$f(x)$ を微分すると　$f'(x)=3x^2+8x$ であるから

　$f'(1)=3\times 1^2+8\times 1=\boldsymbol{11}$

　$f'(-2)=3\times(-2)^2+8\times(-2)=\boldsymbol{-4}$

159

$f(x)$ を微分すると　$f'(x)=4x-3$ であるから

　$f'(a)=4a-3$

よって，$4a-3=5$ より　$\boldsymbol{a=2}$

160

(1)　$\frac{dy}{dt}=\boldsymbol{10t-3}$

(2)　$\frac{dS}{dr}=\boldsymbol{8\pi r}$

61　接線の方程式 (p.148)

例 151

ア　$\boldsymbol{3x-2}$

例 152

ア　$\boldsymbol{x}$　　　　**イ**　$\boldsymbol{-3x+4}$

161

$f(x)=x^2+2x$ とおくと

　$f'(x)=2x+2$

(1)　$f'(1)=2\times 1+2=4$ より，求める接線の方程式は

　$y-3=4(x-1)$

　すなわち　$\boldsymbol{y=4x-1}$

(2)　$f'(-1)=2\times(-1)+2=0$ より，求める接線の方程式は

　$y-(-1)=0\{x-(-1)\}$

　すなわち　$\boldsymbol{y=-1}$

(3)　$f'(0)=2\times 0+2=2$ より，求める接線の方程式は

　$y-0=2(x-0)$

　すなわち　$\boldsymbol{y=2x}$

162

$f(x)=x^2-2x$ とおくと

　$f'(x)=2x-2$

よって，接点を $\mathrm{P}(a,\ a^2-2a)$ とすると，接線の傾きは

　$f'(a)=2a-2$

したがって，接線の方程式は

　$y-(a^2-2a)=(2a-2)(x-a)$

この式を整理して

　$y=2(a-1)x-a^2$ ……①

これが点 $(0,\ -4)$ を通ることから

　$-4=-a^2$

より　$a^2=4$

よって　$a=\pm 2$

これらを①に代入して

$a=2$ のとき　$\boldsymbol{y=2x-4}$

$a=-2$ のとき　$\boldsymbol{y=-6x-4}$

確認問題 11 (p.150)

1

(1)　$y=6x+5$ より　$\boldsymbol{y'=6}$

(2)　$y=x^2+3x+5$ より　$\boldsymbol{y'=2x+3}$

(3)　$y=2x^2-5x+6$ より　$\boldsymbol{y'=4x-5}$

(4)　$y=x^3+3x^2-4$ より　$\boldsymbol{y'=3x^2+6x}$

(5)　$y=2x^3-4x^2+5x$ より　$\boldsymbol{y'=6x^2-8x+5}$

(6)　$y=-4x^3+5x^2+7x+6$ より

$\boldsymbol{y'=-12x^2+10x+7}$

(7)　$y=(x+2)(x-3)=x^2-x-6$ より

$\boldsymbol{y'=2x-1}$

(8)　$y=(x+2)(x-2)=x^2-4$ より

$\boldsymbol{y'=2x}$

(9)　$y=(2x-3)^2=4x^2-12x+9$ より

$\boldsymbol{y'=8x-12}$

(10)　$y=x^2(2x+5)=2x^3+5x^2$ より

$\boldsymbol{y'=6x^2+10x}$

2

(1)　$f'(x)=-2x+4$　より

$f'(2)=-2\times2+4=\boldsymbol{0}$

$f'(-1)=-2\times(-1)+4=\boldsymbol{6}$

(2)　$f'(x)=3x^2-6x+5$　より

$f'(1)=3\times1^2-6\times1+5=\boldsymbol{2}$

$f'(-2)=3\times(-2)^2-6\times(-2)+5=\boldsymbol{29}$

3

(1)　$\dfrac{dh}{dt}=\boldsymbol{-10t+3}$

(2)　$\dfrac{dV}{dr}=\boldsymbol{4\pi r^2}$

4

$f(x)=-x^2+3x+1$ とおくと

$f'(x)=-2x+3$

(1)　$f'(1)=-2\times1+3=1$ より，求める接線の方程式は

$y-3=1\times(x-1)$

すなわち　$\boldsymbol{y=x+2}$

(2)　$f'(-1)=-2\times(-1)+3=5$ より，求める接線の方程式は

$y-(-3)=5\{x-(-1)\}$

すなわち　$\boldsymbol{y=5x+2}$

(3)　$f'(0)=-2\times0+3=3$ より，求める接線の方程式は

$y-1=3(x-0)$

すなわち　$\boldsymbol{y=3x+1}$

62　関数の増減と極大・極小 (1) (p.152)

例 153

ア　1　　イ　3　　ウ　1　　エ　3

例 154

ア　-1　　イ　3

163

(1)　$f'(x)=4x-24=4(x-6)$

$f'(x)=0$ を解くと　$x=6$

$f(x)$ の増減表は，次のようになる。

x	$\cdots$	6	$\cdots$
$f'(x)$	$-$	0	$+$
$f(x)$	↘	-72	↗

よって，関数 $f(x)$ は

区間 $x\leqq6$ で減少し，

区間 $x\geqq6$ で増加する。

(2)　$f'(x)=3x^2-6x=3x(x-2)$

$f'(x)=0$ を解くと　$x=0,\ 2$

$f(x)$ の増減表は，次のようになる。

x	$\cdots$	0	$\cdots$	2	$\cdots$
$f'(x)$	$+$	0	$-$	0	$+$
$f(x)$	↗	2	↘	-2	↗

よって，関数 $f(x)$ は

区間 $x\leqq0,\ 2\leqq x$ で増加し，

区間 $0\leqq x\leqq2$ で減少する。

164

(1)　$y'=6x^2-24x+18=6(x-1)(x-3)$

$y'=0$ を解くと　$x=1,\ 3$

y の増減表は，次のようになる。

x	$\cdots$	1	$\cdots$	3	$\cdots$
y'	$+$	0	$-$	0	$+$
y	↗	極大 6	↘	極小 -2	↗

よって，y は

$x=1$ で　**極大値 6**　をとり，

$x=3$ で　**極小値 -2** をとる。

また，グラフは次のようになる。

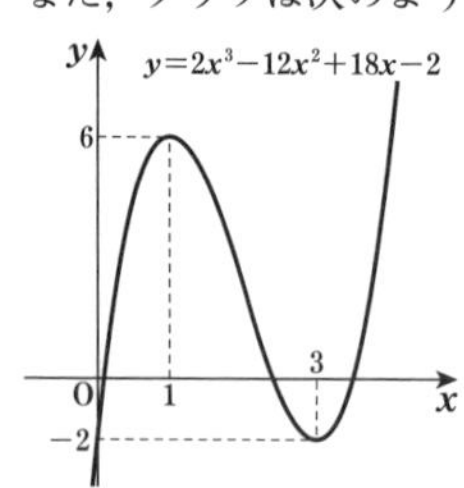

(2)　$y'=-3x^2+6x+9=-3(x+1)(x-3)$

$y'=0$ を解くと　$x=-1,\ 3$

y の増減表は，次のようになる。

x	$\cdots$	-1	$\cdots$	3	$\cdots$
y'	$-$	0	$+$	0	$-$
y	↘	極小 -5	↗	極大 27	↘

よって，y は

$x=-1$ で　**極小値 -5** をとり，

$x=3$ で　**極大値 27**　をとる。

また，グラフは次のようになる。

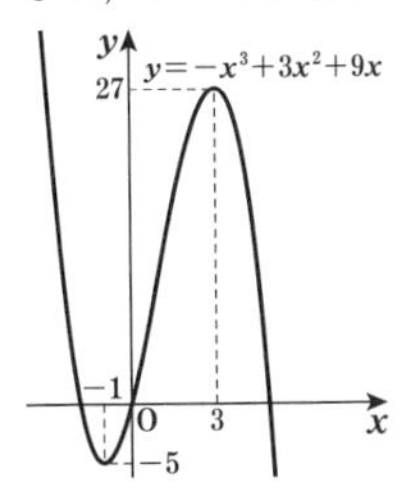

63 関数の増減と極大・極小 (2) (p.154)

例 155

ア -3　　**イ** 5　　**ウ** 5

例 156

ア 30　　**イ** -22

165

関数 $f(x)=2x^3+ax^2-12x+b$ を微分すると

$f'(x)=6x^2+2ax-12$

$f(x)$ が $x=1$ で極小値 -6 をとるとき

$f'(1)=0,\ f(1)=-6$

ゆえに　$6+2a-12=0,\ a+b=4$

これを解くと　$a=3,\ b=1$

よって　$f(x)=2x^3+3x^2-12x+1$

このとき　$f'(x)=6x^2+6x-12=6(x-1)(x+2)$

$f'(x)=0$ を解くと　$x=1,\ -2$

$f(x)$ の増減表は，次のようになる。

x	…	-2	…	1	…
$f'(x)$	+	0	−	0	+
$f(x)$	↗	極大 21	↘	極小 −6	↗

増減表から，$f(x)$ は $x=1$ で極小値 -6 をとる。

したがって　$\boldsymbol{a=3,\ b=1}$

また，$x=-2$ のとき，**極大値 21** をとる。

166

(1)　$y'=-6x^2+6x+12$

$=-6(x+1)(x-2)$

$y'=0$ を解くと　$x=-1,\ 2$

区間 $-2\leqq x\leqq 3$ における y の増減表は，次のようになる。

x	-2	…	-1	…	2	…	3
y'		−	0	+	0	−	
y	0	↘	極小 −11	↗	極大 16	↘	5

よって，y は

$x=2$　のとき 最大値 16　をとり，

$x=-1$ のとき 最小値 -11 をとる。

(2)　$y'=3x^2-6x=3x(x-2)$

$y'=0$ を解くと　$x=0,\ 2$

区間 $-2\leqq x\leqq 1$ における y の増減表は，次のようになる。

x	-2	…	0	…	1
y'		+	0	−	
y	-15	↗	極大 5	↘	3

よって，y は

$x=0$　のとき 最大値 5　をとり，

$x=-2$ のとき 最小値 -15 をとる。

64 方程式・不等式への応用 (p.156)

例 157

ア 3

例 158

ア 0　　**イ** 1

167

(1)　$y=x^3+3x^2-4$ とおくと

$y'=3x^2+6x=3x(x+2)$

$y'=0$ を解くと　$x=0,\ -2$

y の増減表は，次のようになる。

x	…	-2	…	0	…
y'	+	0	−	0	+
y	↗	極大 0	↘	極小 −4	↗

ゆえに，関数 $y=x^3+3x^2-4$ のグラフは次のようになり，グラフと x 軸の共有点は 2 個である。

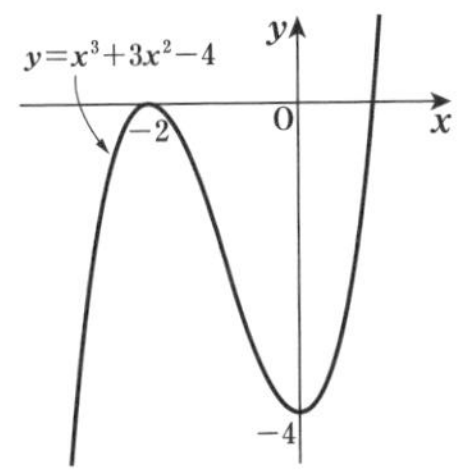

よって，与えられた方程式の異なる実数解の個数は **2 個**

(2)　$y=2x^3-3x^2-12x+7$ とおくと

$y'=6x^2-6x-12=6(x+1)(x-2)$

$y'=0$ を解くと　$x=-1,\ 2$

y の増減表は，次のようになる。

x	…	-1	…	2	…
y'	+	0	−	0	+
y	↗	極大 14	↘	極小 −13	↗

ゆえに，関数 $y=2x^3-3x^2-12x+7$ のグラフは次のようになり，グラフと x 軸は異なる 3 点で交わる。

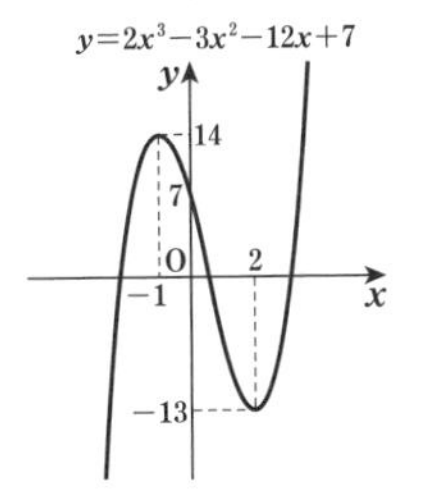

よって，与えられた方程式の異なる実数解の個数は **3 個**

168

$f(x)=(x^3+4)-3x^2=x^3-3x^2+4$ とおくと

$f'(x)=3x^2-6x=3x(x-2)$

$f'(x)=0$ を解くと　$x=0,\ 2$

区間 $x \geqq 0$ における $f(x)$ の増減表は，次のようになる。

x	0	$\cdots$	2	$\cdots$
$f'(x)$		$-$	0	$+$
$f(x)$	4	↘	極小 0	↗

ゆえに，$x \geqq 0$ において $f(x)$ は $x=2$ で最小値 0 をとる。

よって，$x \geqq 0$ のとき，$f(x) \geqq 0$ であるから

$(x^3+4)-3x^2 \geqq 0$

すなわち　$x^3+4 \geqq 3x^2$

等号が成り立つのは $x=2$ のときである。

確認問題 12 (p.158)

1

$y'=6x^2-18x+12=6(x-1)(x-2)$

$y'=0$ を解くと　$x=1,\ 2$

y の増減表は，次のようになる。

x	$\cdots$	1	$\cdots$	2	$\cdots$
y'	$+$	0	$-$	0	$+$
y	↗	極大 2	↘	極小 1	↗

よって，y は

$x=1$ で　**極大値** 2 をとり，

$x=2$ で　**極小値** 1 をとる。

また，グラフは次のようになる。

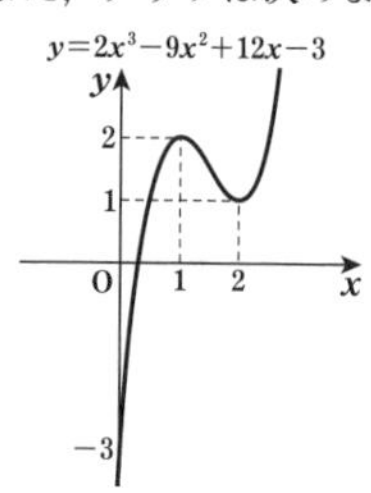

2

$f'(x)=3x^2+2ax+9$

$f(x)$ が $x=1$ で極大値 2 をとるとき

$f'(1)=0,\ f(1)=2$

ゆえに　$3+2a+9=0,\ 1+a+9+b=2$

これを解くと　$a=-6,\ b=-2$

よって　$f(x)=x^3-6x^2+9x-2$

このとき　$f'(x)=3x^2-12x+9=3(x-1)(x-3)$

$f'(x)=0$ を解くと　$x=1,\ 3$

$f(x)$ の増減表は，次のようになる。

x	$\cdots$	1	$\cdots$	3	$\cdots$
$f'(x)$	$+$	0	$-$	0	$+$
$f(x)$	↗	極大 2	↘	極小 -2	↗

増減表から，$f(x)$ は $x=1$ で極大値 2 をとる。

したがって　$\boldsymbol{a=-6,\ b=-2}$

また，$x=3$ のとき，**極小値 -2** をとる。

3

$y'=3x^2-6x$

$=3x(x-2)$

$y'=0$ を解くと　$x=0,\ 2$

区間 $-1 \leqq x \leqq 3$ における y の増減表は，次のようになる。

x	-1	$\cdots$	0	$\cdots$	2	$\cdots$	3
y'		$+$	0	$-$	0	$+$	
y	-2	↗	極大 2	↘	極小 -2	↗	2

よって，y は

$x=0,\ 3$　のとき 最大値 2　をとり，

$x=-1,\ 2$ のとき 最小値 -2 をとる。

4

$2x+y=12$ より　$y=12-2x$

$x>0,\ y>0$ より　$x>0,\ 12-2x>0$

したがって　$0<x<6$

$V=x^2y=x^2(12-2x)$

$=-2x^3+12x^2$

$V'=-6x^2+24x$

$=-6x(x-4)$

$V'=0$ を解くと　$x=0,\ 4$

区間 $0<x<6$ における V の増減表は，次のようになる。

x	0	$\cdots$	4	$\cdots$	6
V'		$+$	0	$-$	
V		↗	極大 64	↘	

よって，V は **$x=4$ (cm)，$y=4$ (cm) のとき**

最大値 64 cm^3

5

$y=x^3-3x+4$ とおくと

$y'=3x^2-3=3(x^2-1)=3(x+1)(x-1)$

$y'=0$ を解くと　$x=-1,\ 1$

y の増減表は，次のようになる。

x	$\cdots$	-1	$\cdots$	1	$\cdots$
y'	$+$	0	$-$	0	$+$
y	↗	極大 6	↘	極小 2	↗

ゆえに，関数 $y=x^3-3x+4$ のグラフは次のようになり，グラフと x 軸との共有点は 1 個である。

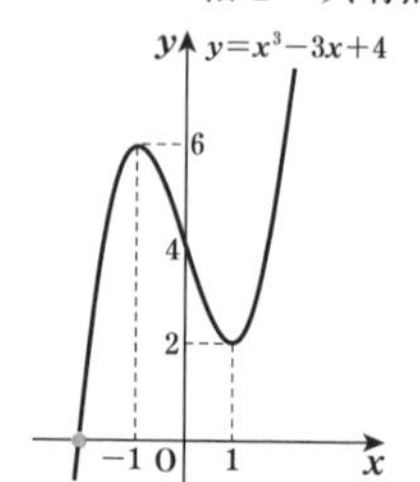

よって，与えられた方程式の異なる実数解の個数は **1 個**

6

$f(x)=x^3-(6x^2-9x)=x^3-6x^2+9x$ とおくと

$f'(x)=3x^2-12x+9=3(x-1)(x-3)$

$f'(x)=0$ を解くと　$x=1,\ 3$

区間 $x\geqq 0$ における $f(x)$ の増減表は，次のようになる。

x	0	…	1	…	3	…
$f'(x)$	／	+	0	−	0	+
$f(x)$	0	↗	極大 4	↘	極小 0	↗

よって，$x\geqq 0$ のとき，$f(x)\geqq 0$ であるから

$x^3-(6x^2-9x)\geqq 0$

すなわち　$x^3\geqq 6x^2-9x$

等号が成り立つのは $x=0,\ 3$ のときである。

65　不定積分 (1) (p.160)

例 159

ア　$\boldsymbol{x^3}$

例 160

ア　$\boldsymbol{-6x+C}$　　イ　$\boldsymbol{x^2+C}$

ウ　$\boldsymbol{2x^2+3x+C}$　　エ　$\boldsymbol{2x^3-2x^2+x+C}$

169

(1)　$\int(-2)dx=\boldsymbol{-2x+C}$

(2)　$\int 3x\,dx=\boldsymbol{\frac{3}{2}x^2+C}$

(3)　$3\int x^2dx+\int x\,dx=\boldsymbol{x^3+\frac{1}{2}x^2+C}$

(4)　$2\int x^2dx-3\int dx=\boldsymbol{\frac{2}{3}x^3-3x+C}$

(5)　$\int(2x-1)dx=2\int x\,dx-\int dx$

$=\boldsymbol{x^2-x+C}$

(6)　$\int 3(x-1)dx=3\int x\,dx-3\int dx$

$=\boldsymbol{\frac{3}{2}x^2-3x+C}$

(7)　$\int(x^2+3x)dx=\int x^2dx+3\int x\,dx$

$=\boldsymbol{\frac{1}{3}x^3+\frac{3}{2}x^2+C}$

(8)　$\int(-x^2-x+1)dx$

$=-\int x^2dx-\int x\,dx+\int dx$

$=\boldsymbol{-\frac{1}{3}x^3-\frac{1}{2}x^2+x+C}$

66　不定積分 (2) (p.162)

例 161

ア　$\boldsymbol{\frac{1}{3}x^3-\frac{1}{2}x^2-12x+C}$

例 162

ア　$\boldsymbol{3x^3+3x^2-7x+3}$

170

(1)　$\int(x-2)(x+1)dx$

$=\int(x^2-x-2)dx$

$=\boldsymbol{\frac{1}{3}x^3-\frac{1}{2}x^2-2x+C}$

(2)　$\int x(3x-1)dx$

$=\int(3x^2-x)dx$

$=\boldsymbol{x^3-\frac{1}{2}x^2+C}$

171

(1)　$\int(x+1)^2dx$

$=\int(x^2+2x+1)dx$

$=\boldsymbol{\frac{1}{3}x^3+x^2+x+C}$

(2)　$\int(2x+1)(3x-2)dx$

$=\int(6x^2-x-2)dx$

$=\boldsymbol{2x^3-\frac{1}{2}x^2-2x+C}$

172

(1)　$F(x)=\int(4x+2)dx$

$=2x^2+2x+C$

よって　$F(0)=2\times 0^2+2\times 0+C=C$

ここで，$F(0)=1$ であるから　$C=1$

したがって，求める関数は　$\boldsymbol{F(x)=2x^2+2x+1}$

(2)　$F(x)=\int(-3x^2+2x-1)dx$

$=-x^3+x^2-x+C$

よって　$F(1)=-1^3+1^2-1+C=-1+C$

ここで，$F(1)=-1$ であるから，$-1+C=-1$ より

$C=0$

したがって，求める関数は　$\boldsymbol{F(x)=-x^3+x^2-x}$

173

(1)　$\int(t-2)dt=\boldsymbol{\frac{1}{2}t^2-2t+C}$

(2)　$\int(3y^2-2y-1)dy=\boldsymbol{y^3-y^2-y+C}$

67　定積分 (1) (p.164)

例 163

ア　$\boldsymbol{\frac{7}{3}}$

例 164

ア　$\boldsymbol{6}$　　イ　$\boldsymbol{\frac{2}{3}}$

174

(1)　$\int_{-1}^{2}3x^2dx=\Big[x^3\Big]_{-1}^{2}=2^3-(-1)^3=\boldsymbol{9}$

(2)　$\int_{-2}^{2}2x\,dx=\Big[x^2\Big]_{-2}^{2}=2^2-(-2)^2=\boldsymbol{0}$

175

(1) $\int_{-1}^{2}(4x+1)\,dx$

$=\left[2x^2+x\right]_{-1}^{2}$

$=(2\times2^2+2)-\{2\times(-1)^2+(-1)\}$

$=\mathbf{9}$

(2) $\int_{-1}^{1}(x^2-2x-3)\,dx$

$=\left[\frac{1}{3}x^3-x^2-3x\right]_{-1}^{1}$

$=\left(\frac{1}{3}\times1^3-1^2-3\times1\right)-\left\{\frac{1}{3}\times(-1)^3-(-1)^2-3\times(-1)\right\}$

$=-\mathbf{\frac{16}{3}}$

(3) $\int_{0}^{3}(3x^2-6x+7)\,dx$

$=\left[x^3-3x^2+7x\right]_{0}^{3}$

$=(3^3-3\times3^2+7\times3)-0$

$=\mathbf{21}$

(4) $\int_{-1}^{2}(x+1)(x-1)\,dx$

$=\int_{-1}^{2}(x^2-1)\,dx$

$=\left[\frac{1}{3}x^3-x\right]_{-1}^{2}$

$=\left(\frac{1}{3}\times2^3-2\right)-\left\{\frac{1}{3}\times(-1)^3-(-1)\right\}$

$=\mathbf{0}$

(5) $\int_{1}^{4}(x-2)^2\,dx$

$=\int_{1}^{4}(x^2-4x+4)\,dx$

$=\left[\frac{1}{3}x^3-2x^2+4x\right]_{1}^{4}$

$=\left(\frac{1}{3}\times4^3-2\times4^2+4\times4\right)-\left(\frac{1}{3}\times1^3-2\times1^2+4\times1\right)$

$=\mathbf{3}$

68　定積分 (2) (p.166)

例 165

ア　18

例 166

ア　18

例 167

ア　0

例 168

ア　x^2-5x+2

176

(1) $\int_{1}^{2}(3x^2-2x+5)\,dx$

$=3\int_{1}^{2}x^2\,dx-2\int_{1}^{2}x\,dx+5\int_{1}^{2}dx$

$=3\left[\frac{1}{3}x^3\right]_{1}^{2}-2\left[\frac{1}{2}x^2\right]_{1}^{2}+5\left[x\right]_{1}^{2}$

$=3\times\frac{7}{3}-2\times\frac{3}{2}+5=\mathbf{9}$

(2) $\int_{-2}^{1}(-x^2+4x-2)\,dx$

$=-\int_{-2}^{1}x^2\,dx+4\int_{-2}^{1}x\,dx-2\int_{-2}^{1}dx$

$=-\left[\frac{1}{3}x^3\right]_{-2}^{1}+4\left[\frac{1}{2}x^2\right]_{-2}^{1}-2\left[x\right]_{-2}^{1}$

$=-\frac{9}{3}+4\times\left(-\frac{3}{2}\right)-2\times3=\mathbf{-15}$

177

(1) $\int_{0}^{2}(3x+1)\,dx-\int_{0}^{2}(3x-1)\,dx$

$=\int_{0}^{2}\{(3x+1)-(3x-1)\}\,dx$

$=\int_{0}^{2}2\,dx=\left[2x\right]_{0}^{2}$

$=(2\times2)-0=\mathbf{4}$

(2) $\int_{1}^{3}(3x+5)^2\,dx-\int_{1}^{3}(3x-5)^2\,dx$

$=\int_{1}^{3}\{(3x+5)^2-(3x-5)^2\}\,dx$

$=\int_{1}^{3}60x\,dx=\left[30x^2\right]_{1}^{3}=30(3^2-1^2)$

$=30\times8=\mathbf{240}$

178

(1) $\int_{-1}^{0}(x^2+1)\,dx+\int_{0}^{2}(x^2+1)\,dx$

$=\int_{-1}^{2}(x^2+1)dx$

$=\left[\frac{1}{3}x^3+x\right]_{-1}^{2}$

$=\left(\frac{1}{3}\times2^3+2\right)-\left\{\frac{1}{3}\times(-1)^3+(-1)\right\}$

$=\mathbf{6}$

(2) $\int_{-3}^{-1}(x^2+2x)\,dx-\int_{1}^{-1}(x^2+2x)\,dx$

$=\int_{-3}^{-1}(x^2+2x)\,dx+\int_{-1}^{1}(x^2+2x)\,dx$

$=\int_{-3}^{1}(x^2+2x)\,dx$

$=\left[\frac{1}{3}x^3+x^2\right]_{-3}^{1}$

$=\left(\frac{1}{3}\times1^3+1^2\right)-\left\{\frac{1}{3}\times(-3)^3+(-3)^2\right\}=\mathbf{\frac{4}{3}}$

179

(1) $\frac{d}{dx}\int_{2}^{x}(t^2+3t+1)\,dt$

$=\mathbf{x^2+3x+1}$

(2) $\frac{d}{dx}\int_{x}^{-1}(2t-1)^2\,dt$

$=\frac{d}{dx}\left\{-\int_{-1}^{x}(2t-1)^2\,dt\right\}$

$=-\frac{d}{dx}\int_{-1}^{x}(2t-1)^2\,dt$

$=-\mathbf{(2x-1)^2}$

確認問題 13 (p.168)

1

(1) $\int(-5)\,dx=\boldsymbol{-5x+C}$

(2) $\int 6x\,dx=\boldsymbol{3x^2+C}$

(3) $3\int x^2\,dx+4\int x\,dx=\boldsymbol{x^3+2x^2+C}$

(4) $2\int x^2\,dx-5\int dx=\boldsymbol{\frac{2}{3}x^3-5x+C}$

(5) $\int(5x-1)\,dx=\boldsymbol{\frac{5}{2}x^2-x+C}$

(6) $\int(3x^2+4x)\,dx=\boldsymbol{x^3+2x^2+C}$

(7) $\int(x-2)(x+4)\,dx$

$=\int(x^2+2x-8)\,dx$

$=\boldsymbol{\frac{1}{3}x^3+x^2-8x+C}$

(8) $\int(x-1)^2\,dx$

$=\int(x^2-2x+1)\,dx$

$=\boldsymbol{\frac{1}{3}x^3-x^2+x+C}$

2

$F(x)=\int(6x+5)\,dx$

$\quad=3x^2+5x+C$

よって　$F(0)=3\times0^2+5\times0+C=C$

ここで，$F(0)=1$ であるから　$C=1$

したがって，求める関数は　$\boldsymbol{F(x)=3x^2+5x+1}$

3

(1) $\int_{-1}^{2}(2x+1)\,dx$

$=\left[x^2+x\right]_{-1}^{2}$

$=(2^2+2)-\{(-1)^2+(-1)\}$

$=\boldsymbol{6}$

(2) $\int_{0}^{3}(3x^2-2x+1)\,dx$

$=\left[x^3-x^2+x\right]_{0}^{3}$

$=(3^3-3^2+3)-0$

$=\boldsymbol{21}$

(3) $\int_{-1}^{1}(x^2-x-1)\,dx$

$=\left[\frac{1}{3}x^3-\frac{1}{2}x^2-x\right]_{-1}^{1}$

$=\left(\frac{1}{3}\times1^3-\frac{1}{2}\times1^2-1\right)$

$\quad-\left\{\frac{1}{3}\times(-1)^3-\frac{1}{2}\times(-1)^2-(-1)\right\}$

$=\boldsymbol{-\frac{4}{3}}$

(4) $\int_{1}^{4}(x-3)^2\,dx$

$=\int_{1}^{4}(x^2-6x+9)\,dx$

$=\left[\frac{1}{3}x^3-3x^2+9x\right]_{1}^{4}$

$=\left(\frac{1}{3}\times4^3-3\times4^2+9\times4\right)-\left(\frac{1}{3}\times1^3-3\times1^2+9\times1\right)$

$=\boldsymbol{3}$

(5) $\int_{1}^{2}(3x-5)(x+1)\,dx$

$=\int_{1}^{2}(3x^2-2x-5)\,dx$

$=\left[x^3-x^2-5x\right]_{1}^{2}$

$=(2^3-2^2-5\times2)-(1^3-1^2-5\times1)$

$=\boldsymbol{-1}$

(6) $\int_{0}^{2}(4x+3)\,dx-\int_{0}^{2}(4x-3)\,dx$

$=\int_{0}^{2}\{(4x+3)-(4x-3)\}\,dx$

$=\int_{0}^{2}6\,dx=\left[6x\right]_{0}^{2}$

$=6\times2-0=\boldsymbol{12}$

(7) $\int_{1}^{3}(x+5)^2\,dx-\int_{1}^{3}(x-5)^2\,dx$

$=\int_{1}^{3}\{(x+5)^2-(x-5)^2\}\,dx$

$=\int_{1}^{3}20x\,dx$

$=\left[10x^2\right]_{1}^{3}=10\times3^2-10\times1^2=\boldsymbol{80}$

(8) $\int_{-2}^{-1}(3x^2-2x)\,dx-\int_{1}^{-1}(3x^2-2x)\,dx$

$=\int_{-2}^{-1}(3x^2-2x)\,dx+\int_{-1}^{1}(3x^2-2x)\,dx$

$=\int_{-2}^{1}(3x^2-2x)\,dx$

$=\left[x^3-x^2\right]_{-2}^{1}$

$=(1^3-1^2)-\{(-2)^3-(-2)^2\}$

$=\boldsymbol{12}$

4

(1) $\frac{d}{dx}\int_{2}^{x}(2t^2-5t+3)\,dt$

$=\boldsymbol{2x^2-5x+3}$

(2) $\frac{d}{dx}\int_{x}^{3}(t^2-3t+2)\,dt$

$=\frac{d}{dx}\left\{-\int_{3}^{x}(t^2-3t+2)\,dt\right\}$

$=-\frac{d}{dx}\int_{3}^{x}(t^2-3t+2)\,dt$

$=-(x^2-3x+2)$

$=\boldsymbol{-x^2+3x-2}$

69　定積分と面積 (1) (p.170)

例 169

ア　15

例 170

ア　6

例 171

ア　$\dfrac{32}{3}$

180

求める面積 S は

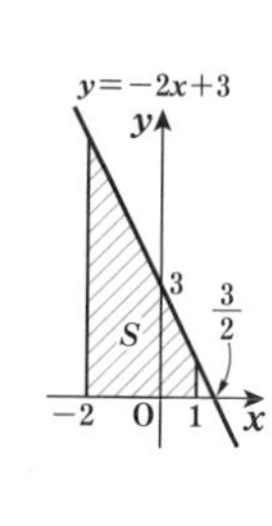

$$S=\int_{-2}^{1}(-2x+3)\,dx$$
$$=\Big[-x^2+3x\Big]_{-2}^{1}$$
$$=(-1^2+3\times1)-\{-(-2)^2+3\times(-2)\}$$
$$=\mathbf{12}$$

181

求める面積 S は

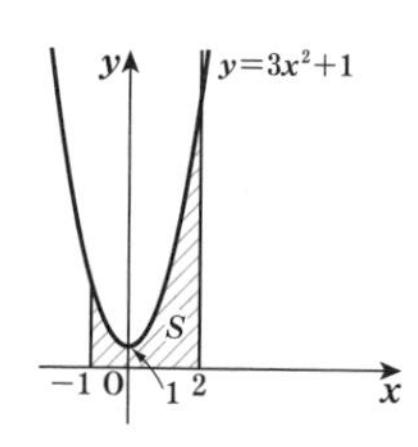

$$S=\int_{-1}^{2}(3x^2+1)\,dx$$
$$=\Big[x^3+x\Big]_{-1}^{2}$$
$$=(2^3+2)-\{(-1)^3+(-1)\}$$
$$=\mathbf{12}$$

182

求める面積 S は

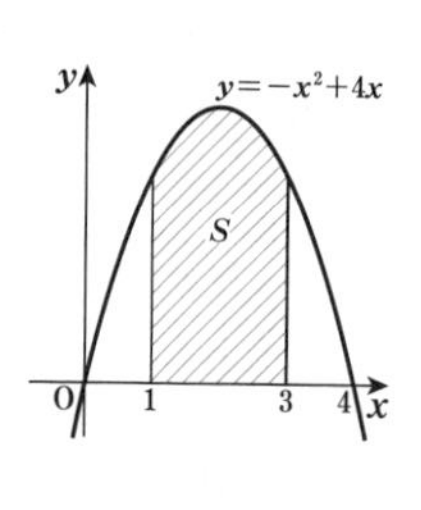

$$S=\int_{1}^{3}(-x^2+4x)\,dx$$
$$=\Big[-\frac{1}{3}x^3+2x^2\Big]_{1}^{3}$$
$$=\Big(-\frac{1}{3}\times3^3+2\times3^2\Big)-\Big(-\frac{1}{3}\times1^3+2\times1^2\Big)$$
$$=\mathbf{\frac{22}{3}}$$

183

放物線 $y=x^2-3x$ と x 軸の共有点の x 座標は

$x^2-3x=0$ より

　$x=0,\ 3$

ここで，区間 $0\leqq x\leqq3$ では

　$x^2-3x\leqq0$

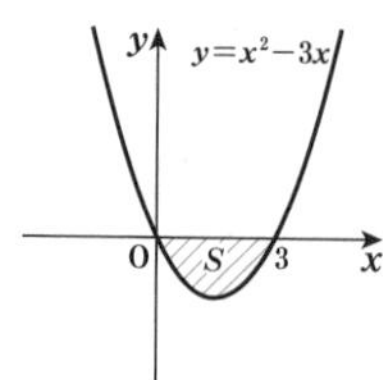

よって，求める面積 S は

$$S=-\int_{0}^{3}(x^2-3x)\,dx$$
$$=-\Big[\frac{1}{3}x^3-\frac{3}{2}x^2\Big]_{0}^{3}$$
$$=-\Big\{\Big(\frac{1}{3}\times3^3-\frac{3}{2}\times3^2\Big)-\Big(\frac{1}{3}\times0^3-\frac{3}{2}\times0^2\Big)\Big\}$$
$$=\mathbf{\frac{9}{2}}$$

70　定積分と面積 (2) (p.172)

例 172

ア　2

例 173

ア　$\dfrac{32}{3}$

184

(1)　区間 $-2\leqq x\leqq1$ では

$$\frac{1}{2}x^2+4\geqq x^2$$

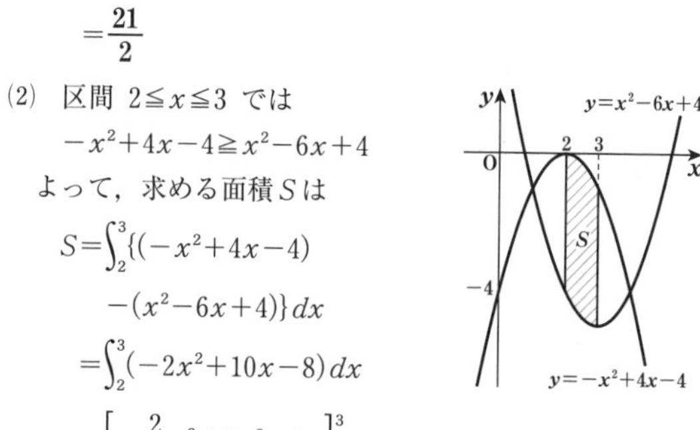

よって，求める面積 S は

$$S=\int_{-2}^{1}\Big\{\Big(\frac{1}{2}x^2+4\Big)-x^2\Big\}dx$$
$$=\int_{-2}^{1}\Big(-\frac{1}{2}x^2+4\Big)dx$$
$$=\Big[-\frac{1}{6}x^3+4x\Big]_{-2}^{1}$$
$$=\Big(-\frac{1}{6}\times1^3+4\times1\Big)-\Big\{-\frac{1}{6}\times(-2)^3+4\times(-2)\Big\}$$
$$=\mathbf{\frac{21}{2}}$$

(2)　区間 $2\leqq x\leqq3$ では

$$-x^2+4x-4\geqq x^2-6x+4$$

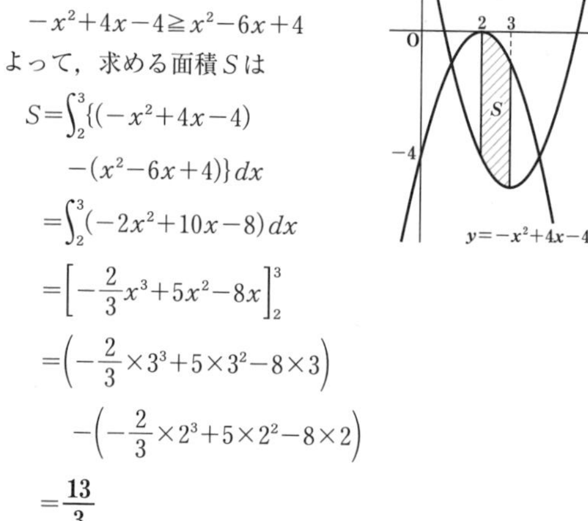

よって，求める面積 S は

$$S=\int_{2}^{3}\{(-x^2+4x-4)-(x^2-6x+4)\}dx$$
$$=\int_{2}^{3}(-2x^2+10x-8)\,dx$$
$$=\Big[-\frac{2}{3}x^3+5x^2-8x\Big]_{2}^{3}$$
$$=\Big(-\frac{2}{3}\times3^3+5\times3^2-8\times3\Big)-\Big(-\frac{2}{3}\times2^3+5\times2^2-8\times2\Big)$$
$$=\mathbf{\frac{13}{3}}$$

185

放物線 $y=x^2-2x-1$ と直線 $y=x-1$ の共有点の x 座標は

$x^2-2x-1=x-1$ より

　$x=0,\ 3$

区間 $0\leqq x\leqq3$ では

　$x-1\geqq x^2-2x-1$

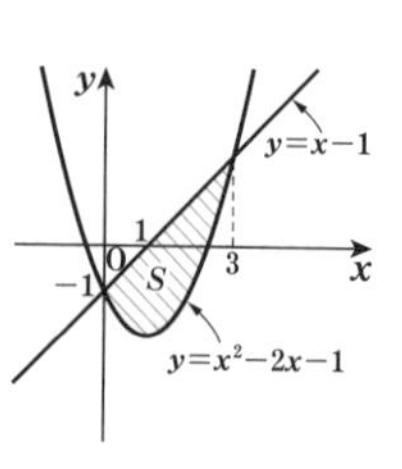

よって，求める面積 S は

$$S=\int_{0}^{3}\{(x-1)-(x^2-2x-1)\}dx$$
$$=\int_{0}^{3}(-x^2+3x)\,dx$$
$$=\Big[-\frac{1}{3}x^3+\frac{3}{2}x^2\Big]_{0}^{3}$$
$$=\Big(-\frac{1}{3}\times3^3+\frac{3}{2}\times3^2\Big)-0$$
$$=\mathbf{\frac{9}{2}}$$

確認問題 14 (p.174)

1

直線 $y=3x+5$ と x 軸および 2 直線 $x=-1$, $x=2$ で囲まれた部分の面積 S は

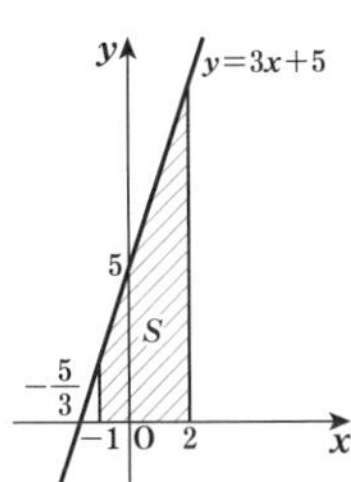

$$S=\int_{-1}^{2}(3x+5)\,dx=\left[\frac{3}{2}x^2+5x\right]_{-1}^{2}$$

$$=\left(\frac{3}{2}\times2^2+5\times2\right)$$

$$-\left\{\frac{3}{2}\times(-1)^2+5\times(-1)\right\}$$

$$=\frac{39}{2}$$

2

(1) 求める面積 S は

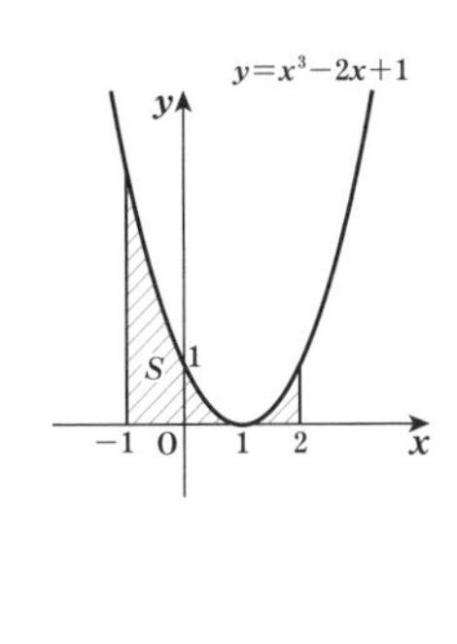

$$S=\int_{-1}^{2}(x^2-2x+1)\,dx$$

$$=\left[\frac{1}{3}x^3-x^2+x\right]_{-1}^{2}$$

$$=\left(\frac{1}{3}\times2^3-2^2+2\right)$$

$$-\left\{\frac{1}{3}\times(-1)^3-(-1)^2+(-1)\right\}$$

$$=3$$

(2) 求める面積 S は

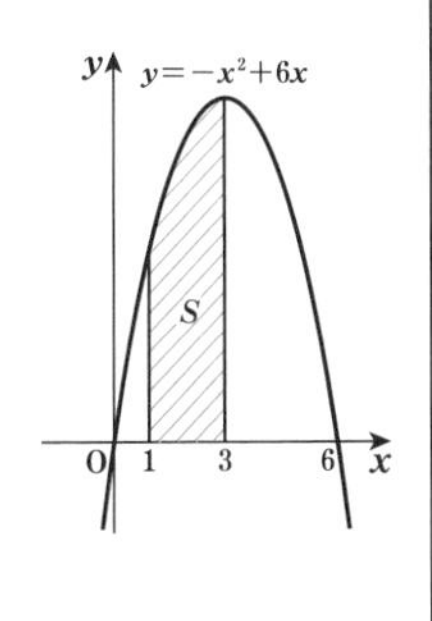

$$S=\int_{1}^{3}(-x^2+6x)\,dx$$

$$=\left[-\frac{1}{3}x^3+3x^2\right]_{1}^{3}$$

$$=\left(-\frac{1}{3}\times3^3+3\times3^2\right)$$

$$-\left(-\frac{1}{3}\times1^3+3\times1^2\right)$$

$$=\frac{46}{3}$$

3

(1) 放物線 $y=x^2-4$ と x 軸の共有点の x 座標は

$x^2-4=0$ より

$x=-2,\ 2$

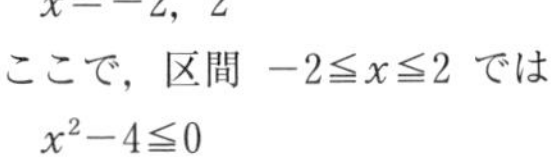

ここで，区間 $-2\leqq x\leqq2$ では

$x^2-4\leqq0$

よって，求める面積 S は

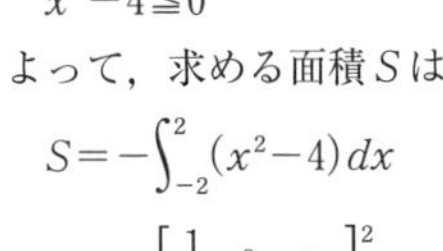

$$S=-\int_{-2}^{2}(x^2-4)\,dx$$

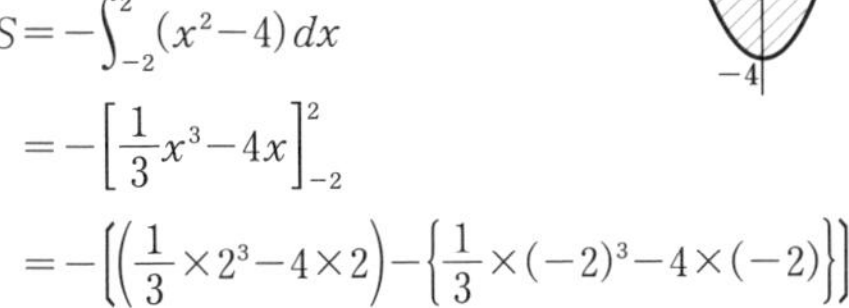

$$=-\left[\frac{1}{3}x^3-4x\right]_{-2}^{2}$$

$$=-\left[\left(\frac{1}{3}\times2^3-4\times2\right)-\left\{\frac{1}{3}\times(-2)^3-4\times(-2)\right\}\right]$$

$$=\frac{32}{3}$$

(2) 放物線 $y=x^2-2x-3$ と x 軸の共有点の x 座標は

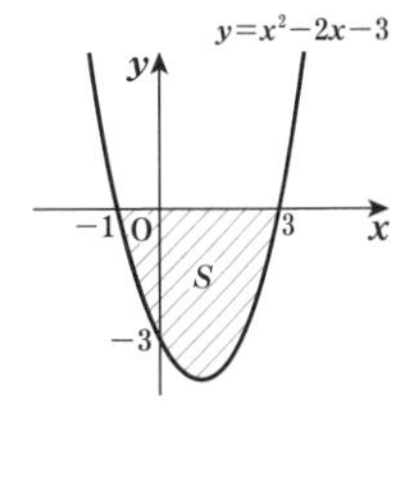

$x^2-2x-3=0$ より

$(x+1)(x-3)=0$

$x=-1,\ 3$

ここで，区間 $-1\leqq x\leqq3$ では

$x^2-2x-3\leqq0$

よって，求める面積 S は

$$S=-\int_{-1}^{3}(x^2-2x-3)\,dx$$

$$=-\left[\frac{1}{3}x^3-x^2-3x\right]_{-1}^{3}$$

$$=-\left[\left(\frac{1}{3}\times3^3-3^2-3\times3\right)\right.$$

$$\left.-\left\{\frac{1}{3}\times(-1)^3-(-1)^2-3\times(-1)\right\}\right]$$

$$=\frac{32}{3}$$

4

区間 $-1\leqq x\leqq1$ では

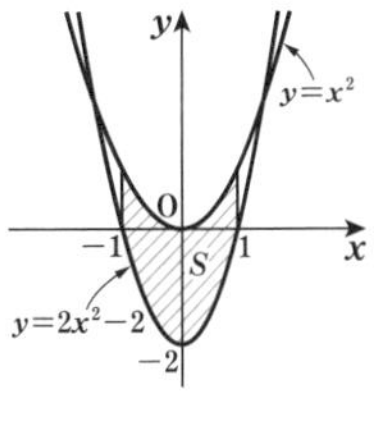

$x^2\geqq2x^2-2$

よって，求める面積 S は

$$S=\int_{-1}^{1}\{x^2-(2x^2-2)\}\,dx$$

$$=\int_{-1}^{1}(-x^2+2)\,dx$$

$$=\left[-\frac{1}{3}x^3+2x\right]_{-1}^{1}$$

$$=\left(-\frac{1}{3}\times1^3+2\times1\right)-\left\{-\frac{1}{3}\times(-1)^3+2\times(-1)\right\}$$

$$=\frac{10}{3}$$

5

放物線 $y=-x^2-x+4$ と直線 $y=-3x+1$ の共有点の x 座標は

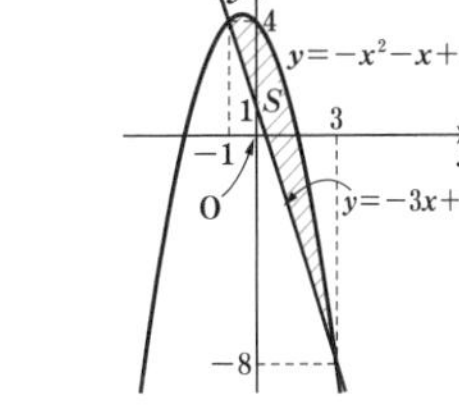

$-x^2-x+4=-3x+1$ より

$x^2-2x-3=0$

$(x+1)(x-3)=0$

$x=-1,\ 3$

区間 $-1\leqq x\leqq3$ では

$-x^2-x+4\geqq-3x+1$

よって，求める面積 S は

$$S=\int_{-1}^{3}\{(-x^2-x+4)-(-3x+1)\}\,dx$$

$$=\int_{-1}^{3}(-x^2+2x+3)\,dx$$

$$=\left[-\frac{1}{3}x^3+x^2+3x\right]_{-1}^{3}$$

$$=\left(-\frac{1}{3}\times3^3+3^2+3\times3\right)$$

$$-\left\{-\frac{1}{3}\times(-1)^3+(-1)^2+3\times(-1)\right\}$$

$$=\frac{32}{3}$$

TRY PLUS (p.176)

問9

与えられた方程式を

$2x^3+3x^2+1=a$ ……①

と変形し，$f(x)=2x^3+3x^2+1$ とおくと

$f'(x)=6x^2+6x=6x(x+1)$

$f'(x)=0$ とおくと　$x=-1,\ 0$

$f(x)$ の増減表は，次のようになる。

x	…	-1	…	0	…
$f'(x)$	$+$	0	$-$	0	$+$
$f(x)$	↗	極大 2	↘	極小 1	↗

ゆえに，$y=f(x)$ のグラフは次のようになる。

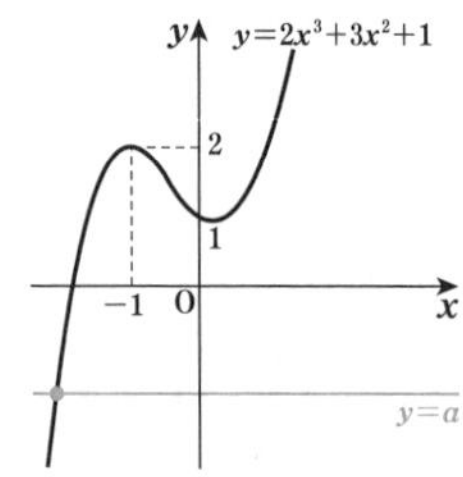

方程式①の異なる実数解の個数は，このグラフと直線 $y=a$ との共有点の個数に一致する。

よって，方程式①の異なる実数解の個数は，次のようになる。

$a<1,\ 2<a$ のとき　1個

$a=1,\ a=2$ のとき　2個

$1<a<2$　のとき　3個

問10

(1)　等式の両辺の関数を x で微分すると

$f(x)=2x-3$

また，与えられた等式に $x=1$ を代入すると

$\int_1^1 f(t)\,dt=1^2-3\times1-a$

より　$0=-2-a$

よって　$a=-2$

したがって　**$f(x)=2x-3,\ a=-2$**

(2)　等式の両辺の関数を x で微分すると

$f(x)=4x+3$

また，与えられた等式に $x=a$ を代入すると

$\int_a^a f(t)\,dt=2a^2+3a-5$

より　$0=2a^2+3a-5$

これを解くと　$(a-1)(2a+5)=0$

よって　$a=1,\ -\dfrac{5}{2}$

したがって　**$f(x)=4x+3,\ a=1,\ -\dfrac{5}{2}$**